序言

救苦救难的观世音菩萨是佛教大慈大悲精神的人格化的形象，“嗡嘛呢叭咪吽”是观音心咒，俗称六字大明咒。这咒虽然只有六个字，但它的含义却非常博大精深。简而言之，这六个字代表：六类生命状态——六道，六种解脱方法——六度，六种圆满果位——六佛。六字明中的“嘛呢”二字的梵文含义是“珍宝”，在佛菩萨和人类的精神品德中，最高贵的品德是大慈大悲心，因此，这“珍宝”代表大慈大悲心；“叭咪”二字的梵文含义是“莲花”，莲花在佛教中一般代表处世而不染的高尚人格，但在此处却代表的是心智如莲开放的开悟大智慧。大慈悲和大智慧代表了佛教的全部教义，解脱成佛之道归根结底就是这慈悲心和智慧二道。这慈悲心和智慧不但是佛菩萨的品德，也是具有“理性动物”之称的人类应具备的品德素质。这就是重视精神财富的藏民族，从生到死，千遍万遍，念诵不休的主要原因。因为，这六个字包含了苦海中漂流的一切众生的命运、寄托、智慧和理想。在恶劣的自然环境下求生的民族除了这样的选择，还能有其他更佳的选择吗？

“一切存在都是暂时的存在，一切存在都会消失。”——这是佛教四大定律之一的“诸法无常律”。凡是存在，大至宇宙星球，小至物质微粒子都逃不脱这个无常规律。人类生存的这个地球据科学家推算，它的寿命是一百五十亿年，已存在了四十五亿年。这个推算只考虑了地球的自身因素和它正常情况下的存在期限。但任何事物都存在很大的变数。对地球寿命的推算中没有考虑到许多偶然因素，如外来星球的撞击和外部因素引起地质变化，以及人为的破坏活动等。地球虽然存在四十多亿年，但地球上人类生命的出现只有几百万年的时间。在正常情况下地球还能存在一百多亿年，和人的寿命相比较，那是非常遥远的期限，大可不必担心。但地球生命能存在多久呢？这就要看人类生存所必备的生存资源在这个地球上还能保持多久。

佛教不承认上帝创世，主张业创世。所谓“业”，就是指的人类个体和共同的思想行为。“创世在人，灭世也在人”的这种人本世界观，充分肯定了人的能动作用。佛教秘籍中还说：“自己是自己的救星，除了自己没有别的救星。”所以说，佛教是主张人类自救的智慧。现在全人类所面临的最大问题是生存资源危机和生态环境日趋恶化所带来的问题。在这个问题上，人类的思想文化有着不可推卸的责任。

在人类历史上，人们在文明和进步的幌子下所进行的每一次活动，表面上的繁荣进步，种下的却是吃不完的苦果。如果说农业文明是人类对年轻美貌的地球母亲的毁容行为，那么，现代工业文明就是对地球母亲的野蛮的残害掠夺行为。掠夺性开发导致的资源枯竭，臭氧层的破坏，温室效应的出现，气候变暖引起的雪山冰川融化，原始森林的消失，高原湖泊河流的干涸，气候变化引起的台风和海啸的加剧，空气、水源、农作物的污染等等，哪一件不是现代文明的“杰作”？哪一样不是人类自种的苦果？

正如本书的作者所说的那样，“我们却正在堕落成一群贪婪、冷漠、麻木和残忍的乌合之众”，“我们正变成文明的魔鬼”。这本书的作者以亲身感受的沧桑之变的鲜活事实，用人类的良知和高度责任感，道出了对森林和草原在消失、湖泊河流在干涸、地球生命面临灭绝危机的深度忧患心情。

人类生存环境变迁恶化的这种情况，人人都有见闻感受，但见多不怪，麻木不仁，其中有多少人能生起火烧眉睫的忧患意识呢？又有多少人能自觉地参与社会环保工作呢？在泯灭良知、麻木不仁和缺乏远见的行为中葬送自己的幸福前景和长远利益，这是人类最大的不幸。《谁为人类忏悔》这本书想用作者自己的感受唤起读者的共鸣，召唤被历史的洪流冲走的人类的理性和良知，在疮痍满目的废墟上重建自己的地球家园。这是一部读了使人引起很多思考、唤起理性良知、反省重估人类文明的好书。我读了之后深有感触，故奋笔作序，以表同感。

多识·洛桑图丹琼排（西北民族大学教授）

2006 年 12 月 23 日作于兰州

序歌

嗡嘛呢叭咪吽

嗡能消除天界生死苦，
嘛能消除非天斗争苦，
呢除人间生老病死苦，
叭能消除畜牲役使苦，
咪能消除饿鬼饥渴苦，
吽能消除冷热地狱苦。
——萨迦·索南坚赞

我佛慈悲！这第一颗念珠上，就让我缀上我祖先的心灵。我的祖先自漂泊迁徙的路上一路叩拜而来。路的尽头有白塔耸立，草原飘荡。村庄小巷里，我曾祖母背上的珈链环佩叮当，而她却头也不回地径自往前。那是草原最后的背影。她的葬礼就在那天午后举行。于是，那个饥荒的年代就在那天午后的村巷里用一片号啕将我的心碾压成了一粒干瘪的麦子。我赤脚走向那片坟地时，村后的小河沟里，一片金黄的白杨正有黄叶纷纷飘落。突然刮起一股旋风像一根巨大的风柱，直抵苍穹，那些金黄的叶片便扶摇直上，像一群蝴蝶，也像草原上飘洒的风马。

那时，我感觉我正从那旋风的顶端跌落。曾祖母曾给我讲过她曾祖母的故事，在部落最后的草原上，有一顶美丽的帐篷，她记忆中的曾祖母好像一直在锅卡旁用一把美丽的铜壶煮着奶茶。

在第二颗念珠上，我要刻上故乡的那一片山野。山冈之上的鄂博前有风马飘飘，有酥油灯飘摇，有桑烟缭绕。云雀的鸣唱是那山野之上不朽的绝响。我用红泥土捏成的那些牛羊和马儿，就放在鄂博前的草地上。曾经有很多个夜晚，它们走进过我的梦里。梦醒时分，泪水还在脸颊上流淌。而后凝冻。

第三颗念珠上，我想，我该糅进对父亲和母亲无尽的思念。他们躬耕山野的身影是我永远的牵挂。在远行的路上，我惟一放心不下的就是他们对我的惦念。他们的存在，是我在这个冷硬的世界上不能不苟且偷生的全部理由。我在三四岁时，随父亲走过的那段山路是我永远无法绕开的一扇门。山道旁盛开着满地粉红的豌豆花。那时母亲正在前方家里等待我们抵达。母亲点燃在黑暗灶头的那一盏油灯是我心灵温暖的源头，灯影里母亲衣衫褴褛的身影是我今生今世永远的膜拜和愧歉。

我想把自己和弟弟妹妹的童年一起写在第四颗念珠上，因为我们一起坚守过贫穷和苦难的岁月——其实，他们依旧在坚守，而我在很大的程度上已经背离了他们。虽然我们依然是兄弟姐妹，但我却已在远离他们的地方坚守着自己的孤独。一个远离兄弟姐妹的人注定要忍受孤独。是夜有梦。梦见他们变成了一只只蚂蚁沿着我额上和眼角的皱纹走来走去。我想和他们一起回家，一起回到童年的苦难岁月。那里有苦难也有温暖。

一串念珠的第五颗上也许就该系上一颗恋人的心灵或者泪珠。泪珠如同心灵，心灵如同念珠，而念珠就是心灵的泪滴。在轻轻转动这一颗念珠时，我曾为我的迟疑而感到难过。就在我迟疑的那一瞬里，仿佛有东西自我的左手指间轻轻滑落。轻轻滑落如擦肩而过。擦肩而过的就不是缘。我总是在命中注定的季节里看花开花落，看风雨飘摇。于是就有一场雪在那个冬天不期而至，我就将新鲜的脚印留在了那条陌生的山道上。山道上有人匍匐在地，而那时我却正好看见有泪珠正从一个人的脸颊上悄悄滑落。我便移开了我的目光。移开目光之后，我就想，我的爱人也许正在故乡山村的土巷中望着村后的山冈。于是，我就轻轻转动手中的念珠，就转到了第六颗。

毫无疑问，第六颗念珠就是我对孩子们的祝福和祈祷。他们是我惟一的骄傲。自从他们降临的那一天起，我就知道我得为他们而好好活着。无论他们是否感觉到我注视的目光，我都得看着他们一点点长大。收藏他们成长的日子就是我人生的最终意义。他们成长的日子在我就是一片金黄的麦子，而我收割的却是我自己的生命。亲爱的孩子，如果可能，我想送你们一盘浸透了马汗的鞍子、一架铧尖已严重磨钝的犁、一盘凿纹已经完全磨平的磨扇，我感觉它们才是我们真正的历史。我对你们的惟一要求就是，等你们长大了，就去看看故乡的山野，到村后山冈上的鄂博前，看看我小时候用红泥土捏的那些牛羊和马儿是否还在。我希望你们将它赶向我梦中的大草原。那时你们也许会听到我在很多年以前唱过的一首山歌。

已经转到第七颗了。这一颗念珠上我得铭记你们的名字，我的朋友。你们的存在是我最大的安慰，你们用平凡和普通为我编织了人生最美的花环。我将永远为你们祝福。你们是我心灵花园当中那棵静静开放的牡丹树，每一朵盛开的牡丹上盛开着的其实就是你们美丽的心灵。我愿自己是那些层层叠叠的绿叶，有一天，我肯定会从那里凋零飘落，但你们友情的芳香将永远在我的上空弥漫。我要点燃一盏灯，放在岁月的尽头，当你们走向人生最后的那个夜晚时，我希望自己就在那里为你们捧着最后的光明和温暖。

嗡嘛呢叭咪吽。从第八颗到一百零七颗的整整一百颗念珠上我都将镌雕自然万物的恩典和人类的罪过，并为之深深地忏悔和祈祷。让我们凝望缀满星辰因而深邃因而璀璨辉煌的夜空，那是苍茫宇宙的一扇窗户，是最初和最后永恒的启示，那窗户之外才是真正的博大精深。对它的凝望中我们才能找到属于自己的星座。它是我们所能想象的惟一至高无上的法则，它是一切的一切，它就是道。然后，让我们深情地抚摩脚下的这颗星球，正是这颗满身泥土的星球哺育了我们具有精魂血肉的生命，并赋予了充满灵性的思想和智慧。在我们已然认知的世界里，我们人类是所有生命种类中大自然最完美和谐的经典杰作。我们理应具备最高形式的美态和美质，使自己成为天地间友善仁爱的源泉。但是，我们却正在堕落成一群贪婪、冷漠、麻木和残忍的乌合之众，我们忘恩负义。在对大自然的背离和劫掠中，我们正在丢失生命的神圣。面对崇高和神圣时，我们已没有了敬畏和虔诚。美好的时光已然远去，回家的路途已经十分遥远。我们已不再冥想，也不再忏悔，打开思想之门的钥匙已然锈蚀，我们正变成文明的魔鬼。天地岁月依然，万物生灵却在凋零，心灵上已长出老茧，眼眸深处的圣洁已成为遥远的回忆。你还好吗？古老记忆中那棵泽蔽千秋的菩提树。请再给我一点点绿荫，我已匍匐在地，我将在你最后的绿荫里长跪不起，用我已然浑浊的泪水浇灌你的根须。而此时，我的手指正捻转最后的这颗念珠。哦，已经是一百零八颗了。

只有第一百零八颗，这最后的念珠上，我才想刻上一句无人释读的咒语。因因而果果，愿所有的人都为之顶礼并因之超脱无尽的轮回。最后，请和我一同虔诚地念诵：嗡嘛呢叭咪吽。

嗡

一个孩子对故乡山野的铭记和思念

嗡能消除天界生死苦

——萨迦·索南坚赞

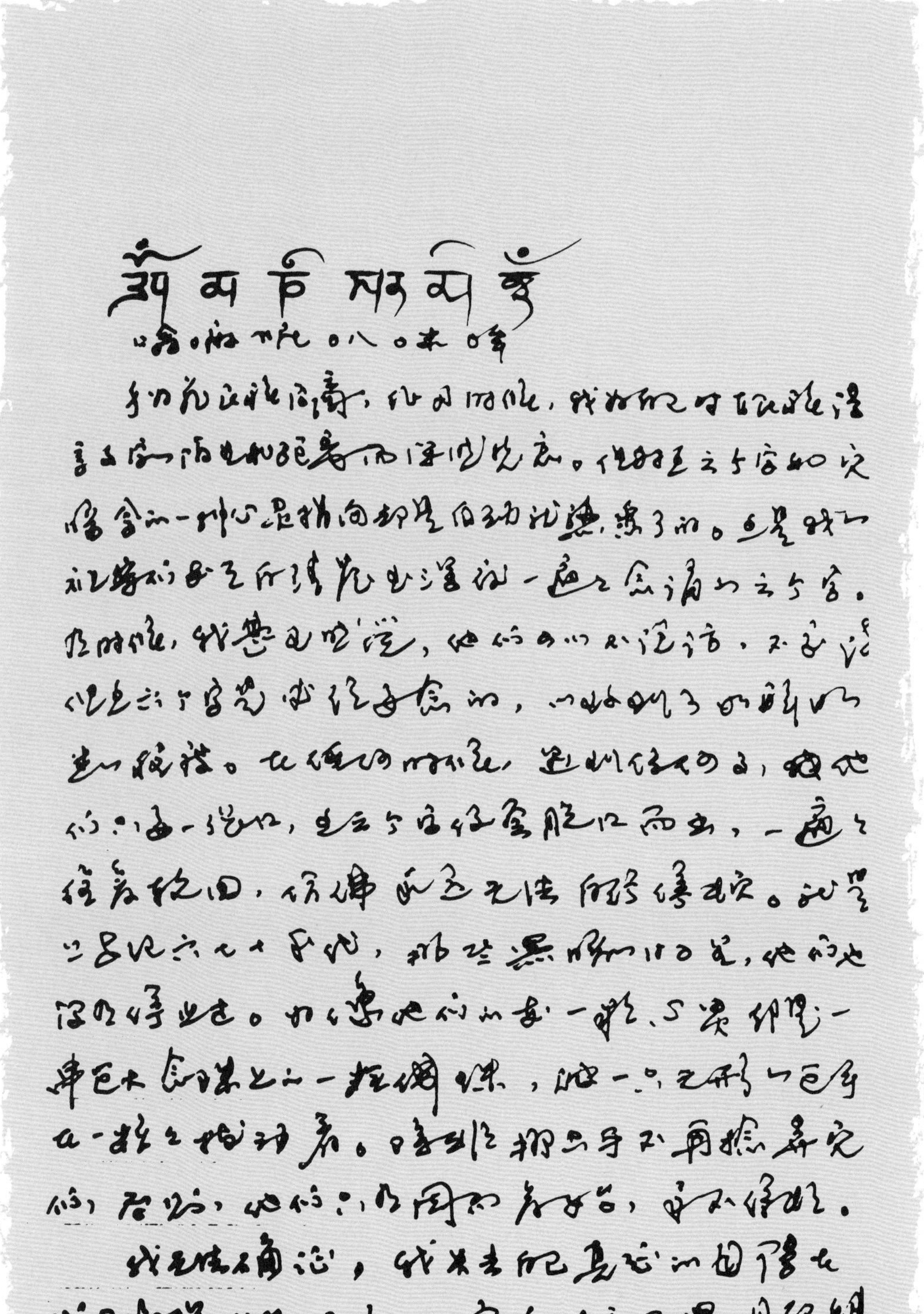

ཨོཾ་མ་ཎི་པདྨེ་ཧཱུྃ

唵·嘛·呢·叭·咪·吽

我初见这神秘的符号的时候，我就把它当作汉语[illegible]言文字[illegible]。但这六个字如何[illegible]一种心灵[illegible]自动[illegible]了的。只是我们[illegible]一遍遍念诵这六个字。那时候，我还不知道，他们的心灵念诵，不是[illegible]六个字[illegible]，[illegible]。[illegible]时候，[illegible]，[illegible]一[illegible]，[illegible]而出，一遍遍[illegible]，仿佛[illegible]无法[illegible]。[illegible]，[illegible]，他们也[illegible]。[illegible]他们[illegible]一[illegible]一串[illegible]一[illegible]，[illegible]一只[illegible]一[illegible]。[illegible]，他们[illegible]。

我无法确认，我[illegible][illegible]

当我把那些羊儿赶向村庄后面童年的山坡时，我梦中的大草原就在祖先们迁徙漂泊的路上渐远，最后就只剩下一个背影了。

嗡嘛呢叭咪吽

1

生为藏民族后裔，很多时候，我为自己对本民族语言文字的陌生和距离而深感悲哀。但对这六个字和它暗含的一种心灵指向却是自幼就熟悉了的。这是我的祖辈们每天自清晨至深夜一遍遍念诵的六个字。有时候，我甚至感觉，他们可以不说话，不交谈，但这六个字是必须要念的，以至到了如醉如迷的程度。在任何时候，遇到任何事，他们只要一张口，这六个字便会脱口而出，一遍遍往复轮回，仿佛永远无法自行停顿。好像他们的心灵就是一颗念珠，被一只无形的大手拨动着，周而复始，永不停顿。

我无法确定，我失去自己真正的母语在我灵魂深处留下了多大的空白。在亦如黑洞般肆意弥漫的空白中，我在下坠，一路跌落，一路下滑。灵魂的嘶鸣已划破所有的追忆与梦想。我渴望着焚毁自己这丑陋的外壳。它的沉重与浑浊使我无法面对灵魂的冥想。冥想就栖在一枝枯枝上，像一只孤独的乌鸦。天边有谁在歌唱？是谁的歌声如夜阑飘然而至？是谁径自走在深渊的边上悄然落泪？我不知道。我只知道，我的祖先们，我的夏拉胡拉部落的祖先们由雪山草原而不断迁徙漂泊的路上，不经意间就失落了许多的东西。我还知道，当我的姓氏被部落名字中的一个音节所取代并以方块字的样子出现之后，以母语作为话语表达方式的时代就已经结束。

我小时候，也曾牧放过牛羊，但我们离真正的大草原已经很遥远了。生养我的那个小山村已经变成一个纯粹的农庄了。尽管炊烟依旧飘荡，晨昏依旧更替，但一座座农家小院的主人已记不起曾经风雨飘摇的牧帐，以及牧帐前无边无际的草原和那草原上的畜群，还有牧犬的狂奔和吠叫。而这还是其次，真正的悲哀绝不是因为帐篷变成了房子——其实，房子比帐篷坚固得多也温暖得多——而是不再漂泊的牧人心灵的漂泊。草原牧场留在了最初的梦里，而心灵却一直在那梦中的草原上漂泊不定。当我的祖先们终于疏于游牧而勤于农耕之后，他们就架着本应牧放山野的牛马，一垄垄切割着那最后的草原。赤脚走在那深深的犁沟里时，他们分明感到了大地的创痛。草原就那样离他们远去了。在渐渐远离之后，他们还常常回望着草原的背影。那其实就是一个牧人的背影。他们就在那牧人的背影里把庄稼种成了牧草的样子。金色的牧场已随那牧人的背影消失在地平线上。那天下午，我的曾祖母走出深深的村巷时，她背上的珈链还依然环佩叮当，像一串风铃穿过了村巷。那时，我就站在门前一直望着她的背影，而她却头也不回地径自往前走去了。那时，蓝色的青稞已长满了山野。走在山野之间，望着那蓝色的光芒时，曾经的牧歌和酒曲就在那青稞的根须里潺潺流淌。在很多年以前的那天下午，我想，我爷爷的爷爷肯定在一垄田埂上泪如雨下。某种意义上说，他就是那个村庄的始祖了。当他最后一次带着他的部族离开部落的草原一路迁徙而来时，族人的命运就已经注定。尚未抵达的前方已有村庄灯火飘摇，是那灯火最终诱惑了他的意志。在望见灯火的那一刻里，他已疲惫不堪。他可能回头望了望一路漂泊迁徙而来的路，望了望路尽头的草原，而后就决定住下来了。他们从草原深处带来的惟一神圣的东西就是部落的名字了。

部落最后的草原随一首古歌飘远
远方，经久跋涉尚未抵达的远方
已有灯火飘摇。传说就在那灯影里
跌宕成了迁徙的路
祖先们在马背上失落的酒歌
在无边牧草的根须里长成了蓝色的青稞
金黄的麦粒如羊群在掌心里滚落
一群男人开始用犁铧翻耕着土地
翻耕着一群女人的心
于是，土地里就长出了部落的根
发芽的却是一颗女人的心
而村落就在那心尖上，就在那心尖上
燃起了第一缕炊烟
（那是很久很久以后的事

那是很久很久以前的事）
尽管男人的胸膛上还有牧歌悠扬
尽管女人的眸子里还有鹰的翅膀
但是村庄却正用厚厚的尘土将它埋葬
眼泪就在尘土里
浸泡最后的思念和曾经的故乡
而灵魂仍在漂泊的路上
牧放童年的太阳和月亮
——《夏拉胡拉》

2

那是一种久远的怀想和思念。每年牧草返青的季节，我夏拉胡拉村落的所有男人和孩子们聚在村后山冈上的鄂博前，煨起桑烟，放飞满天风马的时候，我就感觉到了那久远的怀想和思念。那思念的尽头就是梦中的草原。他们跪伏在地时，自己早已泪流满面了。摆放成山字形的千盏酥油灯飘摇着的灯火呼啦啦地燎烤着他们的血脉。而后他们就在那山冈上齐声吟唱那六字真言：嗡嘛呢叭咪吽。

在周而复始的起承转合之间，他们已把那单调的吟唱演绎成气势磅礴的山野大合唱了。那是我所聆听和目睹过的真正生命意义上的欢乐颂。而后，所有的人和心灵都酩酊在山冈上，而后就从那山冈上滑落，亦如一段牧歌或一段往事。当朝阳从东边的山顶照耀那山冈时，那里已是一片宁静，只有那些印着风马的方纸片覆盖着那山冈。山村早晨的炊烟就在山冈下弥漫。

那时，一个孩子正蹲在山坡上，用一双小手托着下巴，看着羊儿蠕动着两片嘴唇将那一簇簇鲜嫩的青草吞进肚里。他想象过，要是那些青草在羊儿的腹中依然能迎风摇曳，依然能承接阳光雨露，那么，每只羊儿的心里就是一片大草原了。那个孩子就是我。那个孩子的童年就是青青山坡上羊儿们啃噬青草的历史。

他们就在那山坡上齐声吟唱那六字真言：嗡嘛呢叭咪吽。

从6岁到11岁的6年间，我就在那山坡上牧放着我的童年。眼睛里挂着太阳，心儿却牵着村庄。一开始的一两年时间里，我的一个堂叔带着我一起放牧。他比我长十几岁，但是个头却比我大不了多少。因患小儿麻痹症，他自幼就佝偻着身子，我记事的时候，他背上就已长出一个高高的罗锅。他出生在乌鲁木齐，那时候乌鲁木齐还叫迪化，因而他就有了一个好听的名字：迪生。听说他的父亲我的爷爷是个杰出的医生，曾医治过很多疑难杂病，但就是没医治好自己儿子的病。也许是因为他那个名字的缘故，迪生叔的笛子吹得特别好听，每当那笛声在那山坡上悠扬嘹亮时，我就想那可能就是世界上最好听的声音了。就是他教我用红泥土捏那些牛羊和马儿，还教我用红泥土捏过能吹出悠扬旋律的埙。埙的声音像东格尔的声音，但是更低沉——东格尔在汉语里的准确名字应该是白海螺，但我们没有白海螺，我们吹奏的东格尔是牛角号。每天早晨出牧时，我们就吹奏东格尔，那是我们出征的号子，而在牧放畜群的山坡上，我们吹奏的却是笛子和埙。东格尔、笛子和埙吹出的声音最能打动一个牧人的心，哪怕他是一个懵懂的孩子。也许正是因为迪生叔的存在，那段苦日子就成了让人留恋和怀念的日子。但是这种美好的日子很快就结束了。

有一天下午，我刚刚把散落在山坡上的羊群赶到一起，甩着手中的小皮鞭奔下那座山冈，迪生叔正躺在草地上望着那只云雀直溜溜飞近地面而后又一下飞进天空里，扇动着翅膀。迪生叔就没有看见我那只黑眼圈小羊羔跟在我后面飞跑时腾空跃起的那个优美的舞姿。所以当“黑眼圈”又一次纵身跳起，并把它的小主人绊倒在茂密的灌木丛里，脸上被小树枝刺破了流出黏糊糊的血而叫着他叔叔时，他叔叔就没有听见。“黑眼圈”盯着它的小主人在那里痛得咩咩乱叫时，它显得很尴尬。它先是抬起那只小蹄子在我的屁股上轻轻刨了几下，便看见我裤子屁股上那个破洞越来越大了，露出一块脏兮兮的皮肉，上面并没有长着像它一样的白毛。它可能觉得很好笑，便也像它的小主人一样咩咩地叫了起来。就在那天下午，就在那个山坡上，记不得是为什么缘故，一个大一点的孩子和迪生叔吵了起来，他虽然比迪生叔小好几岁，但是个子却比他大很多。吵着吵着他们就打起来了。于是，我看见那皮鞭就一下一下地抽在了迪生叔的身上甚至脸上。他无法反抗也无力回击，只是默默地忍受着鞭打。当山坡上只剩下我们两个时，他就开始哭泣，那哭泣的声音很像是笛子和三孔埙的和声。后来，他就再也没去放过羊。那山坡上就只留下我和我们的羊群。后来，他就在我心里长成了一个伤疤，时时隐隐作痛，仿佛有一根皮鞭一直在抽打着我。没过几年，他就过世了。

那时，我觉得我是世界上最孤独的孩子，但当我长大了，离开了那片山野之后，我却越来越觉得我是世界上最幸运的孩子了。尽管，大草原已经十分地遥远了，但毕竟还有一片山野供我牧放。我经历了一个孩子应该经历的所有经历，那是真正的童年。尤其，当我看着自己尚不满 8 岁的儿子要起早贪黑地面对那没完没了的作业和课文时，我就在心里对他说：我亲爱的儿子，我多么希望那些方块字变成一只只羊儿，去啃噬青草而不是你的童年。我担心，当我的儿子长大了之后，记忆中只剩下作业本，却连一座真正的山冈、一片真正的青草地都不曾在他的记忆中留下哪怕是模糊的印象。我能真切地感受到，我的祖先们在他们漫长的一生中曾用了很长的时间回忆前尘往事，想念童年的大草原，而我就只剩下一片山野了。我能真切地感受到由此而带给自己心灵的创伤。那么，我的儿子呢？还有很多和我儿子一样的孩子们呢？他们还剩下些什么呢？人离真正的家园已经十分遥远了，遥远得已经没有了童年的回忆。我不相信，一个连童年都不愿回忆的孩子还会记住别的东西。那么，你能确信，你的孩子会愉快地回忆他们的童年吗？我不知道，是不是所有的大人们都已经意识到这个问题的严重性，但我敢说，它将决定我们未来的命运。

每当忆及童年的那一片山野，都会有一只云雀飞进我的记忆。虽然不曾考证，但我一直坚信，在那一片山野之上高高飞翔着的那些状若麻雀的鸟儿就是云雀，就是雪莱笔下那欢快的精灵。它们像一串音符，先是从离地面很近的地方扇动着一对小翅膀，欢快地鸣叫着，向上飞升，几乎是在垂直飞翔。也许正是这个缘故，它们飞翔的速度极慢。而它们的鸣叫声好像与那翅膀拍打的节奏有关。速度越慢，那一对小翅膀拍打的节奏越快，它们的鸣叫也越清脆欢快。它们就是那么一点点飞进天空的。到后来，就只剩下一个黑点了，再往后就什么也看不见了，仿佛它们就那么一点点融进了天空。正在这时，那个黑点又出现了，它在往下冲。云雀从天空飞向地面时那样地迫不及待，好像它们飞得太高了，一阵晕眩，便一头扎将下来了。它的翅膀几乎收起来了箭一样地射向地面，它的鸣叫也变成了一声长啸，只听得“嘘”的一声，它就已临近地面了。眼看着快要摔到地上了，它的小翅膀便又恢复了飞翔的状态，又开始欢快地拍打着，一点点向上飞升。它们很少有不在飞翔的时候，它们总是那么飞翔着，鸣叫着。我就是在它们的飞翔和鸣叫中走进我童年的记忆中的。

而云雀的鸣叫只是我童年记忆中山野大合唱的一个乐段。它在整个的乐章中只是一个小小的快板。那延伸的山野才是广板，那山野之间随风而去的岁月往事才是行板，那往事岁月里不断滋长蔓延的童年梦想才是柔板。夏夜的田野上，我听到过小虫子们的绵绵情话；秋日的星月下，我听到过山风与溪流深情的唱和；春夜里，那麦子和小草们拔节吐叶的声音是柔和的序曲；冬夜里，大地结霜凝冻的声音是悲壮的奏鸣曲。还有，在初冬的早晨从山冈一闪而过的那条红狐狸，尽管就那么一刹那的时间，但当它像一片朝霞般从那山冈上飘过时，我就知道，它会照亮我童年记忆中的那个冬天。我不能忘记那条在山道上与人群不期而遇的大灰狼。与人们对它的成见和厌恶相比，它遭遇人群时仓皇顾盼之间眼睛里流露出的那一份胆怯和无奈令人心颤。还有，那只在山谷溪流间跳跃着叫个不停的花山鹊，那群在柏树林中谈笑风生的蓝马鸡，那只躲在草丛中偷看我尿尿的大灰兔……一切都待在我童年的记忆里等待我的思念和牵挂。我时常想，如果没有它们，我也就没有了关于童年的记忆，是它们编织了我五彩斑斓的童年和童年的梦想。

3

生养了我的那个小山村是一个充满神话传说的村落。那些神话传说几乎涵盖了人类所有的忧虑因而透着慈悲的光芒。从人类的起源到世界的末日它几乎没有遗漏任何事情。

有一个传说这样描述了现代人类的起源：一场旷日持久的大洪水淹没了整个世界。很久以后，那洪水才缓缓退去，几乎所有的生命都在洪水中丧生。只有一男一女两个人活了下来，那是一对兄妹。洪水来临时，他们爬上了一座最高的

山峰，从而逃过了那场劫难。他们觉得这是上苍有意的安排。于是，他们决定把自己的命运交还给上苍。他们要打一个赌。他们要从那山顶上滚落两片磨扇。如果滚到山下的磨扇各奔东西，他们将结束自己的生命，从此世界上再没有人类存在；如果两片磨扇合在了一起，那么，他们也将结合在一起，繁衍人类的子孙后代。结果是磨扇合在了一起。那只是一个偶然的巧合，但正是这个偶然的巧合才给了我们得以繁衍生息的惟一机会。其实我们一直就在偶然的巧合中苟且偷生。

离村庄不远，有一个地方叫流沙儿，从山顶到山脚，山梁被拉开了一条巨大的豁口，形成了一条纵深的山沟，山沟之内是滚滚的山石。传说，那山顶之上，曾有一眼山泉，一年四季有清水长流。山下有座小佛寺，每天清晨便有一个小僧人来泉边背水。每次他在泉边时，那山泉里便有一个声音向那小僧人一遍遍地追问：开了没有？开了没有？小僧人就把这事讲给老僧人听，老僧人就告诫小僧人，千万不可回答那个追问，否则，就会发大水，整个世界就会变成一片汪洋。但是，有一天，那小僧人因为生病没能去背水，替他去背水的另一个小僧人却不知道这件事。于是，当那山泉再一次向前来背水的僧人提出那个古老的问题时，他竟毫不迟疑地答道：开了。话音未落，只听得一声轰响，滔天巨浪就从那山泉中汹涌而出，小僧人连同他背水的木桶和那一面山壁就随那巨浪而去。幸好有位高僧事先预知此事，及时赶到，念咒作法，将一片磨扇压在那泉眼处，才使整个世界免遭一场浩劫。

又是一片磨扇。在我初次听到这些传说时，我就想到过那些小河上的水磨，想到过那些水磨上不停转动着发出隆隆轰响的磨扇。

在我家西面的一个山头上有一个地方叫谷谷翅儿。传说，以前那地方就像一只布谷鸟，每年大年初一的黎明，它都要叫三声“布谷”。据说，那声音会响彻天下。至明代洪武年间，大儒刘伯温听到它的鸣叫之后，颇为忧虑。便献计于朱元璋，说西北有神鸟，如不铲除，天下龙脉不畅，大明江山不稳。朱元璋便命刘伯温奔赴西北除神鸟。刘伯温就找到了这只布谷鸟，斩断了它的脖颈，让那布谷鸟美丽的头颅滚落到山脚下的滩地上。至今那片草地上还有一块仿佛布谷鸟头的巨石突兀其上。从它的伤口流出的血化作一股水流，向东面的黄河流淌而去。快到黄河了，却遇见一位老者，它便幻化人形问老者：黄河可远？老者答曰：可远。那人形便化作一片水影消失了。

我听老人们讲，当初我的祖先们刚迁到那里时，那里还有茂密的森林。

据称，如果它能流到黄河，这一片山野将依旧龙脉连绵，福荫后世。但是它没能流到黄河。我在离开那个小村庄之后，才发现，整个西北大地，到处都流传着这个故事。有的是一只布谷鸟，有的却是一只鸽子或是别的什么鸟。它流传的地域之广，流传的形式之多，不能不使你相信，在中国历史上确曾发生过那样一件事，它在大地之上确曾留下过一个个伤口。刘伯温在民间传说中是一个可登天而观天下的奇人，他在风水学和周易八卦方面的造诣可谓登峰造极。这样一个人物干出些惊天动地甚至荒唐透顶的事情都是情有可原的。在中国历史上，明代就是个荒唐透顶的朝代，它使中国大地大伤元气。

我就是听着这些传说长大的。而这些传说却在我幼小的心灵里长成了无边的想象和愁苦。所有的山川万物都被传说赋予了生命。而我只是这庞大生命系统中一个微不足道的小枝杈，只是那隆隆轰响的磨扇碾压出来的一粒碎末。

离那流沙儿的沟口不远，有一处悬崖峭壁，峭壁之上曾建有菩萨殿，我一个外公曾在那菩萨殿里居住多年。他是一个僧侣，半生在蒙古大草原上漂泊，晚年回到家乡，就住到那里了，点灯煨桑和诵经是他每日里惟一可做和必须做的事情。如果他愿意，他就可以足不出户。殿前的峭壁之上有清泉涌流，泉虽小，却有个很大的名字：海眼。据说，它通向大海。那泉水很神奇，它每天流出的水量刚好是你所需要的那么多，从不多流出一滴。你取多少，它就涌出多少，如不取，它就不涌流。于是，那泉眼处的那一汪清水就总是那么充盈，却从不流到泉眼以外的地方。后来，那菩萨殿就毁了，那泉水也就干了。我曾多次去那里玩耍，看见过那峭壁上泉水留下的像是铁锈般的一道痕迹。那大殿被毁之后不久，我外公也突然驾鹤西去。人们感觉，他的死和那泉水的干涸有关。如果说，他的死在那个饥荒的年代里没有引起人们太多的关注的话，那么，他那条狗的突然死去，却着实让人们谈论了许久，至今人们还记得那凄惨的情景。那狗有个好听的名字，叫扎才郎。它可能是在我外公去世的当天就感觉到了一种巨大的不幸，刚开始时，它还只是在家里到处嗅着寻找主人，但很快它就意识到了情势的严重性。它不再顾及人们对它的反应，它先是跑到那海眼里去找，而后就满村庄挨家挨户地搜寻。它终于跑不动了，就爬在主人的屋里，呜咽哭泣，悲痛欲绝，整整七天七夜，不吃不喝，最终气绝而亡。这是我今生所听到的最感人的故事。

4

我听老人们讲，当初我的祖先们刚迁徙到那里时，那里还有茂密的森林。森林从遥远的山野一直延伸到村庄边上。森林中有数不清的野生动物，当然还有狼。我的族人中至少有一人是被狼咬死的。但是，到我这一代，那一切早已不复存在了。这才是150年左右的时间。150年间，那一带的森林已经消失殆尽了。

那个小山村背靠连绵的青海南山。正对着那小山村的一座高山顶上，有一块约4亩左右的平地，人工开垦的痕迹依稀可辨，当地人称“尕荒地儿”。虽然谁也说不清那是什么时候开垦的荒地，但人们却坚信当初人们之所以把它开垦出来，就是试图在那里种上庄稼。这一带有人类居住的历史至少可以上溯到几千年以前，但关于这片荒地却没有一个令人信服的说法。只记得一句近乎宗教训语的话：“如果有一天，人们没地可耕，以至于跑到那高山顶上种庄稼，这世界也就完了。”

不知道是谁留下了这句训语，也许他只是随便说说而已，只是世人没有勇气忘怀。也许正是那位开垦了这片荒地的古代先民留下了这句警世之言，那么，他肯定从自己的失败中意识到了什么。那么，它会是什么呢？是人与大自然的较量中必然会领悟到的一个终极的前定吗？如果是，那么，人类为什么直到今日还没有领悟到它的意义呢？如果不是，那么，人类今天所面临的许多问题又作何解释呢？

当我在20世纪最后的日子里，回忆着自打记事的时候就耳熟能详的这句训语时，就仿佛听到了祈祷的钟声。我在想，那个能跑到高山顶上开垦荒地的先民会是个什么样的人呢？那一带山区百年以前仍只有极少的一些人家，山下大片的沃野尚未开垦耕种，他完全没有必要从山底下爬到那海拔3500米以上的高山顶上去开垦那片荒地。而且在百年以前的漫长岁月里，茂密的林莽从那山脚下一直覆盖着方圆百里的茫茫群山。高大的云杉、白桦以及野山杨、高山柳类、杜鹃、

金露梅、花楸、黑刺、黄刺和白刺们纵横交错，林中鸟兽成群，仅仅穿过那高山丛林都需要付出无比的艰辛。他又何以不辞千辛万苦作此冒险呢？难道他披荆斩棘、一路血汗爬到那山巅之上，就是为了留下那么一句训语吗？不会。绝对不会。但是除此之外，我们再也想不出其他的理由。他的行为不仅在当时绝难想象，就是现在想来，也无法理解。

我的族人就是穿越那片林莽来到后来他们得以继续繁衍生息的那个小山村的。森林那边连着无边的草原，草原的尽头就是连绵的雪山，而森林的这边草原也已到尽头。村庄已经出现。以村庄为核心的农耕文明已从更遥远的地方绵延而来。他们之所以就此不再漂泊迁徙，很大程度上就是因为那片林莽的阻隔。他们为穿越那片林莽已经付出了巨大的代价，身心已经疲惫不堪。他们已经无法返回曾经的家园。除了进入村庄，融入另一种陌生的文明，他们已别无选择。

在他们来临之前，那个小村庄还不曾出现，附近一带的山野之内也不曾有真正的村庄，有的只是一些散落的人家，一些靠采集、狩猎和种植为生的人。那是村庄的源头，村庄就是从那里流淌出来的河。我那个小山村真正成为一个村庄已经是百年以后的事了。直到半个世纪前，那个小村庄的规模依旧很小，30 年前也只有五六十户人家，而现在已有好几百户了，以致它和其他所有的村庄连成了一片。以致原来大片的耕地乃至从未开垦的土地上，都盖满了房子，原来大片的山坡都开垦成了农田，最高处开垦耕种的庄稼地离那块训语中的荒地已只有几步之遥了。百年之前，那一带方圆百里的山野之间到处是郁郁葱葱的林莽，50 年前，那些森林也还基本完好。可而今，那些森林已经消失殆尽了。从村庄往深山里走十几公里才能望见森林远去的背影。

5

那高大的云杉林已荡然无存。那迷人的白桦林，那在秋日的阳光下闪耀着金色光芒的白桦林已成为回忆。每次想起那满山冈望不到尽头的白桦林，我心里

总有一支低低吹奏的萨克斯呜响不已，像《回家》。我对音乐的感知程度远没有对一片森林的认识那么透彻。但我却喜欢萨克斯。在舒缓的萨克斯旋律中，我能望见记忆深处渐渐远去的白桦林，那金色的林莽在秋风中飘落的那些叶片如一群群蝴蝶，成为我童年乐章的不朽音符。那每一根枝杈上大大小小的图案怎么看都像一双双眼睛，那么，它们看到了什么，又记住了什么呢？还有，那密密地连成一片铺满一面山坡的杜鹃，也已不复存在了。躺在杜鹃丛中那千百年一层层叠加的叶片上，听阵阵清风在上面飘荡的声音时，你就会想起母亲的怀抱和那轻轻哼唱的儿歌。那片尕荒地的四周生长着一种小叶杜鹃，在藏语中称其为苏鲁，开紫蓝色的小花，远远地就能闻到阵阵芳香。藏民族常常用它来配制煨放桑烟的香料。一座山冈之上如有桑烟袅袅升腾，周围很远的地方你都能闻到那种奇香。而今，已很难觅见这种小叶杜鹃的芳容了，那种大自然的奇异芳香就要绝迹了。我亲爱的森林啊，你原来曾如此地熨帖过我的心灵，曾如此地抚爱过我的生命，你曾给过我一切。

而我们却是那样地忘恩负义。锯子和镰刀把你们砍尽伐光了。那片美丽的天然林备遭砍伐之害的时间最长也不超过百年，而大自然却用了亿万年的时间才孕育了那样一片森林。我从祖辈们的口中听说那森林一片片被砍倒的每一刻里，我都听到了它们一棵棵一片片轰然倒地的声音。那是大地母亲的哀号吗？后来，我不仅亲眼目睹了那一棵棵参天大树倒地毙命的惨状，而且还用自己的手砍倒过无数棵大大小小的树木，而在当时，我却并不知道，那是一种罪过。在砍倒那些树木时，我甚至有一种收获的幸福感。

一开始，我和我的那些小伙伴们，只是跟大人们一起进山，看他们砍树，并学他们的样子砍树。把一片片森林砍倒之后背回村庄，修盖房舍，充当燃料。那时我顶多只有八九岁。等再长大些了，就能和小伙伴们自己进山了。在没有大人的世界里，我们干起来甚至比有大人们帮忙的时候更加疯狂。我们把一株株尚未成材的幼苗都当成树砍倒，而后捆在一起，背回家。那样的幼树苗只能当燃料，每次背着一大捆幼树苗回家时，如遇见老人，他们总是说："这么嫩的树苗苗，烧掉太可惜了。"但我们从没当回事，依旧成群结队地进山，依旧照砍不误，而那些砍回去的树苗也无一例外地都在烧茶做饭时化作了灰烬。等再长大些了，我

这棵被砍伐的柏树可能有4000年以上的年龄。

就能独自进山伐木砍柴了，也开始觉得那些嫩树苗砍了可惜。但这时，满山遍野除了那些幼树苗之外，已别无他物了，就是那些幼树苗也正日少一日。

我无法算清楚，自己从那山上砍掉了多少棵大大小小的树木，但我相信，如果它们还在生长着，那至少也是一片壮观的林子。倒在我利斧之下的那些云杉和白桦树苗至少也有几千株吧，还有杜鹃、圆柏、野山杨、高山柳类和金露梅、黄刺等更是不计其数。而我只是那支砍伐大军中最普通的一员，和我一起砍伐那片森林的人还很多，在我之前和在我之后也有很多。因为到外面求学继而又留在城里工作，在村里的同龄人中，我肯定还是砍伐量比较有限的一个村民。

6

森林就是那样一天天减少的，最后竟完全消失了。10年以前，我作为一名记者，深入那一带山区采访，我用了整整两天的时间徒步穿越那一片茫茫群山，所到之处，目光所及处，已见不到森林的影子。在我曾经砍柴伐木的那些山坡上只剩下了一簇簇荒草，甚至很多地方连草也长不出来了。那片曾经生长着青草和灌丛的荒地已沦落为一片寸草不生的不毛之地。在整整两天的时间里，我只在一座寺院的周围看到了一片不足百棵的云杉次生林，而连一棵白桦也没能看到。那一座座青山已完全裸露在视野中，上面仅存的植物孤零零地像是无边林莽的孤魂。它们在凭吊还是在守望，我不知道。我只知道，我们曾经一片片、一株株砍伐殆尽的是它们的亲兄弟。我的手上沾满了森林的鲜血。在炎热的夏天，我曾在活生生的白桦树干上狠狠砍下一斧子，而后把自己的嘴唇贴在那桦树的伤口上吮吸，一股甘美的琼浆便渗进生命深处，沿每一根神经和血管慢慢浸润开去。那是一种什么样的享受啊！哦，我亲爱的森林，我却在吮吸完你的乳汁之后，就用斧子砍伐了你，而我却从未觉着这是一种罪过，以为是人就可以对整个大自然为所欲为，对森林也一样。

现在那一带的森林已经消失了。村庄已经扩大了好几倍还在继续扩大，村庄前后那几条小河里已没有了流水，干涸的河床里原来还是一层层的巨石，现在连好看些的石头都不见了，都被人们抬到村庄里，砌了猪圈，铺了庭院。那清澈

的流水已永远地留在我童年的记忆中了。我曾在夏天的河边用马莲叶子编水车架放在那水边的青石头上让那流水冲着它不停地转悠。那时，我牧放的那些羊儿正在河水中啜饮夕阳。那时，我的曾祖母正蹲在那河边的石头上，用满是老茧的大手漂洗一袋秕秕的土青稞，她脖子上挂着的佛珠随着她身子的摇晃，在胸前摆动。她有时会停下来叹一口气，然后念道：嗡嘛呢叭咪吽。

那时，山前的两条小河上还有很多盘水磨整日里轰隆隆地转悠，每一个日子都被它碾压成了浪花飞溅的流水流走了。作如此联想时，你再怎么听，那轰隆隆的巨响都是：嗡嘛呢叭咪吽。那时，森林正在渐远。

7

那时，我家门前有几棵高大的老古树，一棵是杏树，一棵是山梨树，一棵是杨树，还有一棵是柳树。每年的秋冬季节，那树梢上便落满了乌鸦。那些年几乎每年都是荒年，饥荒的程度越深重，那树梢上乌鸦的密度也就越大。那哇哇的一声声鸣叫中，我都能听出生活的凄惨和悲凉。乌鸦缘何总是与不祥联系在一起，我不曾考证过，但可以断定，人们对乌鸦的成见由来已久。我对乌鸦有一个全新的认识时，视野之中已见不到乌鸦了。

那是在我长大成人之后，一次在河西某处的一个洞窟内，望着穹顶的那只乌鸦时，我才知道乌鸦在古时候是作为太阳神被崇拜过的，就像蟾蜍被视为月亮神崇拜过一样。那么，乌鸦和太阳之间又怎么联系在一起的呢？太阳何其光明，乌鸦又何其黑暗，其中的玄妙也许只有能望穿苍穹的智者方能诠释。我曾无数次地遥望过天空，就是不敢直面太阳。除了看蓝天白云，我看得最多的是星河灿烂的夜空。然而，在夜空中你是看不到乌鸦的，乌鸦是一种不属于夜晚的鸟类。在夜晚，你看不到它的身影，也听不到它的鸣叫。乌鸦是属于白天的，而白天是属于太阳的。在白天，整个的天空中，你所能望见的也只有太阳了，至少用肉眼你是看不到别的东西的。这也许就是人们更喜欢巴望夜空的缘故吧，因为夜空要比白日的天空更丰富也更精彩。

然而，我之所以喜欢夜空，很大程度上可能与门前的那几棵老古树有关，是它们给了我一次次遥望夜空的参照。月亮挂在树梢上，繁星却像挂在枝头的果实。我能从一些特别的星座和那几棵老古树的对应中判断一年四季的变化。也许正是受了那几棵老古树的启示和引领，我在很小的时候就喜欢遥望浩瀚的夜空，甚至可以说是在观测天象。小山村的人们都是以观天象来预知未来的天气变化，判断夜晚的时间的。他们能从猎户座或者别的什么耀眼的星座的位置变化，看出季节的变化和昼夜时间的长短。他们能从天上的云象看出次日是晴是阴，能从日晕和月晕甚至星光看出次日要刮风或下雨。有民歌唱道：月亮盘场时刮风哩，日头盘场时下哩。说的就是日晕和月晕与天气的关系。

在秋日的打麦场上静静地坐着或躺着遥望夜空是件极其惬意的事情。天是那样的蓝，星星是那么的璀璨。曾祖母说，天上的每一颗星星都和地上的某一个人有着内在的联系。就那么痴痴呆呆地望着夜空时，我其实一直在寻找属于我的那一颗星星。我愿意选择一颗不太明亮也不太暗淡的星星作我的星宿，但我没法确定，所以我注定了无法找到。有时候看到流星的陨落，只那么一闪，就消失在茫茫夜空中了。老人们说，那时地上就有一个人死啦。所以，山村里的人总是忌讳看到流星的坠落。每看到流星，我曾祖母就会把一直在念诵的嗡嘛呢叭咪吽念得更响亮一些。我有时候想，我会不会在某一天夜里望见一颗流星的坠落时，突然倒地身亡。因而，对那夜空总是有一种莫名的敬畏和崇拜感，甚至还伴随着一种恐惧。在我好奇地凝望时，总在心里祈祷不要有流星的坠落，可流星总是在你不经意间举首向天的一瞬里划过天空。

8

我想，这个世界上如我一般凝望过夜空的孩子不止我一个，肯定有千千万万。但是，我坚信，夜空在心灵深处能留下如此多灿烂故事的孩子肯定为数不多——尤其在今天，尤其在城里。现在城里长大的孩子甚至永远也不可能望见我童年时就凝望过的那种夜空了。那年去太原，晚上有很多人上街看月亮，一问才知道，太原城里已经有十年没看到月亮了。这就是了，要不，这世界上应该会有数不清的天文学家了。而实际上，世界上的天文学家比什么都少，尤其是那种杰出的给人类以引领的天文学家就更少了。如果除了天文望远镜等先进仪器给天文学带来的重大发现，从纯粹的思想意义上讲，今天的天文学家比之古代的那些天文学家要逊色得多了。根据恩格斯在《自然辩证法》中的揭示，游牧和农耕是天文学的摇篮。那肯定是因为游牧和农耕的人能够望得见真正湛蓝夜空的缘故。

我的童年是在游牧和农耕之间度过的。那青山、那蓝天白云、那羊群、那村落、那庄稼地……几乎是我童年的全部。与它们相比，所有的苦难和艰辛都可以忽略不计。每天，我都赶着一群羊儿，到那山冈上牧放。那时候，我的世界就是那一座座长满绿草和树木的青山。我从没走出过那大山之外。我常常以为，我所能望见的最远的山冈就是世界的尽头了，那个村庄就是世界的中心。那时候，我不知道山外的世界有多大。四周的群山和群山之间的村落以及蓝天白云之下便是我所能想见的最大空间。我看到过的飞得最高的鸟儿是云雀，跑得最快的动物是马儿，最圣洁湛蓝的东西是天空，最明亮的东西是山村夜空的星星。我吃过的最好吃的东西是雨后采来的山菇和暑天山溪边摘到的莓子——一种至今想来仍令我满口生津的野果子。那时候，我一天到晚最渴望的就是能有个小伙伴和我一起去放羊。记得最幸福的日子就是爷爷陪我去放羊的那一个季节，最难熬的就是独自一个人守望羊群和青山等着太阳落山的那一刻。那时候，我觉得世上最可怜无助、最寂寞孤苦的就是独自去山里放羊的孩子了。我一个人在山坡上百无聊赖时，就漫无边际地梦想天上会不会掉下一个人儿坐在我身旁和我说上一两句话。但是，梦想总是没有收获的那一刻。我把满腔的话儿都说给那只嘴巴和眼圈都黑黑的羊儿，和它相依为命。我把山上最鲜嫩的青草采集来，一把把喂给那可爱的羊儿。它几乎不用自己去啃食青草，我都能把它喂得很饱。我就是那样度过每一天的。那时候，我从未意识到那种和大自然融为一体的经历对我生命以及全部的人生意味着什么。

但我却意识到了我幼小的生命和那茫茫宇宙的某种联系。当我在那山坡上用

手扒出一小块平地，再用一根不长但却挺直的小木棍儿在上面画出一个十字——那是本质意义上的一个坐标——而后把木棍儿插在那十字的中心上时，我就有过这种感觉。这是我每天都必须做的一件事，像一次功课，更像一种神秘的仪式。做完这一切之后，我就把我牧放的羊儿赶到山坡上，让它们径自在那里去悠悠地啃食那鲜嫩的青草。而我却又回到那根插在十字上的木棍儿跟前，守望太阳，守望我童年的日子。阳光下小木棍儿投下的影子依顺时针方向慢慢移动，我用它来测定，该什么时候用午餐，什么时候把散落在山坡上的羊儿赶下山冈，什么时候再把它们赶回家——回家的那一刻总是那么充满了诱惑。

那是我跟浩瀚宇宙间发生的最早的联系了。后来，我从中学课本上学到这个知识，那是古代天文学家发明的一个测定时间的仪器，叫日晷。我一直以为，我的祖先们甚至在日晷发明之前就已懂得并掌握了这一知识。那时候，我虽然没有对此做过更深入地思考，但是，它在我幼小的心灵上投下的那个神奇的影子却一直在随太阳的照耀而移动，直到现在，我还觉得那是个了不起的开始。

但我还是没能成为一个天文学家，我以为这不是我的错，而是我所受的那种糟糕透顶的教育之过。我的小学老师在一次上课时提问：你知道天上有几颗星星吗？不知道。那么你还学什么，连这么简单的问题都答不上来？问者一脸的严肃，答者两眼茫然。这是一个世界上最后一位伟大的天文学家也无法回答的问题。但是，这种教育却激发了我的想象力。我的这种急剧膨胀的想象力加上那种愚弄人的教育，一直影响着我的学业。直到现在，我的理工类的知识仍不及一个合格的中学生。就在此刻，我回想着我童年时曾经凝望过的夜空，试图用我的想象力去探索宇宙的奥秘时，我其实也只是在作一次想象中的漫游，是一种纯粹的人文漫步，文学和思想上的东西多于自然界本身所能揭示的东西。不知道，这是不是我的悲哀，但肯定应该是教育的悲哀了。记得，伟大的爱因斯坦说过，教育是什么？教育就是当你把所有在课堂上学到的东西都忘记了之后，还剩下的东西。

那么，我还剩下些什么呢？也许只有那曾经凝望不已的夜空和那一片山野了……

9

后来，我离开了那一片山野和那个小山村。虽然我还时常地回到那里，但总觉得我离它的距离是越来越远了。我已经很久没有嗅到过故乡山野泥土的芳香气息了。我的视野空间也扩大了许多，整个人类的视野也比几万年前扩大许多，我们不再认为地球是苍茫宇宙的中心。在人类的视野中，地球已变成我童年记忆中的那个村庄了。但是，自然万物并没有因为我们的视野扩大而得到更多的关怀。恰恰相反，一切正朝着更糟糕的方向发展。而最糟糕的恐怕就是人类对泥土的背离。

我离开山村去北京上大学的时候，爷爷用一块旧布包了一把泥土放在我的行囊里，一再叮咛：那里离自己生长的土地太远，时间长了，会感觉不舒服，就放点泥土在水里喝了，就会没事。记不清我在远离故土的地方身体不适时有没有喝过那泥土，但记得我一直珍藏着那一把黄土，直到我念完大学，重回故土。

那时候，我也并没觉着这件事有什么特别的意义，但在城里呆的时间久了，我却越来越感觉到其中的玄机。那其实就是关于人与土地以及生命本质的真正把握。这些年里，我总有一种越来越远离泥土因而也越来越远离生命的感觉。钢筋混凝土正疯狂地吞噬着城市周围裸露的地表。走在大街上，看着路旁那些总也长不大的树木被水泥预制板围得严严实实的样子，心里总不是滋味儿。尤其在夏日的骄阳下，城市就像一座火炉样灼烤着你，使你无处躲藏。这多半也是远离泥土的缘故。冯久岭在为《高科技高思维》一书所著的导读中有句话：“我有一种坚持，总觉得孩子们必须要知道泥土的味道，要能感觉大自然，才能充实人生。”现在城里长大的孩子们，有谁知道泥土的味道呢？但是，人们却似乎并不因此而感到忧虑，甚至在言传身教中让孩子们像躲避瘟疫一样躲着泥土。我有一种担心，有一天，我们的孩子们会忘记泥土。虽然他们依然吃着泥土里长出的粮食和蔬菜以及水果，但他们可能会更愿意相信那是网上超市的产物，而不愿意相信是泥土生产的。进而他们会对自己生命的意义产生怀疑，不知道自己究竟是什么。

“人缘于尘土，又归于尘土。”我在读到《圣经》之前乃至还没有识字之前

就已熟知这句话了，生养了我的那个小山村的老农们在某些方面有着和耶和华神一样的智慧，他们因世代躬身于泥土而深知泥土之味。当他们赤着脚、架着牛、扶着犁杖，一道道翻开那大地的肌肤，把一粒粒粮食的种子埋进泥土，而后又一遍遍松土施肥，盼望丰收的时候，他们几乎就像是长在泥土里的庄稼。你曾光着脚踩踏过刚刚翻开的湿漉漉的泥土吗？你曾在夏日的山坡上嗅到过铺天盖地的花香吗？你曾有过捧起一把泥土仔细端详的记忆吗？你曾在优雅地咀嚼那些粮食时想起过泥土吗？你曾在想起泥土时想起过什么是生命吗？是的，只有在那时，你才会体味到亲近泥土的意义。

10

亲近泥土就是对生命的一种自觉。在亲近泥土时，你会全然地感知生命最不可或缺的东西是什么，它不是衣饰，也不是文化，更不是荣耀，而是与大自然最直接的联系。在与大自然的联系中最本质的东西就是与泥土的联系，那是一种血缘的联系。

走在春天雨后的田野上凝神聆听时，你就会听到一种如泣如诉的声音，那是泥土与大自然之间的倾心交谈。那声音会汇成美妙的天籁流进你的血管，渗透到你的每一根神经和每一个细胞里面，让你感觉生命的美好与大自然的和谐。

我曾在秋日的打麦场上，度过许多个夜晚。每至午夜过后，守场的大人们都说笑累了，一个个酣然入睡。此时，正值月明星稀，躺在那麦草垛上，整个身子都陷进麦草里面，只露一个脑袋在外面，望着那苍茫夜空，倾听大地的呼吸时，随阵阵清风不断袭来，那泥土的芳香也便汹涌而至，和着那浓浓的麦香浸入心脾，那是何等的惬意安详啊！人生只要有过那么一个夜晚，所有的夜晚都会黯然失色。

在自然界，人类是最早自觉到自己的生命与泥土之间血肉联系的生命种，也是第一个开始远离泥土的自然之子。因为对与泥土关系的自觉，在过去的几万年

尤其是近一万年间，人类文明的发展史一直在书写人类亲近泥土的历史。人类最早的居所是挖在大地上的一个个洞穴，人类最早的艺术想象力也缘于泥土。女娲用泥土捏了一个男人，而后又用男人的一根肋骨捏了一个女人，而后甚至还用剩下的一点泥土捏了一条狗，这是东方人类起源的美丽神话，但它诉说的却是人类与泥土的关系。翻开大约4500年前的人类历史，出现在眼前的便是我们的祖先正用一堆堆泥土捏制出一组组精美陶罐的壮阔画面。那陶罐们在天地之间放射出的耀眼光芒是人类文明的第一轮朝阳。不止这些陶罐，人类文明所能涵盖的一切的最初开始都离不开泥土，包括音乐，包括舞蹈，包括绘画，甚至包括哲学和宗教，甚至直到今天我们还在继续沿用祖先们的手法从泥土中寻找着创造的灵感。如果你走近过敦煌莫高窟，你就会相信，我们的祖先曾经是何等地亲近过泥土，以致从那以后，我们再也不敢奢望能够更加亲近。如果你造访过秦兵马俑，你就会相信，我们的祖先怎样从泥土中获得生命的力量，以致从那以后，我们再也没能用泥土创造出更伟大的作品。

11

我曾用红土捏过很多能吹出低沉浑厚的声音的三孔埙。在童年的山坡上，我用那些埙吹出一声声没有旋律的声音时，我并不知道那竟是一种乐器。直到很多年以后，当我听到用埙吹奏的旋律时，才想起那些我用红土捏成的埙。在低回舒缓的旋律中，我听到了大地的呼唤，听到了原野辽远空旷的诉说，那是泥土的声音，那是人类亲近泥土的情感演绎。那旋律令人落泪。我不知道，那是因为感动还是因为悲伤。日益远离泥土而又不断陷入喧嚣的人类，对声音已经全然地麻木了，他们已听不到鸟鸣蝉噪，听不到流泉欢唱，也听不到花谢叶落的声音了。远离泥土正使他们的灵魂变得疲惫不堪。甚至很多时候，他们已想不起自己回家的路，因为他们离家已经十分地遥远了。

整个青藏高原上至少有上千条这样的河谷遭到过严重破坏。

12

我那个小村庄坐落在青藏高原东端，后面是一列大山，属昆仑山的余脉。大山北临黄河支流湟水，南面被黄河阻隔。我就在那大山脚下的一个村落里长大，直到20岁之前一直生活在那里。母亲生养我的那天晚上是农历壬寅年（1962年）八月三十日。那是个没有月光的夜晚，天上只有星星。母亲在我奶奶的帮助下把我生在了羊圈里——那个小山村的母亲们至今还延续着在羊圈里生养孩子的风俗——我在羊圈里冒着热气，把第一声啼哭带给这个世界时，想必一定把那几只羊儿吓了一跳。等到我长到三四岁，开始记事时，那几只羊儿还在那羊圈里呆着，它们总是友好地望着我。我想，它们一定铭记着我哭出声来的那一刻。那时候，村里的人们都很艰难地过着那没完没了的苦日子。所有的院墙上都写着大大的标语，像一道道咒语。很多人在饥饿中死去了。还有很多的人在我出生之前就已经死去，人们常常在回忆中提到他们的名字，对我来说，那都是些陌生的名字。祖上有位奶奶，现在还健在，她留给我最深印象的是她那总是高高隆起着的肚子，那肚皮几乎已经到了透明的程度，有几天我甚至还依稀看到过吞进那肚子里的野菜叶子。又过了一两年，那院墙上的标语又换成新的了，但院墙依旧。院墙都裂着缝，墙缝里都布满了蜘蛛网。爷爷总是望着那些蜘蛛网叹气。那时村里很静，静得能听到全村的柴门打开或关上的声音。村里的人常常聚到一起开会，开会时，我的曾祖母总是跪在中间的空地上接受人们的批斗。当那种政治批斗在没有政治的村巷里作为一种不得不上演的闹剧进行演出时，它就蜕变成一场辱没人格的谩骂了，继而就成为践踏人性的一场悲剧，把美好的事物毁灭给你看。我曾祖母是个善良的老人，她的善良至今依然是我时时回望的一座山峰。而今想来，那个年代对人性的摧残是从摧毁人的善良开始的。而比之对人性的摧残，那个年代对自然万物的摧残要更深重百倍。也许再过上多少年，多少代人，人的良知说不定会有希望恢复到当初的模样，人性的光芒将重新照亮所有的灵魂。但是，大

上世纪40年代以前，整个河南草原不曾发现有老鼠。后来，到外面驮茶叶和食盐的马帮不慎将几只老鼠带进了河南草原。不到10年时间，至50年代初时，河南草原上那广阔美丽的滩地均已成为老鼠的天下。

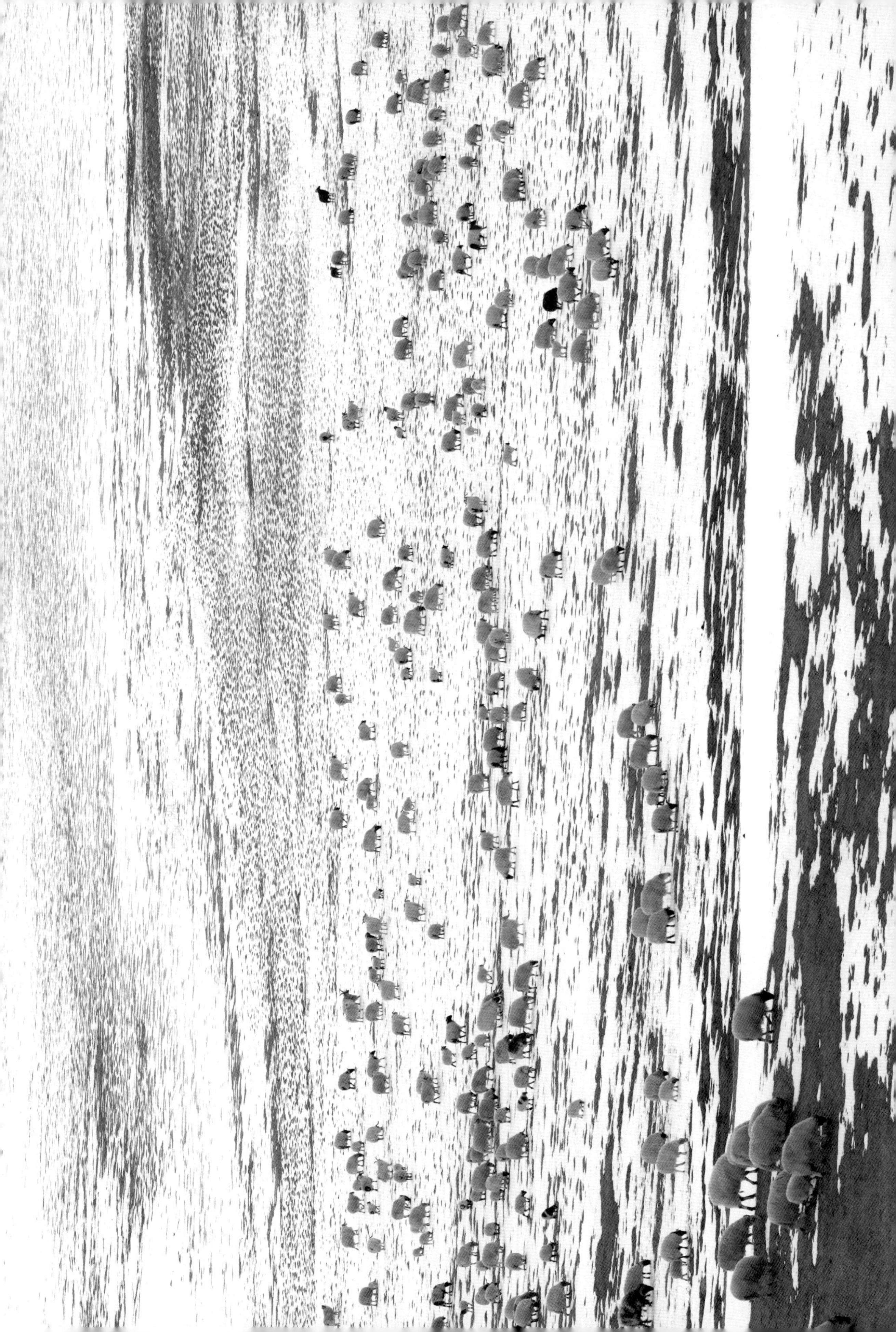

自然所遭受的一切灾难像一个永远无法愈合的伤口留在大地之上了。在可以想象的可能中，我们再也无法恢复大自然业已破损的机体。对大自然而言，我们这一代人是罪不可赦的恶魔。

小村庄周围所有的树木就是在那些年里被砍光的，我家门前的那几棵老古树也是在那些年里被砍掉的。还有那河边的滩地上一片片的杨树林也是在那些年里消失掉的。那些杨树林疏朗而优美，林间开满了马莲花。走进秋日的林间就像走进了一部童话一样美妙。我在林边小河上的磨坊里听到过无数的故事，体验过歌德在《磨坊姑娘》里所抒发的那种诗情。山野之间所有的青草地都翻开了。很多的山泉因此而永远地干涸了。短短几年间，小村庄附近的大片山野已沦为没有树影婆娑、没有花草生长的荒野。而灾难却接踵而至。那是 1968 年的夏天，一场冰雹过后，满山遍野一派晶莹。所有的青稞和麦子都被埋在厚厚的冰雹之下了。午后的骄阳烈烈地照着寂静的土地。全村的男女老少都不约而同地走出村子，走向山野，没有人说话，没有人喊叫，所有的脸上都没有笑容，所有的步履都那么沉重。我远远地跟在父亲身后，跟在一个队伍的后面，看着人们走向田野的样子。那是一支送葬的行列。他们为自己的庄稼和自己的日子送葬。

13

我曾祖母的葬礼就在那个夏天过后的一个午后举行。也不知为什么，全村的人都来为她送行了，就连那些曾经将唾沫吐到她脸上的人也都来了。我想，那肯定与那场不期而至的灾难有关。很多人都没能过得了那个年关，一个接一个地走了。从秋天至次年春上的好几个月里，全村的人似乎一直在忙着送葬。一天天的午后，送葬的队伍就不断走向村外某处的坟地。第二年初夏的一天，我赶着羊群路过我家的坟地时，突然发现那里新添了好几座土堆，那每一座土堆下都埋着我族人一辈子的苦难岁月。那场灾难过后，我一下子就长大了。我望着那坟地里一座紧挨着一座的小土堆，心想，有朝一日，我也将变成一座小土堆堆放在这里了。于是，我在那坟地里悄悄地流泪哭泣。我想我的族人们都听到了我的哭声。但是，离那坟地不远的山冈上依然有绿绿的青草覆盖着山野，我的童年就在那山冈上延续。之后的好几年里，我每年都用红土捏了很多的牛羊放在那山冈上。它们将从那山冈上走向我梦中的大草原。

我梦中的大草原自我祖先迁徙漂泊的路上绵延浩荡。一座座雪山如白发母亲成为他们灵魂永恒的守望。他们渐渐远去的背影是草原失落的牧歌。无边无际的碧雪莽原之上有白塔耸立，有骏马驰骋。鹰的翅膀掠过了连天的牧草，在白云深处轻轻摇晃。轻轻摇晃如家园牧帐。冰雪自高山之巅融化，与阳光一起涓涓流淌。在绿满天涯的牧草根须间流淌成了酒歌，流淌成了千年的传说、万年的神话。而此时，我却刚刚启程。前方不远处已有经幡飘摇，奶茶飘香。哦，我梦中的大草原啊，我的嗡嘛呢叭咪吽。

嘛

最后的草原和草原最后的守望

嘛能消除非天斗争苦

——萨迦·索南坚赞

果的植物才能得以真正的丰收，
而大多时间叶繁花，因为仍会开出艳丽
花朵的植物，除开花的植物，就须
以有开花植物示要好是推崇
食物，大部分都不止好等，要去吃喜。
由于性急我们在草地上，随诸之
间，要使比仙境是草地一个人给，
要的以野猪在性道上我们在性道上
道路是的深远之处植物。那便是
睡觉的时候，要要了下金世界童子
上了楼植物在柳里到处是要身的
的亮点。又好家，要去了之后，
它们又会生长，作者。但不过，高空
都是植物和好好没有那样了好来，
但是一天不又要开始，这些好人又
要回到了季节好好，又要好好。
这以及好人的好季节好多了季节好
大约是到了这时左右，像春天一家
没有季节好的起来的就要这一些，
有75公里。不过，现在以年去的比
年，植物已经不能以前那样的了。
以前，因为当时气候随日夜去三四天，

14

我终于见到梦中的大草原了。

大草原就是无边无际的土地上长满了青草。它和很多牛羊以及牧帐共同构成了牧人的家园。当然，牧人们还有骏马和牧犬以及牧歌和酒曲，还有爱情和传说，以及传说中的英雄。

从 1986 年之后的 17 年间，我几乎每年都有很长的时间在这样的大草原上游荡。而我的祖先们在最终抵达那个小村庄之前却一直在大草原上漂泊。他们其实就是一片片漂泊的大草原。我一次次走向大草原不仅是在找寻祖先们漂泊的足迹，而且也在追寻我梦中的家园。家园已成为我 17 年草原之行的一个情结。当我时时地回望那个小村庄，而又时时地为大草原魂牵梦绕时，我自己也已是一片漂泊的草原了。

第一次走向大草原时，我就觉到了它的博大和宽厚。任何一个人都无法一下子就能走近博大宽厚的草原。你得一点点地接近它，得用心灵慢慢地靠近。否则，它就会将你吞没掉或者永远地拒之门外。

我第一次走近的草原叫阿里克。那是一个古老部落的名字。那片草原因这个名字而得名。早晨的额济纳河边，我望着那顶炊烟升腾的牧帐和牧帐前的畜群，就像望着一个民族的源头。那是一个冬日的早晨，朝阳下，金色的牧场雾气氤氲。一个身着皮袍的母亲正走向河边。这条河自巍巍祁连山麓一路奔流而去，由草原而河西大戈壁而额济纳大漠。古老的居延海就在它的尽头日益干涸。那里

曾经是一片汪洋，曾经有过辉煌的文明。唐宋以来的许多大诗人都曾在那片大野之上倾泻过洋洋诗情。居延古城的那些残垣断壁肯定还记得那些不朽的篇章。而我就站在这条河的源头上。那是一种奇妙的感觉。站在一条大河的源头上时，你会真正看到一条河是怎样流过悠悠岁月、流进历史的，而文明就在河的两岸盛开如菊，盛开如莲。阿里克部落漂泊迁徙的足迹从黄河流域直到黑河源头，在广袤的草原上纵横交错。我站在那大河之源打量那片土地，打量那几千年历史长河时，我所能看清楚、看真切的就只有那个早晨了。之后，我又很多次走近过阿里克草原，当我在十几年后最后一次走近那片草原时，那条河已比当初看到的样子瘦小了许多。草原正在退化。居延海已完全干涸。干涸的居延海边那片迷人的胡杨林也正在流沙的日益掩埋中垂死挣扎。河边的牧帐已经看不到了，代替牧帐的是一座座低矮的房舍。牧人们已经住进了房子。住进房子的阿里克的后裔们将不再漂泊和迁徙。用来转场的牛背无法驮运那些永久性的房屋建筑。也许再过上多少年，牧帐将从草原上消失掉。住在房子里的牧人可能将因此而不再为冬天的寒冷担心，但他们也因此而不敢把自己的畜群牧放到更远的草原上了。20 世纪初，阿里克草原遭遇了一场百年不遇的大雪灾。大雪过后，几乎所有的牧帐和牲畜都埋在了厚雪之下。有一个小部落的几十户牧人全部葬身雪野，百余男女老少无一幸免。住进房子之后再厚的雪也不会将他们吞没掉了。但是，不知为什么，自打草原上有了房子之后，雪也越下越小了。一个又一个冬天里，茫茫大草原裸露无遗。牧草日渐稀疏，甚至大片的草原上已没有了牧草生长。一片片黑土滩正从四面八方蔓延扩张。这是一个一时无法给出正确答案的谜。也许草原本来就是漂泊不定的。牧人们之所以几千年不停地漂泊迁徙就是为了和草原一同漂泊。也许只有在漂泊和迁徙中他们才能拥有自己的家园。所以，当他们终于停住脚步，不再漂泊之后，草原就一下子从他们的眼前消失了。他们站在房屋门前，望着天边的云彩，怅然若失。“逐水草而居”，这短短的五个字，绝不像人们以为已经认识透彻的那么浅显简单。这是所有游牧民族的魂。整个一部草原文明史就是这五个字的千万年演绎。难道我们能不逐水草而居吗？如果不逐水草而居，牧人们将去哪里牧放他们的畜群？远离水草之后，哪里是他们的家园？当摩西引领他的族人穿越红海大沙漠找寻那片梦中的土地时，他不就是在寻找水草吗？没有了水草就

不会有草原，没有了草原也就不会有真正的牧人——包括摩西和耶稣基督那样伟大的牧人。而如果没有了牧人，我们甚至就不会有英雄史诗。可以想象，假如人类文明缺少了这一切，人类灵魂将何等苍白。游牧不仅是人类童年的梦，也是人类所以能够保持童真保持美好想象的精神家园。

15

我第二次走近大草原是从阿里克草原回来几个月之后的事。那片大草原位于巴颜喀拉和唐古拉两座大山之间。那是中国第一大河长江的源区大野。那是个夏天。走近那片草原时，巴颜喀拉和唐古拉的夏天就那么全然不顾地浩荡着，升腾着。它几乎是跟着最后一场苍茫大雪突然降临在那片极地大野上。草叶上飘荡着绿色的光芒。而那阳光、那澄澈明亮而又无孔不入的阳光无可置疑地统领着一切。牧人和他们的畜群正在向远方迁徙而去。大朵的白云开始向所有的山冈奔腾而来。雪山渐远，之后在视野尽头如一匹白马或一座白塔归于宁静。天地之间的辽阔与悠远仿佛一下子拥有了一种被张扬的感觉。于是，时间的节奏就舒缓了，人们的心情就豁亮了。当然，心情不一定非得与季节有关，但巴颜喀拉和唐古拉的夏天就是一种心情。如果你有幸从那样一个夏天里经过，你就会明白我指的是什么。那样你就会感觉阳光照彻过你的生命。从此你的眉宇之间将永远留下阳光灿烂的烙印，你的心胸之间将永远回荡着一股亮丽，从而使你的生命折射出一种光芒。那种光芒会使你感觉灵魂的饱满。如果你的生命里从未有过一种类似的经历，或者曾经空虚，在与那样一种饱满不期而遇时你甚至会有被灼伤的感觉。你会因之晕眩而顿生灵魂出窍的感觉。那时你会有至深的感动。那时你会哭。那时你会有感恩的冲动。

那是 1987 年的夏天。那个夏天里我一直在长江和澜沧江的源区大野间不停地游走。一片片美丽的大草原随时会扑面而来。我一次次地在心里默念这就是我梦中的大草原。那天，在正午的阳光下，我躺在曲麻莱县城边上的一个山坡上，

他们已经在这里刻了六七年的经文了，那些经文都是用来献给阿尼玛卿的。

享受着那阳光，天是那么的蓝，云是那么的白。山坡上长满了青草，开满了格桑花。一大群白唇鹿就在离我很近的地方悠然地啃着青草。有一头鹿甚至还款款走近我，嗅了嗅我身上散发的体味儿，之后站在那里，静静地望着我。它们对我的那一份儿友好，令我至今感动莫名。我在那山坡上躺了很久，它们一直就在我身边围绕着我，没有提防，没有警觉和恐慌。我们离得很近，甚至我们的心灵都靠得很近。在那头鹿走近我嗅着我身上的味道时，我也嗅到了它身上的味道，有一点草香，有一点奶味儿，有一点膻腥味儿……那时，我才知道，人和大自然原本可以如此地亲近。

那个夏天就那样把大草原最美丽的那个季节镌刻在了我的心里。如果大草原是一部大书的话，阿里克草原的那个早晨便是这部大书的卷首语了，而那个夏天则可以说是这部大书的序言。这部大书才刚刚打开。又一年的夏天，我去了黄河源区大野，那片地处巴颜喀拉山麓的大草原以同样的灿烂和饱满迎接了我。那时正值七月流火的季节，而在巴颜喀拉山顶上却已落着厚厚的雪。雪野深处是牧人的家园。有成群的黄羊在路边上觅食。白雪之下是绿绿的青草地。海拔已经超过5000 米，我正走在号称地球高极的第三极上。那一刻里，我的心被那碧雪莽原深深地震撼了。就是那些不怕雪压风打的牧草养育了这极地大野抑或生命禁区的生命，那是生命的根。雪域草原的民族和他们的牛羊以及成群的野鹿、野牦牛和飞禽走兽们就是靠了那一株株幼小的生灵才得以繁衍生息的。

16

从那以后，我便一次次走向大草原。我所供职的《青海日报》给我提供和创造了这种便利条件，我感谢《青海日报》。当我一次次翻过青沙山、拉脊山、日月山和大坂山，走向大草原时，我便有一种回家的感觉。

有很多次，当我站在青海湖边上，望着那一片蔚蓝，想念大草原时，心中的感念肆意弥漫。你不能不深情地打量这座高原、这片蔚蓝、这片大草原。在遥远

的地质年代里，这里曾是古地中海的一部分，古特提斯海的波浪汹涌翻滚着一如今天的高原。那时候，青藏高原还远没有出现，甚至还没有开始孕育。现在青藏高原所处的地方到处是一片汪洋，海滨广袤的滩地上长满了雨林，林间栖息有高大的陆生动物。是那次史无前例的大陆漂移改变了这一切。

孕育了很久的大陆板块漂移终于开始了。亿万年又亿万年的悠悠岁月随风而去之后，自遥远的南方海域缓缓漂洋过海而来的古大陆一点点楔进欧亚大陆的一角。藏高原才像一朵莲花慢慢浮出了水面。一点点升高，一点点扩展，一点点变厚变宽。在整个高大陆远没有形成的漫长岁月里，它可能经历了无数次不断隆起又夷平的过程。而最终隆起在地平线之上后，它的隆升又是何等的缓慢，每年只是几毫米几厘米地隆升着。而今它最高处的海拔高程已接近 9000 米了，那是一个多么漫长的历史。就在它一点点隆起的岁月里，大海就从高原面上一点点向远方滑落退隐，一点点地四散而去了。最初的高原面上依旧生长着高大的乔木和蕨类植物。直到它的海拔高度超过 3000 米又 4000 米之后，许许多多的植物和原生的生物群落才从高原面上消失了，亦如曾经的大海。雨季终于不再来临。大雪开始飘落。最后一次冰河期过后，草原才出现在视野中。温暖的阳光、丰美的牧草便在一个早晨迎来了我雪域高原的古代先民。又几万年过去之后，我才第一次走近这片神奇的土地。第一次走向这片土地时，我便感觉到了我的使命。

17

我的使命缘于大草原面临的危机和灾难，缘于草原牧人面对这些危机和灾难时，对大自然一往情深的终极关怀。我在聆听他们的教诲时，就萌生了要把他们的教诲转告给世人的愿望。继而给大草原许下一个诺言：我会完成我的使命。而他们的教诲其实就是一些使人警醒的预言或箴言。这个世界到处都充斥着各种各样所谓科学的预测，而却没有真正的先知。真正的先知已经消失。而且在现代工业文明泛滥成灾之后，真正的先知就无法出现了。先知的心灵需要接近天空，接

在阿尼玛卿雪山脚下的一些巨石之上，我看到了红色的地衣。它是生物登陆之后最早生成的陆地生物种群，是地球陆地生物的祖先。

近星月的光辉和纯净的雨露。先知只出现在远离喧嚣和污浊的净土之上，先知的心灵是落在花蕊上的露珠。超凡的智慧来自洁净的心灵。洁净的心灵来自洁净的大自然。大自然一旦蒙尘含垢，一切洁净的心灵也便随之关闭，陷于愚钝和蒙昧。现在的人类心灵正处在空前的蒙昧状态中日益麻木但却感觉良好，以为他们将会主宰一切，并为之径自往前走去，我行我素。他们不再面对灵魂的堕落和良知的泯灭，更不再面对大自然抑或上帝的沉沦和人性的沦丧——大自然也许是惟一可信赖的上帝——假如真有上帝存在的话。但是，我们已经背离了大自然。我们已经忘怀自己是大自然的孩子。于是，大自然从我们身上抽走了智慧，给我们的眼睛蒙上了一层蔽翳。于是，我们妄自尊大，不可一世。把真正美好崇高和友善真爱的东西全部踩在脚下，肆意践踏。

18

箴言之一：当草原被一道道铁丝网阻隔之后，世界末日就会来临。

箴言之二：当最后一座雪山（实际上是指某一座具体的雪山——注）消失了之后，世界就会走到尽头。

箴言之三：当所有的生灵都消失了之后，人类也会随之消亡。

19

我并不想以此宣扬世界末日说，但也反对对世界末日说的一味回避。就像死亡是我们必须面对的生命过程一样，只要我们承认有开始就必须接受结束的现实。假如宇宙都有完结，地球和人类就算不得什么了。而只要我们相信宇宙曾经有过一个开始的元点，那么，也肯定会有一个终结的日子。这是后话。我在这

在青藏大草原上有几百处这样的石经墙，规模最大的可能要数玉树州境内的嘉纳嘛呢堆了。

一章里所要完成的是我对大草原的深情凝望和打量。我将用心去抚摸大草原的伤口。而后，我才会凝望宇宙，打量整个地球和人类文明。

20

就在我一次次走向大草原时，我便切身地感觉到大草原正从我们的眼前一片片消失、一片片沦丧。先是牧草由茂密而稀疏，由鲜嫩而枯黄，由高变低，接着就是一片片寸草不生的黑土滩和沙砾地扑面而来。一道道沙丘自天边布满了视野，一片片荒漠和戈壁取代了草原。牧人们正在后退，畜群、牧帐以及整个的家园正在沉沦。日益破败的草原景象如一片片乌云正遮盖着无边的草原。老鼠们正从四面八方向大草原冲杀而来，啃噬着仅存的牧草。草原狼、狐狸和许许多多的野生动物们正从大草原上绝迹。天越来越旱，云越飘越远。给草原以给养的一座座雪山和冰川向远方逃遁而去。最后的牧人守在最后的草原上就像守着自己最后的日子。

那么，是什么造成了大草原的大退化呢？要客观地回答这个问题，我们必须站在大自然这个上帝的立场去做冷静地分析。是的，我们首先不能忽视的就是大自然本身的演化。这座世界最高的高原至今仍在不断抬升，它把这片大草原已经抬升到了连牧草都要贴近地表才能艰难生长的高度。一年之中牧草生长的时间只有短短几个月，以致它刚刚返青就得面对枯黄的命运。凛冽的寒风一年四季都在草原上浩荡。一根牧草根系的形成需要几十年的光景，一片草原发育成熟需要千百年的时间。这就是它原本所有的脆弱性。这种脆弱性注定了它一旦遭到破坏，就绝难再有自然恢复的可能。而破坏却是难免的。破坏来自草原和草原以外的整个世界，它无力防范和抵御。

从草原以外而来的破坏力中，最主要的当数全球气候的干暖化大趋势。虽然全世界的科学家一直在争论不休，但全球气候干暖化的趋势在近百年间却是明显地增强了。包括乞力马扎罗和阿尔卑斯山顶的冰川和积雪都在迅速地融化。青藏高原的冰川在近百年间已整体后退了几百公里。也就是说，从当初能看到冰川雪

山的地方我们得往高原腹地走上好几百公里才能看到现在仅存的冰川和雪山。而就是那些雪山和冰川也在日渐萎缩和退化。这使得降雨日益稀少，地表蒸发增大，地下水位下降。失去水分的土地再也不肯长出新的植被了，而原有的牧草和其他植物也在日益加剧的干旱中枯萎和死亡。这种气候的干暖化不能不说是全球性生态环境整体持续恶化的罪魁祸首。

但是，我们却或多或少地忽略了一种危机，以为这是大自然在一个很长的气候周期中所必须经历的一个干暖期，就像地球曾经有过的多个冰河期和干暖期一样。但是，我们无法证实我们是否正处在地球的又一个干暖期当中，我们所能证实的是这种干暖化的背后就是地球人类大量释放的有毒气体和烟尘。自工业革命以来的 200 多年间，我们向天空和大海排放了足够遮蔽整个天空和污染所有海洋世界的黑烟和浊流。有报道说，大气中的二氧化碳浓度从工业化时代之前的百万分之 280 增加到今天的百万分之 367，估计到 2100 年时，二氧化碳浓度将达到百万分之 540 ～ 997。臭氧层已经破损，地球的保护层已经出现空洞。有证据表明，近 10 年中的北半球气温是 1000 年来最高的气温。人类已经使整个大气层之下的地球空间变成了一座巨型的温室。

与此同时，不可再生的煤炭、石油等地球能源已接近枯竭。几乎所有的河流都被一座座大坝堵截得支离破碎，全球之内我们已经看不到真正原始的河床和河道。地表之上的大片水域和湖泊都已经和正在变成农田。为了养活日益众多的人口，几乎所有的荒野都被开垦。而不当的灌溉和无节制的开垦造就的都是一片片的沙漠。为地球提供养分和绿荫、吸附有毒气体、制造氧气和湿度进而为地球降温的大片森林也都化为乌有了。从这个意义上说，是人类一手制造了地球干暖化的气候环境。这种气候环境影响着地球上的每一寸土地，包括南北极和青藏高原这几块最寒冷的大陆也不例外。青藏大草原已经受到它的重创和侵害，而且这种侵害的程度正在日益加深加重。上世纪末以来，在高原腹地里日渐增多的沙尘暴天气就是大草原的呐喊和哭泣。人类对青藏大草原的退化难辞其咎。

那么，另一种破坏就不能不说是前一种破坏的延续了。大自然在大草原上哺育游牧文明的同时，也把无尽的宝藏赐给了草原。那悠悠的碧草之下就是宝藏。那些宝藏引来了贪婪和疯狂的掠夺。从 20 世纪 80 年代初开始，一场史无前例的大掠夺就在草原深处拉开了它的帷幕。受贫穷和苦难折磨的一大批人从大草原的四周向它蜂拥而来。有史以来最大规模的一场浩劫就这样开始了，一直到 21 世纪初，这场浩劫还在继续。这场浩劫就是持续了 20 多年的采金狂潮。黄金一直是人类贪欲和野心的一个旋涡。人类文明史上许多惨烈悲壮的一幕就是在这个旋涡里尽情上演的。从尸横遍野、刀光剑影的古战场一直到哥伦布横渡大西洋之后遍及全球的殖民统治，我们都能看见这个旋涡的巨大诱惑。这是个以金色的牧场和阳光为外表的黑色恶魔，它吞噬着人类的善良和理智。十几年前，我为此写下过这样的话语："近 10 年的中国西部大淘金也许是对亚洲生态环境——尤其是对青藏高原这块高大陆造成最严重破坏的一幕，它肯定将在 10 年或者 20 年之内给人类以无情的打击。人类肯定要为此付出代价。"现在大自然的报复已经开始，人类已经在付出惨重的代价。很多金矿的矿脉因之遭到了毁灭性的破坏，将永远无法开采。还有那大片大片被翻过来的草场也将永远无法恢复它原有的植被。我估计，青藏大草原上至少有上千万亩草场因此而被挖得面目全非。那些产金地大都地处高寒，植被恢复能力极差，长成一簇草根需要几十年乃至更长的时间。有人断言，即使用黄金把那些草原重新铺一遍，牧草也不会重新长出地面，铺满大地。从黄河源玛多到长江源曲麻莱、治多，到澜沧江源杂多的近 20 万平方公里的大草原上，我们到处都能看到被挖得千疮百孔的土地。据国土资源部门的人士讲，仅曲玛莱一个县，在 1998 年之前，有些年里每年就有 10 万人之众在草原上采金。一条条大河的河谷滩地上都是一派机声隆隆的景象。那些用人工或机械采挖的大坑浅的有五六米，深的达几十米直至 120 多米。那些大坑在地球表面形成了一个个黑洞。常有野牦牛等野生动物掉进那些黑洞里不见踪影。

21

由清水河而曲玛莱，走不远就进入一个谷地，叫赛柴沟，藏语中的意思可译作黄金谷。17 年前，我路过此地时，只见碧水潺潺，绿草悠悠，小河两岸不算开阔的滩地上不时有牧人的帐篷飘送袅袅炊烟，舒缓的山坡上有畜群悠闲地啃噬青草，间或有牧童的歌声传入耳中，或者有牧人骑马自远处向那谷地深处飞奔而来。那是何等的情趣盎然，至少在那一刻里它会令你感动万分。后来那里已是一片机声隆隆的工地，扎朵金矿将那片谷地采挖得面目全非，整条河谷望见的只有堆积如山的沙土和裸露的矿层，不见清清流水，不见悠悠绿草，牧人和他们的家园已经不再。就在三年前我还写下过这样的文字："假如有一天，那里所有的黄金都已采挖一空之后，等我们偿还甚或还没来得及偿还所有的债务和贷款，除了几堆废铁和满目疮痍之外，那里还剩下些什么呢？那条绿水碧草的河谷还会再现吗？也许，即使我们用十倍于所采挖的黄金去恢复那条山谷，它也未必会重新出现在我们的视野里。也许我们的地方父母官会说，采矿的收益远远高于那条山谷的畜牧业收益，甚至几十倍乃至千万倍于畜牧业收益。但是大自然永远不会从经济学的角度来评判人类的行为。那条山谷原本的存在将永远超越所有的利益。何况那山谷里的金矿永远不会因为没有开采而消失，但却因为开采而永远不复存在了。即使仅从人类的利益出发，那山谷也绝不仅仅属于这一代人，它同时也属于子孙后代。"那么，我们究竟在做什么呢？才三年过去，那金矿已经关闭，几乎所有的采金船都已废弃，整个河谷已成为一片废墟，不忍目睹。

而这才是一条河谷。仅曲玛莱一个县就有 30 多条这样的河谷遭到严重破坏。整个青藏高原上至少有上千条这样的河谷被采挖得千疮百孔了。每次路过这样的地方，我都感觉仿佛走进了一场大灾难的中心，它使我想起尸横遍野的战场，想起美索布达米亚平原上昔日的辉煌。

但是，这还不是这片大草原所面临的全部危机。

始于 20 世纪 70 年代末的那场土地大变革，拯救了中国濒临崩溃的国民经济，也极大地解放了束缚于土地的生产力。这场大变革也给草原带来了生机。草原被分割成了一家一户的牧场，牲畜不再是公有制计划经济的基础，以承包经营为主体的新的经济体制重新变换了原来的生产关系，而几千年来形成的以游牧为主的古老生产方式却依旧得以延续。落后的或是传统的生产方式适应不了新的生产关系。矛盾开始暴露并日趋尖锐。加上各种自然灾害尤其是雪灾的侵袭，使得政府部门加大投资，在广袤的草原上开始实施基础设施建设。起初这些设施包括了牲畜棚圈、牧民

定居点、草场围栏、圈窝种草等项内容，后来有条件的地方，又把设施建设的项目扩展到道路、供水、供电等领域。这种举措的出发点无疑是对牧人生产生活的关心，也不能完全否定它在很大程度上改善了牧人生活条件的事实。问题就出在我们的盲目性上。要在整个草原上实施一项如此庞大的系统工程，首先应该解决的恐怕就是：在哪些地方建定居点、修棚圈，哪些地方适于种草，哪些草场适于围栏。不幸的是如此庞大的一项系统工程我们却并没有一份像样的系统规划。

于是，就出现了后来我们所担心看到的一种事态的恶性演变。牧人原来是跟着水草走的，他们和自己的畜群在不断的游牧中与草原保持着一种和谐。水草在哪里，牧帐和畜群就跟到哪里。现在一切都改变了。每家每户的草场都是固定的，尽管很多地方也划分了冬春和夏秋草场，但实际上对牧户来说，那只是一种形式而已。在一片片大草原被分割成很多小块划归某个牧户自行经营之后，对他们而言，传统意义上的游牧时代已经结束了。他们的草场空间已经限定。他们无法将自己的牛羊赶出自己的草场了。在另一方面，在那有限的草场之上，他们牧放什么样的畜群或牧放多少牛羊，已是他们自己的事了。他们的定居点和牲畜棚圈也只能建在自己的草场上。在最初的几年里，这些牧人也像中国大地上的亿万农民一样，在拥有自己牧场的自由中释放出了尽管短暂但却巨大的劳动能量。一些牧户的牛羊畜群呈几何型膨胀。他们在看到日益壮大的畜群之后，一种拥有了巨大财富的满足感使他们忘怀了脚下那片土地的承受能力。他们既不愿将那些牛羊换成钞票，也不想太多的屠宰。让它们在自己的草场上像白云一样飘浮着，跑动着，就会让他们感觉到幸福。接下来发生的一连串问题却说明这种无节制的盲目性生产给草原带来了灾难。一场大雪过后，那些有几千头牛羊的牧户一夜之间就一无所有了。

22

这还是其次，雪灾只是暂时的。真正的灾难却在大雪过后接踵而来。一片片原本牧草丰美的草场在牲畜的过度啃噬和践踏中越来越看不到牧草生长了。很

一道白茫茫的大山前有一个小湖，湖水纯净之极，整个山梁和天空以及朵朵白云都倒影其间。

多的牧户即使有成群的牛羊也已无处去牧放了。因为，他们已经没有了举家游牧远方的草场和牧帐。直到迫不得已时，他们才丢弃那给过他们温暖的房子漂泊他乡。在一批一批的牧帐被换成房子固定在草原上之后，一片又一片的草原也从人们的眼前消失了。而草原建设项目还在加紧实施，因为牧户居住分散，一条条道路在通向牧户帐前时，草原上就留下了一道道宽宽的伤痕。还有那铁丝的围栏。或许它确曾发挥过保护草原的作用，但它所起的作用仅仅是防止畜群的进入，一片草原在严密的围栏中如果不受到任何践踏甚至鲜有牲畜光顾，它自然就会得到相对的保护了。但是，我们围栏的目的却不是为了保护草原，而是为了畜牧业经济。也就是说，即使再好的围栏里面，只要放进足够多的牛羊，去啃噬和践踏，那铁丝网就是有魔法也保护不了那围栏中的草场，那铁丝网在堵住别人家的牛羊的同时，也堵住了草原上原本并不属于人类的其他所有的生灵，而它们却是草原上世居的主人，它们的家园也同样应该得到保护。在一道道铁丝网的阻隔中，它们将逃往哪里?

你能想象，假如有一匹狼，在一个星月之夜，穿过一片草原时，被一道道铁丝网拦截着找不到回家之路的情景吗？这种事虽不曾亲眼目睹，但却肯定是随时都会发生的。这实际上就是一个合理轮牧的事，为什么却要让铁丝网来完成牧人的使命呢？后来，我曾设想，也许我们的草原上也应该建一些村庄。把那些分散的牧户集中起来定居，把全村牧户的牛羊也集中起来分成若干群，由若干牧人轮换去牧放。牛羊仍旧为每家每户所有，只是集中牧放。这样村庄里总会有人，老人可以得到照顾，孩子可以就近上学，病人可以在医院里治疗。很多很多的事就可以省去。铁丝网可全部撤除，很多曾经通往分散牧户的道路上也许还可以长出牧草。我们不必再去计划着给每户人家都搞一座太阳能发电设备。也许这真的是一条路子。在和很多人讨论这个问题时，他们也有相同的看法。那么，我们为什么不这样做？假如，我们不尽早采取措施，改变现有的许多做法乃至从政策上做大的调整，大草原日益沉沦的趋势将无法扭转。我们正在做的一切，正将草原从一场灾难推向另一场灾难。

而大草原却在一场接一场的灾难中正失去往日的平衡。失衡的草原失去的是大自然原本的秩序。自然万物平衡演进的链条已经断裂。一种和谐的规律被打乱之后，出现的便是混乱不堪，便是触目惊心的忧虑。譬如鼠害之泛滥。

23

2003年6月底至8月初的一个多月的时间里，我带着一个采访组由黄南而海南，由果洛而玉树，从黄河上游谷地直到长江、澜沧江和黄河的源区大野，走过了青海大半的草原。老鼠们就一直伴我们前行。以致使我们感觉，它们正从四面八方向草原汹涌而来。在它们的啃咬和吞噬中，一片片草原已经和正在灰飞烟灭，化作了一片片寸草不生的黑土滩和沙砾地。一路上，从公路两侧频繁穿梭于车前人后的那些老鼠令我们心惊肉跳，感到了无法言说的恐惧。

这绝不是危言耸听。那一路走来，所见所闻的一切足令人不寒而栗。黄河源区玛多、达日两县数千万亩草场已有80%以上严重退化，鼠害看上去就像是草原退化的罪魁祸首。以致有人疾呼，若鼠害可以有效控制，其他种种的草原建设均可以免除。这句话的潜台词便是，这些年尽管国家投入了巨额资金在加快草原配套建设，但与鼠害所造成的破坏程度相比，那巨额资金还填不满新增加的鼠类洞穴。

那一路我们所走过的16个牧业县中，除河南蒙古族自治县之外，其余各县情况大同小异。河南县却曾经是整个青海南部草原鼠害最严重的地区之一。据曾任河南县县长的关驱虎老人介绍，20世纪40年代以前，整个河南草原不曾发现有老鼠。后来，到外面驮茶叶和食盐的马帮不慎将几只老鼠带进了河南草原。不到10年时间，至50年代初时，河南草原上那广阔美丽的滩地均已成为老鼠的天下。除一些山梁之上仍有稀疏的牧草之外，全县草原都已沦为黑土滩，骑马走在那些滩地上时，马常失前蹄而栽倒在地。

从1963年开始，河南人民便打响了一场旷日持久的灭鼠之战，年投入数千人灭鼠。这一役整整持续了20年，不曾间断。至1989年时，草原鼠害已完全控制，河南也因之成为青藏高原上第一个无地面鼠害的县。同时，他们倾全县人力进行种草。种草的场面同样壮观。他们先是把垂头披肩草等优质牧草的种子撒到广阔的草原上，而后，就赶着专为种草组织的杂牛群和羯羊群在那些滩地上纵横飞奔践踏，用那牛羊的利蹄把一粒粒草种踩进泥土里面，以此来避免翻开土地对地表结构的破坏。20 多年灭鼠的历史伴随的是 20 多年种草的历史。加上河南地处黄河上游雨水最丰沛的河曲地区，牧草又慢慢地覆盖了河南草原。至上世纪末时，全县草原牧草植被覆盖率已在 94% 以上。在人与鼠的较量中，河南牧人懂得了一个道理，那就是人本身不能成为草原的沉重负担。直到今日，河南牧人都在努力以最少的牲畜养活自己，以减轻草场压力。尤其近几年已有五六百户牧人进入县城从事其他产业的经营，而在草场上只牧放着有限的牛羊。他们知道人类才是生态环境遭到破坏的罪魁祸首，所以就用控制人口数量的办法来保护生态环境，以保障现有人口及其后续发展的充足空间。因为人口的过度增长在牧区势必要以牲畜的过度增长来保证相应的生计条件。牲畜头数的过量增加，就会对草原产生不堪承受的压力，造成畜草矛盾的激化，从而加剧草原植被及生态环境的退化。而草原一旦失去植被覆盖，就会给老鼠们以可乘之机，使鼠害蔓延。

鼠类是一种需要开阔视野的生物种，只要有茂密的牧草生长，它们就无法生存。它们的视线之内如若毫无遮拦，一览无遗，它们才会肆意横行。这就是为什么草原退化越严重鼠害也越猖獗的缘故。

6 月 29 日下午，我们由河南赶往泽库时，草原上的阳光灿烂得让人目眩，一朵朵原本舒展的白云在阳光的燎烤中显出一道道金黄的褶皱，凝固在半空中，无法移动它轻盈的脚步。有了那些云彩的映衬，湛蓝的天空就显得更加深邃和悠远。我们不由得时时停下来，躺在路边的草滩上欣赏草原美景。那是一个舒缓的小山坡，当我们趴在那山坡下的草滩上紧贴着地表望向山坡时，眼前的一切就让我们沉醉了。一层一层的野花就从我们的身边开满了整个山坡，那种烂漫和绚丽使整个草原都有了一种盛开的艳丽和高贵。我能用鼻尖儿和嘴唇触碰到离我最近的那几株小花朵，但是，即使用眼睛我也无法看得清开在远处的那些花朵的样子。如果让自己的目光由近及远，那么，一开始你会看到它们是在一朵一朵的开放，而后则是一丛一丛的开放，再远处的就是一片一片的开放了，再往后，你所看到的就只有斑斓的色彩，而没有花朵。那时，我突然想到，那些老鼠们的生活

也许并不像我等人类所想象的那样糟糕，而是充满了浪漫的情趣和快乐。因为，在吞噬一片片草原的过程中，它们吞噬掉的还有那些鲜艳的花朵。

24

如果说，河南是一个例外，那么，与它近邻的泽库县就是鼠害泛滥的一个典型地区了。新中国成立之初，这两个县的草原、牲畜头数和人口都不相上下。而今，泽库的人口已超过河南近一倍，为养活日益众多的人口，得不断增加牛羊头数，牛羊存栏头数的增加反过来却降低了畜牧业效益，最终导致草场承载过重而加速退化。于是当泽库滩那样美丽的草原上老鼠肆意成灾时，人们只有眼看着草原一片片消失了。

但是，更糟糕的是至今我们尚未找到能有效控制进而消灭草原老鼠的办法。河南草原灭鼠种草的成功范例还有待时间的验证。虽然，他们取得的成功经验有规律可循，但我们至少从科学的意义上还不能确信，那就是我们最终的选择。因为河南草原上还有老鼠。既然几只老鼠和它们的后代在短短 10 年间就能使偌大的河南草原牧草尽失，那么，今天的河南草原上所有的老鼠已不只是几只了。6 月底，我们在河南草原采访时看到的老鼠虽然没有其他地方那么猖狂，但情势也足以令人担忧了。几乎所有的草场上都有老鼠出没，河南草原无地面鼠害的历史可能已经结束。

这是一片曾经承载过光荣与梦想的草原。早在 400 年前，一支蒙古族牧人由新疆和外蒙古向这里迁徙而来，称和硕特部。酋长固始汗的后裔达什巴图曾被清康熙皇帝封为和硕特部阿拉善世袭“亲王”，为当时青海蒙古族三大“亲王”中的第一“亲王”。固始汗第五子伊勒都齐有两个儿子，固始汗占据西康地区后，派长子罕都驻守巴尔喀木地区，当地藏族称罕都为花马王，称其部众为花马蒙古。罕都死后，古什汗从统治青海东南部地区的政治需要出发，令次子达尔济博硕克图济农率部南迁。清顺治九年（公元 1652 年），达尔加博硕克图济农及其部

众由原驻地今海北黄城滩一带开始向南迁徙，在一次次大迁徙之后，这是这个部族的最后一次大迁徙。他们从大坂山麓的草原上启程，经过青海湖边的大草原，跨过黄河，来到了黄河南部草原，定居巴水（蒙古语称克图河）、泽曲河（蒙古语称伊克哈留河）及河曲地区的广大区域内。达尔加博硕克图济农进入河南一带之后，很快征服了周边同样是游牧民族的藏族部落，将卓尼俄卡以西地区的整个甘肃南部草原、四川阿巴草原以及青海南部果洛、玉树的部分地区和青海东部上下热贡、道纬、文都等藏族地区统统置于自己的管辖之内，开创了河南蒙古族历史上的一个崭新时代。

从这个时期开始，在以后长达近 300 年的时间里这个草原部族一直主宰着这片辽阔的土地。为了更好地统治这片土地和这片土地上那些信奉藏传佛教的藏民族，康熙四十八年（公元 1710 年），察罕丹津之子敦珠旺加曾率 300 骑前往黄河源区扎陵湖边，迎接第一世嘉木样活佛，兴建了亲王府的家寺——拉卜楞寺，使河南亲王成为这座后来名震四方的佛教寺院的寺主——这座寺院管辖的大小佛教寺院超过 30 座。那个时代是这个部族的鼎盛时期，族人中有不少人为部族的兴盛有过辉煌的建树。

但是，两个强大民族之间的征战最终势必要以交融告终，因为，这毕竟是由另一个游牧民族占主导地位的地区。果然，几百年之后，这里的蒙古族除了草原上依旧还能看到的蒙古包之外，无论从生活习性上，还是从言谈举止中，我们已经看不出蒙古人特有的样子了。就在这时，老鼠又回到了草原，河南蒙旗大草原的退化开始了。虽然，看上去，现在的河南草原依然是一派水草丰美的景象，但是，曾经有过的灾难会不会再次重复呢？很显然，老鼠们已经重新走进了那片草原，走进了那片曾经将它们赶尽杀绝的草原，也许还有更多的老鼠们正列队向那里挺进。它们可能会为收复曾经的家园和领地进行最后的战斗，可能也会有一只英勇智慧的老鼠因之被册封为鼠类的大将军或者王爷，来指挥这场战斗，向人类发起猛烈的进攻。我甚至已经听见它们进军的号角声了，它们会像人类砍伐森林一样去啃光那无边的牧草，对它们来说，那就是森林。它们从遥远的地平线上正望着那起伏摇曳的牧草，在它们越来越近的冲杀声中，整个草原都在颤栗。

而真正的担忧还来自那些现在看来长势尚好的牧草。据有关资料显示，青藏高原上几乎所有的人工种草都会在一定的时间内自行退化。也就是说，至少以目前的技术力量，我们还不能用人工种草的办法永久地恢复自然植被。就像有句名言所说的那样：大自然不可以被模仿和重复。而这才是我们之所以对鼠害之类忧心忡忡的真正原因。那么，我们还能做些什么呢？也许只有不停地灭鼠种草了。有科学家说，人类自开始灭鼠的第一天起，就背上了一个日益沉重的包袱。因为不当的灭治方法，鼠害日益泛滥，而且越灭越多，因而也就不得不继续灭下去了。但是，能否最终将老鼠赶出草原目前尚难以做出定论。

老鼠尤其是为草原带来深重灾难的鼢鼠和鼠兔，其繁殖能力之强在自然界堪称独一无二了。它们原本的繁殖力只是为了延续自己的种群，在整个生物或食物链还没有破损断裂之前，因为有大量鼠类天敌的存在，它们与整个自然界保持着一种自然平衡的状态，甚至它们自己也会控制自己的种群数量。因为人类不当的灭治方法尤其是药物灭治的广泛采用，这种自然守衡的规则才被打乱和破坏。而老鼠们在突如其来的化学药剂面前表现出来的却是保护种群繁衍的本能。它们原本可能只是一年生产三四只，有增有减，增减基本平衡。但有了药物灭治之后，它们却呈几何型繁殖了，你灭掉一只，它会繁殖 10 只，你灭 10 只，它就会繁殖千只。如此的循环累积中，若干老鼠便在几年之内吞噬掉一片广阔的草原，而后又向另一片草原蜂拥而去。有研究生物学的朋友说，老鼠在地球上繁衍生息的历史远比人类悠久得多，因而它们对付人类的办法也远比人类对付它们的办法多。也许，我们真的低估了鼠类的能力和智慧，就像我们曾经低估了人类之外的自然万物一样。凌驾于大自然之上，极尽杀伐掠夺之能事，已然使整个的地球千疮百孔，也使自己陷入了腹背受敌的境地。

25

7 月 8 日，我们由甘德县赶往久治县，约中午 1 点，下得满掌山来，从长江流域拐向黄河水系。在一条山沟的边上，我们吃午饭歇息。就在那个地方，我突然发现草原老鼠居然有很强的模仿能力。用过简单的午餐，我走向一片草滩，然后站在那里撒尿，然后想在手提电话上打出一句话，等有信号的时候发给一位朋友。就在我按下第一个键的一刹那，随电话机键音的一声脆响，从近旁的草地也传来一声同样的鸣响，循声望去，一只老鼠正站在洞口，歪着脑袋，眨巴着鼠眼在看我，好像很得意。它是在模仿电话机的声音吗？我好奇，便又按了几下，它如法炮制。我不信，又连按六七下，而且有意在每一下之间留下长短不一的停顿空间，它居然也发出同样不规则的一串鸣叫。我就感到一阵恐惧，就捡一块石头扔过去，它一缩脑袋就不见了。也许那只是一个偶然的巧合。假如老鼠真有此智慧，那后果要比我们所能想象的严重得多了。

此前，在泽库县采访时，我们还眼见了一大奇观。那是在泽库滩西北面的那座山冈之上。我们发现凡有老鼠洞和老鼠出没的地方，都有一群鸟儿在跳跃着、飞翔着、鸣叫着、歌唱着，那些鸟鸣叫的声音竟与鼠叫一般。那些鸟儿在藏语中有一个好听的名字，叫阿热（啊）果雪，翻译成汉语就是老鼠的清洁工。当地陪同采访的朋友说，这种鸟儿是专为老鼠打扫洞门口的，它们常常扇动着一对小翅膀，把老鼠洞口的尘土扫去，还为老鼠承担警戒任务，为它们通风报信。我特意察看了一些鼠洞，果然没有尘土。再看那些鸟儿时发现，它们的确像是在围着老鼠生活。它们有翅膀，但却并不飞高飞远，在地上跳跃时竟如鼠窜。便不禁叹为观止。老鼠何德何能，竟然将自己的领地从地下转入地面，进而还将自己的鼠爪伸向天空，征服了这些象征自由的精灵。它们对这些鸟儿施展了什么样的魔法，以致这些鸟儿甘愿俯首听命呢？人类费尽心思，也才教会几只鹦鹉学舌，或阿谀奉承或说脏话骂你。仅在这一点上，鼠类远比人类高明。

鼠类之所以泛滥成灾，除草原生态环境的恶化之外，自然还有气候的、文化的、经济的乃至社会的等多种复杂的原因。而鼠类作为一种生物种，和人类一样，它也是大自然之子，其自身的生存环境也已遭到严重破坏。如果从鼠类而非人类的角度讲，或许就不会有鼠害一说，而很可能会有人害之说了。它们的种群扩张及数量的急剧增长或者可以理解为诸如人口的急剧增加之类的现象。而气候的干暖化则为它们提供了加速繁殖的有利条件。如果说这一切都是自然规律所决定了的，那么，人类在几千年里所积淀和发扬光大的文化传承显然没有顾及鼠害

之类的自然现象。尤其是主张万物平等的草原藏民族文化从本质上对鼠类的存在给予了充分的尊重。信奉藏传佛教的草原牧人视杀生为人生第一大戒律，所以曾经的岁月里，他们从心理上就排斥灭鼠。虽然，在鼠类的步步逼近中，他们已忍无可忍，继而也开始接受灭鼠的必要性，但就是在这种不忍的犹疑之间，老鼠们却已经毫无犹疑并肆无忌惮地占领了几乎所有的草原。

达日县农牧局局长尕藏和草原打了一辈子交道，他亲历亲见了达日草原日益退化沉沦的每一幕。他在谈及鼠害时直摇头："达日有 1600 万亩可利用草场，曾经也是牧草丰美的大草原——但那已是过去的事了。一份调查资料显示，现在达日草原退化的总面积已超过 1170 万亩。"在他看来，我们对老鼠已到了无计可施的地步。尕藏把灭鼠的希望寄托在恢复草原生态植被上，而把恢复草原生态植被的希望却寄托在以减畜休牧为主的草场合理利用上。他说，如果再不从源头上加以治理，再过 20 年，达日草原将不复存在。尕藏的忧虑和担心是整个青藏大草原的忧患。在听他讲述那些令人毛骨悚然的人与大自然的冲突时，我感觉，他就像一个手无寸铁的英雄。上世纪末的 4 年间，欧盟一项灭鼠的援助项目在达日实施，一开始那些欧洲来的专家们还颇为自信，但 4 年下来，人们看到的结果却颇具悲剧色彩。在灭鼠无着而不得不离开草原时，他们也只有摇头的份儿了。他们曾做过一个实验，把黄河中央一个小岛上的老鼠全部灭完，假如次年那岛上仍没有老鼠，就说明老鼠不会渡河而过，那样人们就可以依河而战，把老鼠赶出草原，直至全部消灭。可是，很不幸，次年那个小岛上的老鼠比之灭除之前还要多出许多。于是他们走了。如果老鼠洞前有知，它们肯定会望着那些洋专家的背影窃笑不止。

那天，在泽库滩西北面的那座山冈之上，我对我的同事和朋友高小青先生开玩笑说，也许有一天，当这里最后一个牧人被老鼠赶离最后的草原时，这山下的滩地上说不定会黑压压的一片，挤满了老鼠。可能会有一只统帅一样的老鼠蹲在这山冈上，望着那牧人远去的背影，哈哈大笑。它无疑是草原最后的胜利者，因为尽管人类征服了地球上所有的草原，而它们却最终征服了人类。那时，整个草原上已没有了牧草生长，有的只是鼠类的咆哮和冲杀。如果弄不好，它们也会犯和人类一样的错误，毫无节制地繁殖自己同类。而后，为了争夺没有牧草的黑土

一道长长绵延的云雾，白茫茫一层，从东南侧的山脚下一直伸向西北面的河谷滩地，像一条洁白的哈达那么飘荡着。

滩领地和生存空间，挑起鼠类之间的世界大战。说不定，也会出现像美国那般强大的鼠类帝国，对全球的老鼠们指手画脚，动辄出兵杀伐。那就是鼠类的不幸了。但是，如果我们从这样一个角度反观人类，人类不是更不幸吗？人类最终可能会用自己的智慧将自己逼上绝路。

26

其实鼠类无辜。鼠类只是草原生态失衡或生物链断裂的一个佐证。草原作为地球生物圈中一个主要的功能区，原本有着自己完善的生态系统。包括牧草、牛羊、老鼠，甚至人类都是这个系统的组成部分。在没有人类活动的漫长岁月里，草原生态系统自行维护着平衡和谐的大自然秩序，确保了草原生态系统千万年整体有序演进的过程。直到人类出现在大草原上并在大草原肆意妄为之后，大自然原本的秩序才开始打乱的。那么，我们就不能不把大草原沉沦的罪过算在人类的名下了。

27

青藏大草原上曾有很多地方直到半个世纪之前仍属人迹罕至的荒野，而今真正的荒野已经所剩不多了。我一直在思考这样一个问题：那些最后的荒野最终会不会从地球上全部消失？而在我心里，这其实已是一种担忧，这种担忧甚至暗含了对大自然终极的道德关怀。我把地球表面仅存的那些荒野视为大自然抑或地球生物圈的最后防线。在人类世界及其贪欲的急剧膨胀面前，它正在土崩瓦解。大自然正因此而遭受最后的也是最致命的重创。非洲、北美及欧亚大陆上那些同样人迹罕至的荒野之上而今已是一片人声鼎沸了。一片片大草原已失去了往日的尊

严和神秘。

荒野也许是大自然演化史上最后仅存的一片净土，它保存并延续着真正的大自然序列。之所以这样说，是因为它在一定程度上与人类社会保持着相当的距离，至少与人类社会的核心区域还有一定的距离。因而那些堪称人类文明最先进的技术文明乃至工业文明还不曾给它带来很大影响。它还有着大自然原本所具有的美态和精神品质。所以，克鲁奇曾经说过：“荒野和荒野理想是人类一个永恒的精神家园。”有关荒野的描述以及对荒野的道德关怀因而也成为 20 世纪后半叶世界生态伦理学的重要组成部分。而在中国，有关生态或环境伦理学的构建才是近几年的事——虽然，古老东方文明的基础本身就涵盖了许多有关人与自然和谐相处、天人合一的思想智慧，但一种理性的、真正具有科学精神和伦理品质的思想还远没有形成。对荒野的伦理观照更是鲜有人为之。从审美意义上讲，荒野更具悲壮和崇高。

青藏高原是目前地球上荒野最为集中的分布地，我曾有幸不止一次地走近过那一片片荒野。2000 年 8 月至 9 月间，我又一次走近了青藏高原腹地的荒野——长江源区荒野。那纵横交错的河流、那巍峨雄壮的山冈、那草甸、那沼泽、那冰峰与雪山以及栖息繁衍于斯的万物生灵，都在我的心灵里留下了永远无法抹去的深刻印象。我感觉了大自然的神奇与博大，也体验了生命的美好与渺小。一种与大自然无比亲近的感觉始终激荡着我的心灵。同时，我们也发现人类离真正的大自然已经很远。当我们试着靠近那些鸟类以及羚羊和野驴时，它们总是远远地望见人影便逃遁而去。它们对人类的恐惧缘于人类对它们犯下的罪行，那是人类再也无法真正亲近它们的根由。那是一道人类与大自然之间的裂痕，是一道人类自己为自己设置的障碍。如果说这障碍的最初形成只是因为要满足人类生存的需要的话，那么，接下来所发生的一切皆因为人类疯狂的贪欲。人类为了满足自己贪婪的欲望，不惜大肆掠夺大自然，以致根本蔑视大自然的存在，使人类与大自然之间的这道障碍日益变成一道无法逾越的鸿沟。人类与大自然的血缘交流正在发生严重裂变，人类回归大自然的路途正变得日益艰险。

也许我们真该留住这些最后的荒野，让人类从那里彻底地撤离，把那些荒野让位于其他的万物生灵。甚至我们可以做出更多的让步，不仅要保全它们，而且保证永远不去侵扰它们。因为我们的确没有理由把万物共有的地球全部据为己有。但事实上，我们即使是暂时地保护了它们，也并不是为了大自然的利益——在人类的眼中大自然没有利益可言——而是为了人类自己的生存与发展。从经济学或者从以人类为中心的任何一个角度讲，这或许是绝对的真理。但如果从大自然的立场出发，从地球乃至万物伦理的层面上去看，这却是绝对的荒谬。这是人类为了进一步满足自己的贪欲而采取的权宜之计。人类或许永远也没有足够的勇气承认万物平等，因而它也永远无法真正面对自己的脆弱和渺小。一种神圣崇高的情感正在失去，就像古希腊和罗马的神话。虽然，我们至今还在捧读古希腊和罗马的神话，但那种神圣崇高的情感体验却已经无法用自己的灵魂去触摸了。自打人类开始漠视自然万物存在的那一天起，它也便开始无法真正面对自己的灵魂了。很多时候，人类之所以傲视万物，不可一世，只是想掩饰自己的渺小和不安。

28

小时候，我曾从夏拉胡拉那个小山村后面的山顶之上遥望过天边的冰川和雪山。它们在大草原深处高高耸立着排成阵列，以一派威严俯瞰脚下连绵的大地和大地之上的芸芸众生。在我幼小的心灵里，它们就是神话，就是神圣和崇高的象征，就是众神的领地。在过去的一个又一个千年里，它们以自己的威严守护了大草原的安宁。它们是草原上真正的众神，顶礼和膜拜一直在它们的脚下起伏。

其实，直到今天，我也从不曾真正走近过一座雪山。每一次我都是从很远的地方凝望着它们。虽然，有几次，我几乎就站在它们脚下的土地上了，甚至已经可以用手去触摸那一派浩然晶莹，但在我的心里，它们依然离我很远。我感觉，人类永远无法真正靠近它们。这就是因为它们的神圣和崇高。真正的雪山属于凝望的目光和虔诚的心灵。你只能站在很远的地方去凝望，只能用你的目光和心灵去触摸它寒彻九霄的肌肤和晶莹剔透的灵魂。即使在想象中，你也无法真正离它很近。即使那些远道而来的朝圣者们，向它一路叩拜而来时，也只是让自己的心灵去尽可能地做一次渐渐靠近的跋涉，而从未有过要用自己的肉身靠近它的冲动，更别说是将自己的脚踩在那一派晶莹之上了。

那天，在动身前往阿尼玛卿雪山时，我心里就有一些犹疑。像阿尼玛卿这等神圣的地方，最好让它静静地耸立着，别去侵扰。或者，就像一个朝圣者，向它一路叩拜而来。坐在车上，一点点向它靠近时，总感觉那雪山却越来越远了。上午 10 点 55 分，我们抵达萨奈堪德（音），那是阿尼玛卿的朝圣者开始转山的地方，山下的河谷滩地上密密麻麻地垒着状若塔形的石堆，有的石块上还刻着六字真言：嗡嘛呢叭咪吽。那些塔一样的石堆布满了那片三岔河谷，看上去就像是谁布下的一个石阵。那是朝圣者留下的纪念。看惯了一些名胜建筑上随处刻下的某某到此一游的那些不堪之语，再看那些石堆时，竟令人心魂震颤。那石堆从那山沟一直垒向两面的山谷。据说，朝圣者每绕阿尼玛卿一周就要在那里垒上一块石头。而要绕阿尼玛卿一周至少需要七八天时间。那是一个怎样漫长和壮观的垒砌过程呢？

从那里往前，路旁的山坡上长满了高山柳类等灌丛。快到白塔沟那座古老的白塔处时，山坡上不时还能看到云杉、圆柏等乔木的身影。白塔立于两条河交汇的三角台地上。塔边有座小寺庙，但并未见有僧人在。寺庙一侧的一溜儿平地上，扎有两顶帐篷，分别有一老一少貌似行僧的人，正一凿一锤地在石板上镂刻着经文。这两个人均来自甘孜色达，他们已经在这里刻了六七年的经文了。寺庙后面的山坡上，刻满经文和佛像的石片已垒成了一道高墙——这种石经墙堪称青藏大草原上的一大奇观，那道石经墙的大部分石片上都刻着同一句话：嗡嘛呢叭咪吽。有的石片很大，刻的字也大，一片石板上只刻了一个字，于是，六块大石板立成一排才能连成巨大的嗡嘛呢叭咪吽。有的石片很小，刻的字也小，六个字都刻在一块石板上。当这些大大小小的石板错落有致垒放成一道石经墙时，它就具有了震撼人心的力量。那是他们两个人六七年时间不间断的创造，那是他们献给神圣阿尼玛卿的礼物。他们在远离阿尼玛卿而又能望得见阿尼玛卿的地方，用这种独特的方式进行朝圣，他们用心力和意志走在朝圣的路上。从他们身边举目凝望时，阿尼玛卿正在一片云雾缭绕中光芒四射。那一刻里，心就在发颤，眼睛

就开始潮湿。我花几块钱从他们手中买了一块嘛呢石，虔诚地供放在那石经墙上了，想以此表达我对雪域神山的敬意。但是，我却不得不问我自己，那块嘛呢石的价值是可以用几块钱来度量的吗？如果不能，那么，我们又拿什么敬献给神圣的阿尼玛卿呢？又拿什么敬献给神圣的青藏高原呢？

中午一点半左右，我们经一路颠簸终于抵达阿尼玛卿雪山脚下，著名的千顶帐篷雪峰就已在眼前了。过了那条河，就看见满山坡盛开着的大朵黄花，这种花曾伴随我走过了青藏大草原。很多人说，它就是歌中唱到的格桑花，我不敢肯定。但我知道它的汉语学名叫黄花绿绒蒿。就在我们观赏那些花朵时，乌云已遮住了头顶的天空，阿尼玛卿雪山也已躲进了浓云密雾之中。我们已经走到它近前了，但却难以瞻望它的尊严。随后就开始落雨，雨滴很大，像是下大雨的样子。要是那样，我们就无法返回，就决定往回走了。雨就在后面跟着，一直把我们送出了那条山谷。等走出那山谷之后，再回望阿尼玛卿时，它已破云而出，山顶之上已是蓝天映照，阳光灿烂。便觉得遗憾。但这恐怕就是缘分了。

一直以来，我都有一种坚持，觉得人类绝对不可以总是以征服者的样子面对每一座雪山。人类的心灵深处得为大自然留存一点最后的神圣和敬畏。即使人类的征服者能登上所有的雪峰，在这些雪山面前，人类永远是渺小和脆弱的。从某种意义上说，这些雪山对芸芸众生而言永远是不可征服的。它的不可征服就在于众生的渺小和它自身的伟大，也许还在于众生灵魂的污浊和这些雪山原本的神圣和崇高。也许有一天，因为人类征服欲望的膨胀会最终断送掉这些雪山，所有的雪线和冰川都将消失殆尽，但它们作为雪山的样子不会改变。人类充其量会泛滥成一股洪流，而绝不会耸立成一座雪山。视野尽头能有熠熠生辉的雪山冰川是大自然的恩典，是人类灵魂永恒的安慰和寄托。它们是自然界的先贤和圣哲，它们是大地的心灵和旗帜。

在阿尼玛卿雪山脚下的一些巨石之上，我看到了红色的地衣。它是生物登陆之后最早生成的陆地生物种群，是地球陆地生物的祖先。大约在6亿年之前，它们率先登上陆地。那时的地球表面到处是荒漠和坚硬的岩石，它们就在那岩石上开始谱写地球生命最初的历史。岩石和生命的纠葛与交融，你能想象那是怎样激动人心的一个开始吗？也许一切早已注定，它们在登上陆地之前，地球母亲竟然

好兆头啊！这是山神在向我们敬献哈达呢！

将真菌和藻类两种全然不同的生命力赋予它们，真菌分泌的地衣酸与藻类的光合作用相互依存，使坚硬的岩石因为腐蚀而变得松软，渐渐地就变成了富有营养的土壤，为陆地植物的生长和地球生物繁盛时代的到来奠定了基础，是它们改变了地球的模样。想来，它已在这雪山脚下的土地上延续了数亿年的生命历史。若以年龄计，它则是这神圣雪山的老祖宗了，它眼见了那巍巍雪山一天天崛起耸立的历史。而今，它却在雪山一角，寄生于若干巨石之上，甘愿点缀其间，那是一种大自然与生俱来的气度吗？也许大自然本身从来就不在乎谁更高大和渺小，甚至不在乎消亡和延续。所有这一切也许只是人类的谬见而已。

但是，人类在乎自己的消亡和延续。那么，如果人类想永久地保全自己的延续，就必须遵从大自然整体的延续，就必须对大自然存有敬畏，也必须让大草原和雪山冰川们永远存留在视野之中。因为只有大自然的整体序列得以延续才会有人类的繁衍。大自然是人类永恒的栖息地。如果没有大自然的延续，人类又何以为继？这是那一座座雪山所以神圣和崇高的终极理由。

29

是的，我梦中的大草原上曾经耸立着一座座白塔一样的雪山。

在藏区大草原上到处都耸立着一座座白塔，塔边有经幡飘摇，有桑烟袅袅，有风马升腾，有牧人匍匐在地。那些白塔在牧人的心里有着至高无上的地位。从每一个村口、每一顶牧帐前望出去，或远或近总会有一座白塔静静而立。没有白塔的世界会让他们不安，望见了白塔就像望见了自己的家，心灵顿时宁静。白塔总是伴着一道道由经石垒砌的石经墙和一面面猎猎飘展的经幡。那些刻满嗡嘛呢叭咪吽的石块和经幡拥裹着座座白塔，像城池。据说，那每一块经石之上都刻着一个祈祷万物和平的心愿。藏区草原上的嘛呢石堆堆满了心愿。有的嘛呢石堆规模之大，令人惊叹。和日草原上的嘛呢石经墙，高 2 米，宽 1 米，长 500 多米。那还是算小的了。这处石经墙所刻佛经主要内容为藏文《大藏经》《甘珠尔》《丹珠尔》《当增经》《噶藏经》《普化经》，据粗略估计，总字数约为2亿。全部石经板码放在曲葛寺（也叫和日寺）背后的山梁上，因其形状像一道城墙而被人们称为“石经墙”。此外还有近两千块石刻佛像、佛寺图案。有一天，在大雾迷蒙中，我走近那石经墙时，感觉仿佛走近了古长城。在青藏大草原上有几百处这样的石经墙，规模最大的可能要数位于玉树州境内的嘉纳嘛呢堆了。据说，它的鼎盛时期曾有40亿块嘛呢石垒砌在一起，那是何等样壮美的奇观了。就是今日它的嘛呢石块也已超过25亿块。那25亿块嘛呢石就是25亿个心愿，25亿个心愿里都刻满了对大草原对自然万物的祈愿。我雪域草原的牧人不仅把心愿刻在了石头上，还刻在山岩悬崖、刻在洞府岩壁，甚至还刻在苍茫河川之上。

离嘉纳嘛呢堆往东北走几十公里进入一个谷地，有一座寺庙，叫赛巴寺，寺主赛巴活佛仁青才仁是我的朋友，有一年他曾率通天河两岸僧众，在冬日的冰面上用金沙书写完整一部的《甘珠尔》经文，从塞巴沟口的通天河谷地一直写到川西石渠境内，洋洋几百万言，浩浩百余公里，每一个藏文字母都有一米见方。眼见了一场场大自然的浩劫之后，他想用这样的方式规劝人类珍爱大自然，珍爱生命。在听说此事之后的很多个日子里，我只要一闭上眼睛，那浩浩荡荡满江流淌的经文就向我汹涌而来。在一次次走过大草原，走过碧雪莽原之后，那大草原就在我心里变作一部天地之经书了。有谁能够启读？又有谁能够真正读懂这样一部大书呢？它需要毕生的修炼和自然万物的加持。只有心纳天地日月之光华、魂寄万古旷远之正气，才有可能有勇气去打开这样一部大书。

我雪域草原的牧人们千百年来梦想着的就是能够识读这部大书。因而他们珍惜自然万物，珍惜大草原上的一草一木。眼看着大草原一天天失去原有的光泽和美好，他们最担心的就是从此再也看不到雪山和冰川了。他们不能失去那一份神圣和敬畏。

“每一个或长久或短时间离开雪山草原的牧人，在远方最想念的不是亲人，而是雪山和草原，之后才是畜群，之后才是亲人。”那天晚上，老牧人大才旺在他的帐篷里说出这句话时，我心里不禁为之一惊。那时，他的脸颊上正有泪水滑落。雪山在牧人心里是神圣的殿堂，是永远的灵魂和精神高地。青藏高原的牧人可以什么都没有，但绝不能没有雪山。视野之中看不到雪山是他们最难以忍受的事。

千百年来，雪山一直在他们视野中高高耸立，他们每每举首望见雪山时，心里就感到满足和安慰。只要有雪山，就会有山泉溪流滋润万物。只要有雪山，就会有绿草悠悠的大草原。只要有雪山，他们的心灵就不会干渴。

但是，他们分明已经看到，雪山正从他们的视野中消失。为此，他们焦虑万分。我有很多次从远处眺望过那一座座雪山，那一份威严与肃穆里透着神圣的光芒。也有很多次，我听草原牧人指着那一座座而今已裸露无遗的山峰说："那些山上曾经都有冰雪覆盖。"说这话时，他们仿佛已失去一切。从长江源治多县城往西，过了多采乡不远有一片开阔的草原，北面一座山顶上有一片冰川，像一弯下弦月。据说，那冰川过去是呈圆形的，像一面圆圆的铜镜。所以，它在藏语里有一个美丽的名字叫昂措美伦——美伦在藏语中的意思就是铜镜。它是藏区著名的神山之一，传说从西藏的另一座神山之上就能望见那一面铜镜。而今那铜镜已经残缺不堪。当地牧人时刻铭记着先民的一句训诫："如果有一天昂措美伦山顶的那一片冰雪全都消失了，这世界的末日也就不远了。"这句话是先民对大自然终极的参悟和对人类众生的最后启示。那是一面能够昭示未来的铜镜吗？

30

牙曲是野牛河的意思。牙曲河谷滩地开阔美丽，曾是一片迷人的草原。文德和他的族人从远方迁徙至此已有近半个世纪了。他说，过去牙曲河源头的那些山上终年有冰雪覆盖。现在只有山顶的阴坡里有一撇儿冰雪。那从山头一直延伸到山脚下的冰川的消失是近四五年间迅速发生的。那冰川消失之后，还在那里发现了许多掩埋在冰雪之下的野牦牛的尸骨，都未及腐烂。

我还听到过许多关于冰川退缩、雪线上升的事。很多曾经的雪山上现在已看不到一丝冰雪的痕迹，仅存的那些雪山之巅的冰盖也正日益萎缩。从野驴河君曲边的沙砾地上驻望卓玛依则山后的茫茫群峰，曾经皑皑无际的银白色世界也已不复存在，只在一座山顶上还有一道细长的冰雪在阳光下如圣洁的哈达般飘荡。教

科书曾告诉我，海拔4000米以上的地方终年有积雪。这些年，我有很多时间几乎每时每刻都置身于海拔4000米以上的地方，最高的地方海拔已超过6000米，所见的每一座山峰几乎都在5000米以上，但却没有一座山峰完全在冰雪之下，甚至绝大部分山峰的顶端也已看不到冰雪。如果教科书教给我的不是谎言，那么，那些晶莹剔透的冰雪世界而今安在?

虽然，并不是世界上所有的人都会有雪域草原的牧人对冰川雪山的那种情怀，但是，冰川雪山的消失带来的灾难却是全球性的。也许全世界99.99%的人在其一生当中也绝难有机会走近真正的冰川和雪山，但这并不意味着冰川和雪山与他们无关。事实上，冰川雪山们通过大自然奇特的循环，对每个人乃至整个生物圈和地球都有着终极的意义。难以想象，当地球上所有的冰川雪山都消失了之后，地球将会变成什么样子。但可以肯定的是，从此，我们将会永远受到一种惩罚。那时你会想，记忆中如果有一片冰雪晶莹剔透着，那该是多么美好啊!

藏民族有一个传说，说这世界自诞生以来，已经经历了两次大毁灭。第一次毁于火灾，那大火一直燃烧着，从十八层地狱一直烧到三十二天界，阳光都变成了熊熊的烈焰。第二次是水灾，泱泱洪水铺天盖地，所有的冰川和雪山都融化成水，肆虐的洪水从十八层地狱一直淹没到三十二天界。藏族人把这些灾难都归罪于人，说人太恶，恶则导致灾难和毁灭。那么，第三次大毁灭是不是正朝我们走来呢？不能简单地认为这种担心纯属多余或者是杞人忧天。虽然，我不想着意为这样的传说寻找注脚，但地球史上确曾有过一次旷世大火灾和一个悲惨的洪水时代。大约6500万年前，因为陨石撞击地球或是几次大火山爆发，可能确曾引发过一次全球性的大火灾，并直接导致了地球史上最惨烈的一次生物大灭绝。而地球史上最近几次冰河期的交替过程中也确曾发生过毁灭性的洪水时代。“上一次强烈冰河作用结束之后，人类对自然界的破坏就开始加剧。”麦克尔·博尔特在他的《灭绝——进化与人类的终结》一书中风趣地写道：“……当我被问道，离下一次灭绝的到来还有多久时，我就会说：‘很快，但是记住，我是个古生物学家’。”

人类真该善待每一座雪山。它就像一位慈祥的父亲。

哦，我梦中的大草原啊，你是我灵魂的摇篮，你是我精神的家园。但是我梦

中的大草原而今安在？曾经的记忆中那金色的牧场而今安在？而草原还在一片片消失。没有了草原的牧人将到哪里去牧放他们的畜群，将到哪里去寻找他们的家园牧歌？又将到哪里去安顿他们的灵魂？

虽然，那些山梁和原野还在眼前，但上面曾经绿过、黄过的牧草，曾经在风中飘荡起伏、在雨中缀满露珠、在阳光下闪耀着光芒的牧草却已不再。那望一眼都令人心醉的草原已漂泊何处？而没有了这一切的草原其实就已是一片废墟了。废墟掩埋的总是坍塌的故事，那么，你可曾望见一片草原坍塌的过程？那过程就是亿万棵牧草灰飞烟灭的过程，就是大自然壮烈死亡的过程。

31

2003 年 7 月 15 日午后，从鄂陵湖一侧的措洼尕则山顶下来，走进一户牧人之家时，我就有一种预感，我就要见到那个人了。为了证实我的预感，在进门之前，我又回头望了望鄂陵湖，那一派浩淼退缩的痕迹依稀可见，湖边群山之上已看不到一丝半点的冰雪。我忙问："这户人家的主人是不是叫索保，一个藏医，一个老牧人。"果然。我正踏进一个曾很多次写到其名其事却从不曾谋面的故人家门。是鄂陵湖和措洼尕则及周围的群山提醒了我。这个老人就是从这个方向年复一年地守望着这里的山川变化，用 30 年时间画出了一幅黄河源区草原生态环境日益恶化的警世图。

50 多年前，索保的父辈们追逐着喀拉哦尕左玛山皑皑白雪融化的涓涓细流和那细流滋润的水草地，在无数次地漂泊和迁徙之后抵达鄂陵湖边，依山傍湖扎下牧帐的那一刻里，心想，这就是他梦中的草原了。他想用一幅水彩画表达对这片草原的热爱，但是，不曾想这幅画了 30 多年的画越来越无法接着画下去了：上世纪 70 年代，草原碧绿，羊群在草丛中若隐若现，远处的山冈之上白雪皑皑，一条条溪流小河奔流不息。80 年代，草原退化成褐黄色，局部已出现黑土滩，雪线明显上升，小河变小，小溪开始消失。90 年代，草原一片枯黄，地表裸露，沙砾遍地，雪线已经隐退殆尽，小河已经干涸。再后来，他就画不下去了，每次站到那幅水彩之前，他就痛不欲生。

索保正在生病，他躺在床上，与我们交谈。当他得知我曾多次在文章中写到过他之后，他勉强支撑着坐起来，让我拍了一张照片。鄂陵湖一带已列入三江源国家自然保护区的一个核心区域，为保护和恢复这里的生态环境，国家准备将这里所有的牧人都迁至他处。这次迁移不同于以往的部落大迁徙，说不定，就此他们将永远离草原而去。索保得知此消息后表示，他将继续留在这里，守候这最后的草原。他要死在这最后的草原上。他已经病了些日子了。他躺在那里和我们说话时，满脸的风霜与沧桑让人想到他所栖身的莽原荒野，曾经的牧歌梦想正从那眼眸深处渐远。

32

告别老牧人索保，从他家出来，我想，我也该走出草原了。但是，总觉得还有牧人在远方的草原上烧好了奶茶等我。那里正有桑烟袅袅，风马飘飘，我不能不写到它们。虽然，前面有关草原的文字已经使你很沉重了，但我并不想就此假惺惺地说抱歉。因为本该沉重的话题我无法装出轻描淡写的样子。这个世界上，已经有太多令你轻松的话题，甚至有很多的人专以制造轻松话题为生，人们也总是会找到避重就轻的理由，以致使整个世界整个人类社会已到了不能承受之轻的程度。娱乐业的飞速膨胀已然使很多很多的人甘愿沉迷堕落也不想为公众和大自然承担应有的责任和义务。他们要么躲在自己的家里酝酿着各种各样的贪婪和欲望，要么就躲到家以外的地方寻找着刺激和安逸。他们不想知道自己这是在干什么或是为了什么，他们甚至已经很久没有想起过自己的名字，想起过祖先，想起过童年和故乡。他们只是在没完没了地忙碌。生命就在他们的忙碌中悄悄溜走。我并不想谴责谁的不是，我没有权力干预别人的生活。但我可以选择自己的生活方式和表达方式，选择我以为美好的事物作为我的倾诉对象和思想基点。“我思故我在。”我的思想就是我的家园，就是我的财富和灵魂。在城里呆的时间久了，人身上本真的东西日渐稀少，时常地想想草原、雪山、森林以及整个的自然万物，会使人顿觉清爽一些的，会使我们麻木已久的神经受到一些刺痛，会使我们在昏昏欲睡的状态中有一些振奋。

在走进那片草原时我就有过这种振奋。那也是一个夏天。我总是在夏天走向草原。夏天的草原是一年四季中最迷人的，草原的夏天是最美丽的季节。那个夏天的那些日子是我所有草原之行中最精彩的日子。那是 2000 年 8 月中旬至 9 月初的那些日子。我带着一个采访组抵达长江源区，先是在长江源区干流通天河谷地参加三江源自然保护区成立暨纪念碑揭碑仪式。江泽民亲笔为这个纪念碑题写碑名。据说这是共和国历史上党和国家领导人首次为自然保护区题名。那天，江源的牧人用盛大的歌舞场面来欢庆这一不同寻常的时刻。当三名藏族儿童把采自长江、黄河、澜沧江源头的圣水浇灌在三株具有象征意义的云杉幼苗之上时，我有幸就在近旁目睹，便感觉就像神力灌顶，三条江河的水流随之灌入了我的心魂。那是今生我所经历的最神圣的仪式，那是举国为我们的母亲河的源头施行洗礼的仪式。当那红绸从高耸的纪念碑上轻轻滑落时，我便感觉就像望见了有史以来的第一轮朝阳。

之后，我们就去了长江南源，那是一片很少有人去造访的神奇土地。那里不仅是许多高原特有野生动植物的乐园，也曾经是一片没有人类居住的碧雪莽原。在那片草原上跋涉的那些天里，我们每天都被迎面而来的一切所深深地震撼着。那山、那河、那草原、那牧人，那一切的一切，至今想来都令人怦然心动。虽然，一路的劳顿和艰辛无法言表，但心灵深处的那一份甘美足以抵偿所有的心血。

8 月 23 日下午，车过扎河时，已临近黄昏。翻过一道山梁之后，一片开阔的滩地就在眼前舒展开来。远处有雪山熠熠生辉，一条小河就顺着那深长的滩地缓缓流淌。两面的山梁上没有植被覆盖，岩石裸露无遗，有明显的冰蚀痕迹。很显然那绵长的高山之上曾经都是终年不化的冰雪。而今冰雪不再。山却依然保持着冰雪的色调和高洁。整个山梁都是银白色的，间或镶嵌着一些暗红或鲜红的色彩，像是有意涂在上面的装饰。那些山梁在藏语中就叫做扎河，是白色山崖的意

思。整个长江南源的石山都是这种花白色的格调，在阳光下它们会闪耀着一种光芒，从远方看，你会把它们当做雪山。

一道白茫茫的大山前有一个小湖，湖水纯净之极，整个山梁和天空以及朵朵白云都倒影其间。离它不远处还有一片更大的湖泊，约有2平方公里，湖的周围是丰美的牧场，有畜群在湖边静静地望着湖光山色。

我们抵达湖边时，夕阳西下，西边的山影已盖过湖面，山影中的湖水波澜不惊，深沉而且美妙。从湖边望出去，远处有牧帐已飘送着炊烟。更远处的山冈上最后的阳光像是撞碎在了那白色的山岩之上，一片金黄。那片金黄正端端地照在一座城堡的废墟之上。城堡已经坍塌，一些残垣断壁依然挺立。据说，那里曾是格萨尔王妃珠姆哥哥的宫殿。整个治多县境内到处都能望见这种立于山巅之上的古老宫殿的遗迹。"玉树"大草原的名字就由此而来，完整的意思可译做珠姆父亲的遗址。我们望着那宫殿，望着那一片金黄的阳光从那里渐渐褪去时，就像望着一段远去的岁月。和岁月一同远去的还有史诗中的英雄和英雄的史诗。英雄格萨尔是藏民族血管里永久的绝响，在他以后的岁月里，藏民族和他们栖身的大草原上再也没有出现过更伟大的英雄。有的只是对英雄的回忆和想念。在格萨尔史诗的传唱中，人们听到的是前无古人后无来者的悲怆。那么，在岁月的尽头独怆然而涕下者会不会感到亘古旷远的孤独呢？我没能去那座宫殿的废墟上凭栏远眺，我有过想去的冲动，但终于还是不敢。我担心自己会在站到那里的一刹那间触碰到那经天纬地的孤独。

自千年以前那个寂静的傍晚
有一匹骏马向我飞奔而来
马蹄声在大地上轰响如战鼓。
有一支歌谣随它飞翔，
有一双眼睛却在千年以后的初晨守望
万千里关山刀光剑影
千万里征程金戈铁马
处处是天涯。而天涯飘落

千军万马的驰骋最后就是一声悲怆的嘶鸣
所有的陪伴都如季节飘零
所有的温暖都如流水走远
你就一路独自鸣响，鸣响成了惟一的声音
天地间就此只剩下寂静
只留下一个影子
悠悠岁月就成了一条缝隙
你就是那缝隙里穿射而过的箭镞
那时鸽子的翅膀正掠过一片废墟
一片洁白的羽毛正在斜阳里飘落
我看见有一颗眼泪缀在那羽毛上
我担心它会坠落成最后的夕阳
而那时，谁还能独立山冈
唱着那亘古的《国殇》
——《孤独·想起格萨尔》

33

晚上 8 点 30 分，我们抵达牙曲河畔的那座帐房小学。这里是我们此行的第一站。在小学的帐房里，我们自己做的晚饭。晚饭之后就一直在那里和牧人文德说话，一直说到深夜。那时，外面正在下雪。临睡时，雪已盖住了草原。后来雪就停了，停在我们的梦里。等我们醒来时，小学的孩子们正在早晨的雪地里追逐嬉戏，有的孩子正爬在河边用河里的冰水洗脸。他们的笑声在那早晨草原的雪地里很是响亮。有一面五星红旗在那早晨的半空中飘扬，在一片白茫茫的世界中，它显得格外鲜艳。走在雪地上漫步时，说了一夜的那些话还在耳边回响。现在住在牙曲草原上的牧人以前不住在这里，这一带的牧人是三十几年前才迁到这里的。和他们一同迁来的还有莫曲、君曲和整个索加乡境内的所有牧人。那是一次由政府组织的大迁移。县上为了开发利用西部这片广阔无垠的大草原，从县城附近刚刚成立不久的一些人民公社划出几百户牧人迁至此地，并在这里设立了一个新的公社叫索加。索加可能是世界上地域面积最广阔的一个乡（公社），它差不多有一个小国家那么大，有 4 万多平方公里的牧场。在这些牧人迁来之前，记忆中的索加就是他们梦中的大草原，金色的牧场，肥美的牧草，满山遍野的羚歌鹿鸣，数不清的河流湖泊以及迷人的蓝天白云。为了传说般美丽的大草原，他们从通天河谷地和聂恰河谷地原本也很美丽的草原上开始西迁。他们驮着牧帐，赶着畜群，整整走了一年多——实际上很多人则用了更长的时间——才抵达他们梦中的家园。他们没在意这种跋涉的漫长和艰难，他们把它当作了一次寻常的游牧，就像千百次漂泊迁徙途中的一次普通的转场。只要牧帐在牛背上和他们一起上路，只要畜群随着牧帐起伏，草原上到处可以是他们的家。他们来自不同的牧场，到索加以后又散落在几万平方公里的大草原上，但在支起牧帐、燃起炊烟、煨起桑堆、放飞风马，把牛羊赶向新的草原时，他们的心就已经醉了。他们甚至已经开始淡忘曾经的牧场和家园。新的家园已为他们准备了一切，就差没支起锅卡烧好奶茶了。包括烧奶茶煮羊肉的燃料也给他们准备好了。那满河谷的滩地上一片片的野驴粪，他们整整烧了两三年还没烧完。这样的日子一直持续到 15 年以后。

随着牲畜作价归户和草场的承包经营，原本就分散的牧户就更加分散了。他们的好日子也就随之很快结束了。他们感到变化最明显的一点就是自家草场上的牧草长势一年不如一年了。他们总是希望明年会好一些，但实际上却一年比一年糟糕。看上去，整个草原上的牲畜头数远没到超载的程度，但原来的一大群牲畜却分成了很多小群，这样几乎所有的草场上都有牲畜牧放，加上没有统一组织的转场和轮牧，大部分牧户一年四季就在冬春草场上牧放着他们的牛羊。一年年下来，那些冬春草场上的牧草日渐稀疏，以致后来竟没有牧草，大片大片的草场沦为荒漠乃至沙漠，河谷滩地变成了沙砾遍野的大戈壁。荒漠开始只出现在阳坡里，等阳坡的草场全部沙化之后就危及到阴坡。先是在冬春草场蔓延，后来就向夏秋草场逼近。相对稳定的牲畜头数和急剧萎缩的草场之间的矛盾就这样逐步推

向了极限。但是，牧人们却还没有自觉到这种灾变的真正根源。直到 1985 年，一场特大雪灾悄然来临时，牧人们才感觉到他们正失去一切。雪灾过后，那无边的莽原上到处都是牲畜的尸骸。索加 26 万头（只）牲畜只剩下 3 万多了。那传说般美丽的草原正在消失。

英雄杰桑·索南达杰就是在那一场大雪之后来索加任职的，他目睹了大雪带给牧人的灾难，也目睹了大草原的沉沦。后来，我就想，可能就是索加大草原的灾变给了他启示，以至后来他为了守护可可西里那片荒野和那荒野上无辜的生灵献出了自己的生命。他之所以成为一个英雄，不仅仅因为他是整个亚洲地区迄今为止惟一为保护野生动物而献身的先驱，更多的恐怕还应该是他最早意识到了生态灾难对青藏高原的影响，并为之不惜献出生命。当他一次次走向可可西里，走向那些藏羚羊时，想必，索加就一直在他的身后注视着他。他生于斯，长于斯，他不能无视自己家园的沉沦。

也就在那场大雪灾之后，索加牧人开始大量回迁。虽然大雪已经过去，但比大雪灾更严重的黑色灾难却已经在蔓延。于是，他们就成为了一群失去牧场的牧人。30 多年前曾经拥有的家园已经不再为他们所有，那之后的索加大草原而今已沉沦不堪。从上世纪 80 年代后期至今，整个索加东迁的牧户已有 200 多户，1100 多人。他们中的大部分人都迁至县城后面那长长的白崖上面。他们没有了牛羊，也没有了草原，他们已成为家园的放逐者。梦想与心灵就在那家园的回忆中漂泊。

听说，30 多年前这些牧人迁至索加之前，那里已有少量的当地人居住，那是一个纯粹以狩猎为生的原始部落——雅拉部落，一个以“野牛”为自己部落命名的部落——雅拉在藏语中就是野牛的意思。也不知为什么，上世纪 30 年代，这个世代生息于此的野牛部落却突然举众迁往遥远的冈底斯山下。此去冈底斯少说也有几千里地，那是一次怎样遥远的迁徙？他们何以做此选择？据说，印度平原上几千年来常有圣哲望向这一神圣的精神高地，也常有朝圣的香客不远万里沿恒河谷地一路溯源叩拜而来。那么，雅拉部落的猎人们向这神圣的雪域一路迁徙漂泊而去，是为了朝圣还是为他们的狩猎生涯施行超度的祭拜？据说，在巍巍冈底斯山下至今还有一群牧人自称是雅拉部落的后裔。如果有一天，他们之中有人踏上回家的路千里寻访而来，找寻曾经的家园，那么，家园安在？

34

2000 年 8 月 24 日上午 11 点左右，我们从牙曲河边出发往君曲草原。虽然雪已经融化，但路上很滑。从雅曲到君曲不到 40 公里的路程，我们整整走了 26 个小时。在过那片沼泽地和乌给拉美山口时，我们几乎是在抬着车前行，有时候往前走的路还没有往后退的多。直到夜里 11 点多时，我们还在乌给拉美的那个山洼里推着那吉普车。它好像再也不肯往前了，任凭我们怎么折腾，它都纹丝不动。我们终于耗尽了最后一点体力，不得不放弃继续往前的努力。这时黑夜已笼罩了四围的山野，如果没有车灯的那一束亮光，我们就已什么也看不见了。就坐到车上等待天明。那里的海拔估计已超过 4500 米，坐在车上时，由于缺氧引起的胸闷头痛就难以忍受。我们吃了些饼干，喝了些矿泉水，就开始漫无边际地聊着天。我们不敢睡着，也不敢把车窗关得太严，在这种地方，那是很危险的。看着漆黑的夜色，等待天明是一件很痛苦的事。那一成不变的黑暗总是压迫着你的神经。在漆黑的夜里一个人的存在就什么都不是，他只是一片夜色。那时你会感觉，你并没有真像一个人一样的存在着，而是在四处弥漫，灵魂、思想以及肉体都随那夜色飘荡。目光所及处只有黑暗，而那黑暗中就是你的存在。夜色好像在一点点下沉，一点点地往山谷里沉淀。可能天就要亮了，这时我们却再也支撑不住了，两个眼睛总是不愿意就那么睁睁地看着漆黑的夜。我们终于睡着了。只过了半个小时，天色就已大亮。文扎和扎西已在车前忙乎。我们用最后的一点力气，从那山坡上抬了很多石头垫在车轮之下，又折腾了一个多小时，车终于爬出了那一片泥沼。文扎就开始诵读他的经文，每天早上，他都要诵读半个小时的经文，无论处在什么样的环境和条件下都是雷打不动的。接下来的路比前面要好走一些，到中午时，我们就已在君曲河边了。君曲就淌在索加山下，索加草原由此得名。我们在牧人卓文的帐篷里喝过奶茶、吃过酸奶之后就赶往大才旺家。之后的两三天里，我们就一直住在他家里。

牧人大才旺的家在一个缓缓的山坡上，从他家的牧帐前望出去是一片开阔的滩地，估计有 200 多平方公里吧，那全是他家的牧场。他家后面的山叫依色旦玛，山坡上依然有青青的牧草，山顶还是嶙峋嵯峨的花白山岩，山下滩地上原本的沼泽地已经干涸，牧草已经变得十分坚硬。远处的群山之上也已看不到冰雪。离他家帐篷几公里之外的牧场中央凸然耸立着一座孤零零的黑土山，看上去就像一条蹲着的藏獒，它的名字叫青葱那拉，在藏语中就是蹲着的黑狗的意思。从那里朝东北望过去，远远的有一座山峰，像一把尖尖的长矛，它就叫索加山，往东南一角也有一座高高的山峰，叫卓玛依则。这里的每一座山、每一条河、每一片草原都有一个美丽的传说，望着它们你的心里就会溢满了宁静和安详。

大才旺当时已经有 65 岁了，他的两个儿子和一个女儿均已成家，大儿子和女儿的牧帐离他家不远，他们共同拥有那片广袤的大草原。小儿子和他老两口住在一起，家中还有三个小孙女，老大已经 9 岁了，老二才 6 岁，最小的还不满 1 岁。两个大点的小姑娘已开始帮家里放牧了，每天早上，太阳刚刚升起，吃过奶奶为她们准备的糌粑，便背着一个小帆布袋儿，吆喝着羊群和已被母亲解开缰绳的牦牛，向山坡走去。小帆布袋儿里装着烙好的饼子、酥油糌粑和酸奶，那是她们的午饭。她们要在牧场上呆到晚上才能赶着畜群回家，每天回家时，太阳已经下山了。她们年轻的母亲和年迈的奶奶总是在她们回来之前就已站在帐篷前张望了。远远望见她们回来的身影之后，奶奶就开始准备着迎接她们，而母亲却已收拾好了奶桶准备挤牛奶了。那些天里，我们每天都能喝到醇香的奶茶，都能吃到纯真的酸奶。

等天黑了，吃过晚饭，那老阿妈就开始在帐篷中间的灶台锅卡前忙碌着准备一家人第二天的食物，烙饼子，做酸奶。儿子儿媳就在帐篷前的空地上打着酥油，忙着别的事。那时，我们就围坐在帐篷里的牛毛毯子和羊皮上，靠着柜子被褥什么的，和大才旺聊着草原上的事情和他们的日子。大才旺不时地抚摩着躺在身边的小孙女，停一会儿就吸吸早已倒在指甲盖上的鼻烟。

这是个结实得像一头牦牛一样的老人，他留着不长的头发和全脸胡，头发和

胡子都一样的长短一样的花白一样的茂密，你分不清那头发和胡子到底是白的多呢还是黑的多。他一天到晚都那么瞪着两只大大的眼睛。他走在草原上时，就像一只雪豹一样威武。大才旺的祖先属宗集部落下面的一个赤沟部落，在他还没迁至此地之前，他祖先们就曾在一个又一个夏天里到这里游牧。索加一带的千里草原曾一度作为赤沟部落的夏季草场。和其他索加牧人不同的是，在他们迁来之前他就已在这片草原上了。在索加牧人之中，他是惟一对那个以狩猎为生的雅拉部落有所印象的老人。虽然，那时他还很小，但已经有记忆了。

君曲是野驴河的意思。他最初的记忆里，这一带到处都是野驴群，野牦牛也很多，棕熊也随处可见。离他家往东南约十几公里处，有一汪清泉，叫琼果阿妈，译成汉语就是母亲泉的意思，在冬天不结冰。每到冬天就有上万头一群的野驴在这里，从远处望过去，整个旷野之上一片棕红，那就是野驴的颜色。因为是那一汪永不封冻的泉水引来了野驴群，雅拉部落的猎人们只要守在泉边，就可以毫不费力地猎获野驴，并以此为生，熬过漫长的冬天。于是，猎人们就对那泉水满怀感激，是它的恩德哺育了他们。于是，就为她取了个母亲的名字琼果阿妈。在初听到这个名字时，心里早已就充盈着一眼清泉。在见到她之前，我就已在想象着她的样子。她肯定奇丽无比，如果没有鲜花、绿树、碧草的围拥呵护，也应该有奇石危岩，那涓涓清流从那岩石之间汩汩涌流时，应有着无限的风韵和轻柔。要不她怎么会配有这样的美名。但是，当我走近那一泓碧水，眼见的一切无法让人把她与那样一个美名联系在一起。只见一片已经严重退化的草地上，有一股清澈的碧水在缓缓流淌。因为过于平缓，你几乎看不出它流动的样子。泉眼里如灯火般跳动着的是泉水从地下涌出的情景。泉水流过的地方，水下是一层细碎的沙砾，间或长着些水草。从那泉眼处远远望去，那泉水曲曲弯弯一直流向了君曲河。藏民族把最美的颂词和最圣洁的情感都献给了母亲，母亲是雪域牧人心中永远绽放的雪莲。但作为母亲形象的真实存在却又永远是那样的普通平凡和质朴无华。

君曲一带许多的小泉小溪这些年都已相继干涸，几乎所有沼泽草场都已严重退化，差不多有一半的草场已沦为荒漠。一到冬天，方圆百里的地方找不到水源，牧人们只好到很远的地方驮冰来解决饮水之难。而琼果阿妈却没有干涸，而且冬天不结冰。大才旺觉得她很神奇，就特意在泉眼处立了一块石头，上面用藏

我对森林的寻访始于上世纪90年代初，从那以后的10余年间，我走遍了青海高原所有的森林。那是一片片零星分布着散失在高山深谷之间的森林。

文刻上了几行字，大意是：水的世界为自然万物提供了甘露，谨以此石向琼果阿妈表示敬意。他要给人们一个警示。

8月26日下午，我站在那泉边，注视着它流动的样子，久久说不出话。我们向那块小小的石碑献了哈达。大才旺说，他要在这里立一块像样的石碑，用藏汉两种文字写上“母亲泉”的字样。

大才旺告诉我们，雅拉部落的猎人们从来不滥杀无辜，他们只是在饿肚子的时候才去打猎。他们甚至没有真正的锅灶，烧茶煮肉时，竟把野牛皮当锅来用。为防止烧坏，他们还设计了一个独特的锅卡——那个锅卡以及那口锅在人类文明史上堪称一大创造发明——他们先在地上挖一个洞，洞分上下两层，上层摊放厚厚的野牛皮，下层则是灶火的门洞。每次烧茶做饭，要分几次进行，否则，就会烧坏牛皮。他说，那时的草原很干净，没有任何污染，更别提有垃圾了。他们所用的一切都源于大自然，但最终又还给了大自然。他们严格地遵循着作为自然之子所应遵循的全部准则。但是，后来一切都变了。他说，雅拉部落离开此地后，这里的灾难就没有停过。1956年时，整个草原上还下了一场红色的雪。那场雪一直下了很多天，红色的雪片满天飞舞，落在地上先是像血一样到处浸润弥漫，而后又一层层叠加厚积，天地之间，浩浩荡荡，一派红色苍茫。所有的眼睛里都落满了红雪，很久以后，人们的眼前还飘荡着红色的巨浪。就在那场红雪过后，草原像浸染过一样，竟涂上了一层淡淡的红色，有人说，那是因为人们的眼睛被刺红了的缘故。但是，牧草从此就失去了原有的光泽。草原上的盐碱地就是从那以后出现的。说起这些，大才旺好像很惶恐。他长长地叹着气，然后又自言自语般地道出这样一句话：“我觉得草原的退化与那场红雪有关。这世界可能快到头了。”他认为，现在的世界可能正处在一个令人恐惧和不安的年代，上面的天和下面的地，以及中间的人都在变恶，恶是一切灾难的源头。天上开始下红雪起沙尘暴了，地上草原退化，万物消失，中间的人类道德尽失。这三者互为因果成为一个更大的恶因从而导致更大的恶果。这是不祥之兆。

这是一个普通牧人对我们的告诫。听完这些话之后，他在我心里已然是一位圣哲，他思想智慧的光芒足以穿透所有的时空和心灵。

但是，很显然，他还得像一个普通牧人一样的活着，至少他不能生活在纯粹的思想里，即使那思想让他时时处在一种煎熬之中。因为，日子还得过下去，即使它已经到了尽头。所以，前一年，他家也搭了一座牲畜暖棚，在暖棚旁边还盖了两间房子让儿子和儿媳住着。他和老伴及孙女们仍旧住在帐篷里面。他不习惯住到房子里，总觉得那样不安全，好像那屋顶随时会塌下来。他也不习惯将牛羊圈到暖棚里，虽然建起了暖棚，但却一直那么空着，里面堆放着一年里所剪的羊毛和其他一些杂物。我们住在他家的那几天里就睡在那羊圈里，那些羊毛就成了我们厚厚的褥子，上面再铺上一大块帆布——那是一顶活动帐篷的一半，另一半折过来就当被子盖了。这样睡在里面，晚上就很温暖了。睡在那羊圈里时，我就想起我出生的那个羊圈、那个夜晚、那个小山村。睡在大才旺家的羊圈里就能望见天上的星星，那星星又让我想起了童年仰望夜空的那些日子。就那么一路想来时，梦乡就越来越迫近了。

有天早上，我醒得很早，就起来看早晨的大草原。当我推开那羊圈的小门时，眼前的景色就像梦境。一道长长绵延的云雾，白茫茫一层，从东南侧的山脚下一直伸向西北面的河谷滩地，像一条洁白的哈达那么飘荡着。而青葱那拉——那条蹲着的黑狗却在云雾之上高昂着它的头颅，望着远方。远方，它的情人卓玛依则也在云雾缭绕中飘飘欲仙。而它的父亲尕洼拉则大山却从西边的天际里注视着它们。传说，自从它在最后一次去幽会卓玛依则的途中将一只靴子不慎掉进君曲河中之后，它就一直蹲在那里，守望着卓玛依则。

大才旺家的帐篷右侧是一片低洼的沼泽滩地，沼泽已几近干涸，只在最低的河沟处还能看到残存的沼泽。他们家夏天的水源地就在这里，他儿媳妇每天要从那些水洼里背来好几桶水供一家人用，我们每天喝的奶茶也是用那水熬成的。那水喝着没什么异味，像普通的泉水，但大才旺却说那水中可能有很多对人体有害的微生物或矿物质。这些年他腿上和脚上的一些骨节开始严重变形，有时发作起来疼痛难耐，严重时十天半月无法走动。好像心脏和血管也有毛病了。从那片草原回来之后，我很少听到他的消息了，直到一年以后的一天，有朋友从治多草原打来电话说，大才旺已经死了。就在我们离开他家几个月之后，他便死于那些疾病。在我们见到他和离开他时，他还壮实得像头野牦牛，怎么说死就死了呢。人生就这么无常。

离他家不远处有一个湖。经过那片低洼的沼泽草甸，上一个小山梁，再往前走500米左右就是那个湖泊。因为湖畔都是黑土层，湖水看上去也是黑黝黝的。我只在一个傍晚去过那湖边。当时夕阳已在天边快落到山那面了，西边的天际里正有长云苍茫浩荡。从湖东面的草甸上望过去，那长云就整个倾倒在湖中，倒映湖中的还有远处山坡上隐隐约约的牧帐。坐在湖边的草甸上时，便有微风迎面而来，便有水天一色的苍茫拥入胸怀。就在那个湖边，就在那草甸之上，我的朋友文扎向我第一次讲起格萨尔史诗中那些鲜为人知的神奇篇章。其中就有关于宇宙、关于地球、关于自然万物、关于草原生灵的奇妙演绎。我们离开那湖边时，夜色正在降临，湖面已在身后变成一个深渊，张着黑黑的大口。据说那湖中还有水怪，大才旺说，他曾亲眼目睹那闪着金色光芒的水怪躺在草地上晒太阳的情景。我不知道，现在他还能不能看到。也许会吧。不管那水怪是否真的存在，我都希望他还能看到。

35

告别大才旺一家之后，我们就一直在索加大草原上颠簸和跋涉。8月30日下午4点到达莫曲牧委会的娘奚·向巴群培家。这里是我们此次索加之行的又一个活动营地。

向巴群培家的帐篷也扎在一个山坡上，共有两顶帐篷，一顶是黑色的大牛毛帐篷，供大人和孩子们住；一顶是小一些的白帐篷，他女儿住。他女儿已是个十八九岁的大姑娘了，以草原牧人的风俗她已到了该有自己帐篷的年龄。向巴群培还有两个不满10岁的儿子和一个更小的女儿，他们就和父母亲住在一顶帐篷里。我们到达之后，向巴群培又特地为我们扎了一顶很宽敞的白帐篷，供我们一行七人住。新扎的这顶帐篷离他们家的帐篷大约有40米的距离。那是一个美丽的山谷，山谷有一个美丽的名字，叫才仁谷。他们住在阳面的山坡上，背后是一道陡峭的山梁，山峰之上依然是那种花白色的山岩，像一朵朵盛开的莲花。前面是一座同样陡峭的山梁，两座大山之间就是狭长幽静的才仁谷，谷底有河，河水很清。向巴群培一家和他们的牛羊就靠那河水和两面的山坡生活。那条山谷从谷口一直到里面的山坡上都是他们家的牧场。他们一家像接待尊贵的客人一样接待了我们。住在他家里的那几天里，我们就像在自己家里一样。因为有了自己的帐篷，我们就可以自己做饭，烧奶茶。当然，更多的时候，我们都愿意和他们一家人一起吃饭、喝茶和聊天。有两三天时间，我们几乎什么事都没有做。白天，我们就在那山坡上漫步，有时就和他们一家人坐在阳光下听他们讲述才仁谷里的故事。向巴群培的两个儿子都很顽皮，两个女儿都很漂亮，我们一行都喜欢他那个小女儿，她在那山坡上与那条黄狗跑来跑去时，就像一只飞来飞去的蝴蝶。当然，我们每个人可能都更多地注视过他那个大女儿，她很注意保养自己，生怕太阳晒黑她漂亮的脸蛋，她总是用一块花头巾半遮着她的脸，很多时候，我们只能看到她那双明亮的眼睛。但我们是客人，我们都很清楚怎样对待主人的盛情，即便是开一些玩笑也不能使主人不愉快。向巴群培自己倒是常常背着他女儿拿我们和她开玩笑，说他喜欢我的年轻同事东治才仁，如果他能留在才仁谷，他就会把女儿嫁给他。虽然只是玩笑，但却给我们带来了欢乐。草原上有一句谚语说："放过三年羊，给个皇上也不当。"我想，假如在一片草原上，娶一个美丽的牧羊姑娘，生一双儿女，骑一匹白马，牧放一群牛羊，那说不定真的是一件极其美妙的事。每当作如此想象时，所有的浪漫情调都会在你的骨子里鼓荡成一顶洁白的帐篷，向你的心灵飘送袅袅炊烟和奶茶的芳香。

每天下午，太阳快落山时，我们会准时躺在那山坡上，远远地看着那牧羊姑娘挤牛奶的样子。那感觉真的很美妙。她身着拖地的袍子，用花头巾半遮着脸庞，坐在一个小凳上，用两腿夹着奶桶，将头尽量地靠近着母牛的身子，两只大眼睛不时地向你瞟上一眼。那时，两面的山头总是被夕阳涂上一层重重的金黄色。那时，望着那山谷，望着那山坡、那牧帐、那畜群、那牧犬以及那牧女，你总是会生出些比男女之情更加曼妙比人生岁月更加悠远的诗情意绪，甚至会生出些更加洪荒旷远的怀想。只有那小牛犊才敢走近那牧女，想从她手中抢回那原本属于它的乳头。它总是围着那牧女和它的母亲欢快地跳跃奔跑着，直到那牧女挤完牛奶。

那时我感觉远方正有大雪飘落
而那谷地里就只剩下了那个美丽的姑娘
羊群正在回家的路上呼唤斜阳
一盏灯就要点燃草原的夜晚
月亮就会挂在一头野牛的犄角上
越过莽原向这谷地里一路摇晃
因为有这样的夜晚很多人才愿意做梦
很多人才去寻找新的夜晚
但新的夜晚不一定就有新的梦
梦一直在熟悉的谷地里行走
人却总想在陌生的谷地里漂泊
从一条陌生的谷地里穿过时
我们总是在左顾右盼，试图
让它成为记忆，尔后走远
很久以后的某一个夜晚
我们可能会在远方想起这个谷地
但那谷地里已没有了关于你的记忆
谷地依然像很久以前——
宁静。所以有人就向它跋涉而来
——《才仁谷》

莫曲草原的退化也已经很严重了。向巴群培告诉我们，他们以前的牧场都是开阔肥美的滩地。这些年几乎所有平坦的牧场都已被沙化，流沙正掩埋越来越多的草原。不得已，他们才从一片片平坦的草原迁入一条条山谷地带。莫曲牧委会 200 多户牧人和他们的畜群现在都已迁到才仁谷这样的山谷里面。也只有在这样的山谷里面还有牧草的生长。但是，这些谷地里的草场毕竟很有限，用不了多久，这些美丽的山谷也会出现退化。到那时，他们就不知道再迁往何处了。出了那山谷就是一片大草原，那里曾经是他们最好的牧场，现在都被沙子埋掉了。莫曲在藏语里就有“富饶美丽的河”之意，它是过去这片大草原真实的写照。现在整个莫曲草原正沦为一片大沙漠。莫曲草原上流行的一句民谚说：“天上发生大灾难的时候，启明星就会出现在西边；大地上发生大灾难的时候，花草就会长在岩石上。”向巴群培说，现在石头正在遮盖着大草原，除了岩石之外已没有地方可以生长花草了。启明星不会出现在西边，岩石上也不会长出花草。这句民谚借一个隐喻在向人们暗示一种灾难的临近。

36

在向巴群培家呆了两天之后，我们筹划了一次骑马远行，甚至可以说是一次探险。在朋友们的帮助下，向巴群培开始给我们准备马匹和其他一切。8月31日晚上，一切都已准备就绪了，次日一早，我们就要开赴烟瘴挂了。为此，我们激动不已，兴奋得直到很晚才入睡。

烟瘴挂是长江源区干流通天河上游谷地的一个小地方，多石山，是传说中帕玉虚草原上的八大动植物王国之一——雪豹的王国。雪豹属大型猫科动物，被列为国家一类保护珍稀野生动物，青藏高原是其最主要的栖息地。早在十几年以前就有人断言，整个青藏高原上雪豹的数量顶多不会超过200只，而在那以后的这些年里，几乎每年都传来有雪豹被猎杀盗卖的不幸消息。那么，现在的雪豹种群数量还剩下多少呢？也许早已是濒临灭绝的地步了。但同时，却从烟瘴挂不断传来发现雪豹的新消息。以保护青藏高原生态环境为己任的朋友哈西·扎西多杰认为，烟瘴挂可能是目前雪豹最集中的栖息地。

9月1日，向巴群培为我们组织的马队浩浩荡荡地出发了。这是一支堪称壮观的队伍，总共有17匹马，14个人。队伍分成两路前往烟瘴挂，一路由莫曲草原的6名壮汉和9匹马组成，其中的3匹马上驮着宿营的帐篷、烧茶取暖的炉子和锅碗以及干粮，他们要抄近道提前赶到预定的目的地，扎好帐篷，烧好奶茶，等待我们抵达。我们这一路由向巴群培和另一位牧民引领，八人八马，只带了一些摄影器材轻装上路。我们要绕道通天河谷地的那些沙梁考察沙化的草场之后才到烟瘴挂。

一出发，我和我同事们便暴露出我们在马背上的笨拙和滑稽。虽然我和我的另两位同事都是藏民族这个草原马背民族的后裔，但是很显然，我们已经太久地远离草原。马背对于我们已经不是摇篮和歌谣，我们对马背的陌生无异于草原骏马对城市街道的斑马线。一跨上马鞍，那些驰骋草原的精灵便表现出极大的不情愿，它们用极其无礼粗暴的动作表达着它们对我们的不满和挑剔。但我们依然很兴奋，我们甚至没有顾及它们的感受，我们用更加粗暴的动作向它们施加压力，并让它们尽快地感受到我们凌驾于它们之上的绝对能力和想依附它们的力量纵横驰骋的贪婪欲望。但是，我们还是注意到了向巴群培和另一位牧人在马背上的样子，那一份悠然从容和飘逸洒脱中透着和胯下骏马浑然天成的高贵与俊秀。

马队离开才仁谷一路向西，出了谷口，便进入了那片连绵起伏的沙丘地带。站在那谷口上望去，苍茫江源的旷野就在眼前无边无际地铺展开来。原本牧草悠悠的情景已无从寻觅，有的只是沙丘、沙梁、沙带和肆虐开来的沙原。骑马走在那已严重沙漠化的草原上，马就常失前蹄，向巴群培们就不忍心继续骑在马背上让它受罪——而我们更多的是担心自己会在马失前蹄的一瞬里栽下马来，就牵着马走在那沙地上，双脚不时地踩空，陷进沙子里面，难以自拔。那一带上千平方公里的莽原已了无生机，举目所及处一派凄凉和死寂，一路走来连一只鸟也没有见着。翻越了两三道沙梁之后，立马江源南岸环顾四周时，我们已处在滚滚沙丘的包围中了，尤其大江北岸那波浪起伏的黄色沙浪大有侵吞一切的架势。

正午时分，我们终于走进通天河谷地，平坦的河谷滩地上，一道道沙梁之间还残存着一片片水草地。我们在一片水草地上停下来歇息，吃午饭，也让马儿们在那里啃些水草。这时，有一匹狼正走在南面不远处的一道山梁上。我们为之欢欣鼓舞。现在就连这种昔日草原上随处可见的动物也难得一见。它正缓缓走向山顶，看样子它好像十分地疲惫。不知道，它要走向何方，可以感觉得到它对自己的前途也很茫然。狼在有目的地走向一个地方时会显得很精神，速

度也要快些。而它却一直埋头孑然蹒跚，一副心不在焉心情沉重的样子。我一直目送它消失在视野的尽头，我以为它在走出我的视野之前会回过头来看我一眼，但是没有。在翻过那道山梁时，我感觉它好像停顿了一下，长长叹了口气，然后就不见了。

我们在马背上颠簸了约5个小时，烟瘴挂才出现在远方，又经过一个多小时的艰难跋涉，约下午6点30分终于抵达位于高山深谷间的目的地。那是一个十分狭长而幽深的山谷，我们的马队走在那空谷里，就像一个古老的马帮。两面山岩之上，不时有鹰在盘旋。进入山谷，除了两面的巉岩峭壁和头顶那一条弯弯曲曲的天空，就什么也看不见了。谷口一带两面的山岩属花岗岩，那是一块块直插云霄的巨石，岩石表面光滑平整，阳光照在上面折射出阴森森的光亮。那便是雪豹城堡的大门了。说不定那些峭壁悬崖之上正有望风的雪豹窥探着我们的动向，然后就通报给城堡里面的雪豹们。再往里走，山谷时而狭窄难行时而豁然开阔，两面的山岩巨石也变为花白色簇状丛生的凹凸峰峦，看上去就像一只只俯仰蹲卧的雪豹。

我们的营地就设在一片相对开阔的滩地上。那里三面环绕着高峻的石山，山下有潺潺流水，流水之畔一片丰美的绿草地上芳草萋萋，野花飘香。那草地上就是我们已经炊烟袅袅的白帐篷。云雾缭绕之中，山上的花白色峰峦若莲花朵朵含苞待放。下得马来，卸下马鞍，看着马儿走向飘香的绿草地时，便有一种放马南山的悠然和逍遥在心胸之内回荡。刚刚进到帐篷里面，端起一碗滚烫的奶茶要喝时，外面就已经是细雨蒙蒙了。一路上都很少说话的文扎受了这一派人间仙境的感染却来了兴致，说道："是山神在给我们洗尘呢。"不一会儿，又有人在帐外惊呼："彩虹！彩虹！看彩虹啦。"拿起相机闪出帐篷站定时，眼前的景色已让人飘飘欲仙了。只见帐前正对着的那座花白石山尖尖的峰顶之上，有两道绚丽的彩虹相叠着端端罩定了那整座山峰。文扎一边忙着拍照，一边又在不停地念叨了："好兆头啊！这是山神在向我们敬献哈达呢！"这是何等的礼遇和恩赐。人们的情绪一下子异常高涨，一天的劳顿疲惫就在那一瞬间里随清风而去，仿佛接下来山神就会引领着一群群雪豹列队出现在我们的眼前，给我们捧上美酒，唱起吉祥的祝酒歌了。

我每一次从湟水谷地和黄河谷地里迈向两面的干山头时，总怀疑谷地里那一道绿树掩映的富饶与两面山坡上年复一年流失的水土元气有某种联系，山坡上的一层层沃土被雨水冲下谷地被河水冲走了。

但是，雪豹始终没有出现。

我们在那山谷里呆了整整一昼夜，爬过山，进过山洞，但始终没有看到雪豹。据先期抵达为我们安营扎寨的那些牧人们讲，他们在快走进山谷时曾远远地望见过一只雪豹，而我们只望见过一匹狼。我无法想象那只雪豹的样子，说不定它正是在山岩巨石之上望风的那只雪豹了。那天傍晚，我们艰难地爬上那个山坡，手持蜡烛，战战兢兢地爬进那个山洞时真有点与雪豹们撞个满怀的感觉。那洞口结挂着许多的冰锥，进到第一个洞府时，发现那洞府很宽敞，洞顶正中从上面伸下来一根粗大的千年冰舌，在黑暗中用它的晶莹照耀着那个洞府。如果有足够的光线，那洞府里面肯定会因之蓬荜生辉。那山洞很深，共有 6 个洞府串连在一起，从一个洞府进到另一个洞府时只有一条一个人能够紧贴着洞壁爬过去的窄缝。第一天因为天色太晚，我们只进到第二个洞口就出来了。第二天，我们接着往里进。走在最前面的几个人有进到第六个洞府的，我只进到第三个洞口就借着打火机的火光爬出了那山洞。洞中有许多动物的粪便和残骸，一股难闻的气味令人窒息，加上空气稀薄缺氧，呼吸都有点困难。从那洞中爬出来之后，呼吸着新鲜空气时，心想，那洞中或许就曾经出没过成群的雪豹呢。

雪豹是一种喜欢在夜间活动的猫科动物，生性顽皮凶猛。次日早上醒来，发现山巅之上有一群鹰在盘旋，牧人朋友们便肯定地说，昨夜有雪豹捕获过石羊，在那山岩之上留下了血腥的东西，否则，那些鹰就不会翔集盘旋了。那天在山谷里攀缘时，有几个人说是看到了雪豹的足迹。但是，直到第二天下午，我们也没见到一只雪豹。不过，从牧人们分析的各种迹象看，那地方肯定是有雪豹存在的，而且数量还不少。从前一年开始，莫曲有牧人就在这一带先后累计看到过不少于 50 只的雪豹。还有，整个烟瘴挂一带的草场没有退化的迹象，沿途我们没看到一个老鼠的洞穴。据说，这是因为雪豹这种猫科动物在此出没的缘故。他们说，我们这样来看雪豹是看不到的，这么多人和马匹，还烧茶做饭，目标太大了。雪豹在暗处，我们在明处，要是它不想让我们发现，即使再等上十天半月也未必能见着。

那山洞在一个悬崖峭壁之侧，那悬崖峭壁之下有河奔流如瀑。在流水飞溅处的一些巨石之上先民们刻下的经文依然苍劲飘逸着。从笔法和其他一些特征考证，这些经文雕刻的年代至少在几百年之上，几百年之前难道有谁曾与这些雪豹们为邻吗？据说，百年前，曾有隐士居于那山洞之中，他是否也曾眼见了成群的雪豹在山岩峭壁之上嬉戏玩闹？而今那些先民和隐士的踪影已无从问寻，只有那些巨石之上的经文犹在，留于流水吟诵不已。那些经文大都也是以各种字体雕刻而成的六字真言：嗡嘛呢叭咪吽。那么它们是否就是吟诵给那些雪豹们听的？如是，那些雪豹们是否也已了悟到一些生命的真谛了呢？我不知道。我不可能知道。

在离开烟瘴挂时，我在采访本上写下了这样一句话："其实，只要我们能确定雪豹的存在，而且很安全地存在着，就已经足够了。"人们看不到它或不容易看到它，从某种意义上说，是件值得庆幸的事。如果人们很容易就能看到它，就能找到它的栖身之地，那么，它消失的日子也就不远了。这种例子，在当今世界俯拾即是。后来，我们终于在一户牧人家里见到了一张雪豹皮和一具完整的骨架，那是当地牧人去年从一盗猎者那里没收的赃物。看来，盗猎者正向这里走来。

从烟瘴挂回到才仁谷，回望我们那支浩浩荡荡的马队两天来走过的路，回望烟瘴挂时，我便感觉有一只雪豹正在那路的尽头，望着我们远去的背影暗自窃笑。

37

而我梦中的大草原却已在我身后渐渐变成了回忆。虽然，我依然在一个个夏天向着草原的方向跋涉而去，但大草原却越来越远。那一座座神山之前、一片片圣湖之畔，桑烟袅袅、风马飘飘的大草原正在我的心里变成一座巨大的祭台，等候我的叩拜和祭奠。

那是个迷人的黄昏，夕阳最后的那一抹光辉正掠过一片草原。那时我已在没有了牧草的旷野上跋涉了很久。突然，那片最后的草原就在那一抹光辉中等着我。整个的山野被那光辉涂抹成深沉的金黄色。有畜群就在那金色的牧场上啃噬

青草，我看见它们的每一根毫毛之间都流泻着光芒。我跪伏在地，朝着那一片金牧场叩拜。思想就在我叩拜的一刹那里鸣响成了一串遥远的风铃。风铃飘摇。飘落。飘落成满地的经文，满地的嗡嘛呢叭咪吽。

乐都下北山往西就是北山国家森林公园，那是青海境内保护最好的森林之一。

呢

森林的背影和背影里的孤苦悲愁

呢除人间生老病死苦。

——萨迦·索南坚赞

处在厚厚的土层中，因气候地表。土层之下有一个常冻土层。以前叫永冻层，相对而言。然后冻土正在消融；速度很快，永冻层正在消失。冻土下限不断向上抬升——这说的是海拔。比如，我小时候，长江源那一带只在2500米的地方就能挖到冻层（记忆模糊），然后，只能在海拔3500米以下地方，就已经很少见冻土层了。这是多么可怕的变化啊。

但是，今天长江源头，60年代以来草原的环境恶化和沙漠化的加剧，大多是人为开发以来的公路建设工程，对冻土造成了破坏性的影响。（青藏公路曾经……）

大地像人的身体，人身上如果切开一道口子，它会自行愈合，但是如果人为地不让它愈合，甚至让那道口子一直开裂着，任其感染，则一定会丧失生命。大地也一样。青藏公路修建时，我们在草原上挖开了一道道纵横交错的口子，再用挖出来的草皮垒成一道道土墙（这就叫做草皮墙），围起一片片草场。后来，又修公路，公路越修越宽，以前的小土路，但凡有人居住的地方，就都有路修，通公路，这些年国家投入大量资金在高原上已经通了公路。

我想说的是——现在中国的铁路也大都如此——国家在建设项目，一般环境不理想，规模很小，比如青藏公路（之类）。

有蓝色的风吹拂，有绿色的梦牵引，最初的铭记就是摇落绿色天籁的那棵菩提树。

森林啊，我亲爱的森林，你曾如此地熨帖过我们的灵魂，如此地抚爱过我们的生命，你给了我们一切，而我们却是那样地忘恩负义……

38

有一天，我蹲在青藏高原东部的一座干山头上，望着那些挂在山坡上的人家，陷入沉思，觉着在那里整个大地就像是一棵已经干枯的大树，那些挂在山坡上的村庄和人家则像是行将凋零的枯叶。从那山头上可以望得见远处的黄河。

那山是红色的，山脚下的沟壑也是红色的，那里的黄土层已随过去的岁月流失了。只在小村庄的周围有一撇儿黄土，小村庄的几十户人家就在那一片黄土上种庄稼来养活自己。每一年的每一个日子里，他们必须流很多很多的汗、吃很多很多的苦，才会有一粒粒可爱的粮食维持生命。曾经在那个小村庄生活过和正在那个小村庄生活着的人们都是这么过活的。

而那片黄土还在流失，人们的生活就更加艰辛，那山和山沟的赭红就更加刺眼。它让人想起流淌的血液，想起燃烧的火焰。当然，也让人思念那久远的岁月里消失已尽的大森林。人在砍伐森林的同时砍伤了大地，等砍伤了的大地年复一年地流淌着血液时，大森林已去得很远。人们已无从忆起那蓝色林莽的模样了，如果不是从大地深处常常挖出那一直不甘心腐朽的森林的根须，人们是不会相信这里也曾经有过森林。不过那裸露的山脊和那一片黄土肯定还记得那森林，如同我们常常梦见早已故去的亲人。

那干山头上独独地挺立着一棵老榆树。在西北，无论你走到多么荒凉的地方，只要那里有连绵起伏的干山头，只要那干山头上还有一片黄土层或黑土层没有流失，那里就会有人类生存，就会有一个小村庄在岁月之谷里飘送炊烟，就会有一棵老榆树孤孤地站在山顶上巴望行云，聆听风声。只是那行云已变得很干枯了，那风声里也已没有了郁郁的松香。我不知道，那些老榆树是在昭示一种遥遥无期的思念和悲愁，还是在表达一种永远无法放回原处的痛苦与遗憾。抑或，那只是一面绿色的旗帜，只是一个生存的象征。但我坚信，它肯定与那久远的岁月里已经消失了的大森林有某种联系，也肯定与从它身边悄悄溜走的无数个沉重疲惫而又充满希望的日子有某种关系。虽然没有人知道是谁种植了那些老榆树，但在人们的心里它神圣如英雄纪念碑。也许信念注定不会熄灭，也许生存与毁灭的意义在最后一个世纪的最后一个黄昏里才可能彻底明了。那老榆树独立山头的情景每一次出现在我的视野里时，我都感动莫名。我听见过它哭泣，听见过它歌唱。在我心灵的深处，那是一支镌刻在大地之上的不朽绝唱。

我最后一次去那个小山村时，一群人正爬在民和县塔城乡一个叫草山沟的地方，挖一根被红土掩埋着的粗大的云杉树。看得出，这是一棵在地底下埋了很久的杉树，树皮和枝叶早已腐烂，但树干还完好无损。后来有人用这根杉木做成了家具，摆放在家里，看到那些家具的人没人注意它的式样，却无不称赞那木头的品质。

奇怪的是，却没有一个人关心那棵云杉怎么就埋在了那里。那里大地之上所有的植被都早已破坏殆尽，甚至地表之上那曾经孕育过森林花草的厚土层也早已流失净尽了，而且还在流失。留下的只有赭红色的山脊。那红红的山脊上，沟壑日深一日，山头上仅存的那一片含有机质的厚土层日少一日。稍有雨水，那深深的红土沟里整日流淌着血一样的洪流。但那棵深埋地下的云杉分明在告诉我们，这里至少曾经生长过这样高大的乔木，而且它完好的树干说明它埋在地下的时间顶多也不过几百年的历史，那么，那漫山遍野的森林究竟到哪里去了呢？不可能全都埋在地下，数百年乃至更长的时间内，这一带没有发生过大的地壳运动的记载或传说。

我们所能想起的也只是世界上其他森林消失的过程，那就是人们用斧头和铁锯砍伐的过程。当我们重新把目光投向草山沟那一片赭红而连一根草也看不见的地方时，我们只能把这一带森林的消失也归罪于人类了。进而我们也有足够的理由把这一带贫穷的缘由归结为环境的破坏。塔城只是青海东部那些贫困山区的一角，塔城所面临的也是整个贫困山区所面临的问题。想当年，青海省政协副主席、知名水利专家汪福祥坐镇塔城亲自指挥实施那里的扶贫工程，他试图在草山沟修一个大涝池，把那洪流堵住，造出一片平地，然后再种上苹果树，利用那里良好的光热条件，把草山沟变成一个世外桃源一样的绿色世界。有天晚上下大雨，山路冲毁了，人们不得不用一根绳子将这位省级领导干部从那红土沟里拉上来时，他心里绘就的那一幅蓝图其实就已被冲毁了一半。之后那个涝池确实修过，但却被雨水冲走了。之后又修。但那个梦一样美丽的苹果园却永远留在那位老人的梦里了。那里一切都好像是一个谎言，人与大自然好像在相互欺骗。在那些贫困山区调查采访的日子里，我经常路过一些取名白杨沟、松树沟、白桦沟的地方，但却见不到一棵树木。据考证，由西宁往兰州，河湟两岸那绵延 200 多公里的干山头上曾经都是茂密的森林，它们而今安在？在周代，我们现在称作黄土高原的这片广袤的大地之上，森林的覆盖率曾高达 53%，它们而今安在？

39

这是地球的一个小旮旯，这是一个叫阿玛查的小村庄。

没去过阿玛查的人很难想象那里的一切，相信世界上再没有第二个村庄和它一样。阿玛查，没人知道它的确切含义，你可以把它理解为世界最僻静的一个小角落。从青藏高原最东端的黄河北岸沿一条纵深的峡谷一路蜿蜒而上，你就会走向阿玛查。但事先你必须作好徒步六七个小时的精神准备，如果你想对它做详细的了解，那你就得做更加艰难也更加持久的跋涉，你必须具有非常的脚力。阿玛查奇特的生存环境以及人类文明厚重的历史遗迹和一种带有浓重悲剧色彩的文化氛围，会使人产生一种走近历史尽头某个土著部落的感觉。

作为农业文明产物的村庄，这恐怕是最古老的一个藏族村落了，它至少要比我那个小村庄古老得多了。和我那个小村庄一样的是，阿玛查人也已没有了他们的祖先们曾经拥有过的草原。他们甚至已无从忆起游牧草原的历史。帐篷早已从他们的记忆中滑落。那些农舍就是搭在他们心上的帐篷。用石头和泥土砌筑而成的小庄廓里面四面都盖有房屋。和其他藏族村庄不一样的是，因为土地极缺，他们的庄廓院子都十分狭小，四面盖满房子之后，中间的庭院最大的也只有二十几平方米。还有，那窄窄深深的巷道在别的藏族村庄也是不多见的。村里有两大景观，一是那座门洞之上傲视全村的嘛呢房。据说，里面的那个嘛呢经轮已有300多年的历史。嗡嘛呢叭咪吽——全村人300年不间断地吟唱是一种什么样的坚持？一是德吉老阿妈房后的那棵柳树，虽几经雷击火烧，树干里面都已掏空了，却依旧枝繁叶茂，根部直径约在三米之上。据说，也已有几百年历史了。那天下午，在灿烂的阳光下，我们走近那棵老柳树时，德吉老阿妈正坐在那柳树下念着嘛呢，念着嗡嘛呢叭咪吽。

阿玛查周围几十公里的地方，都是一座一座寸草不生的石山。他们全村33户人家的180余口人就生活在两座石山的夹缝里。

相传1000多年前，这里就已有人靠采集和狩猎为生。那时，这里到处是原始森林。森林里鸟兽成群，奇花异草漫山遍野。现在的阿玛查人是否就是那猎人的后裔已无从考证。但可以肯定的是，阿玛查人已永远地失去了当初那绿色的家园。森林已从他们的眼前永远地消失了。不能简单地说，那无边无际的森林就是阿玛查人自己砍伐殆尽的。因为，直到1000多年后的今天，他们也才不过180多口人，而且一大半是近40年间新增的人口。他们即使什么也不干，一年四季都钻到森林里从早到晚地砍伐森林，以他们所能有的砍伐工具来说，他们也绝没有能力使一片如此广大的森林消失得干干净净。何况半个世纪以前，阿玛查附近的山头上已没有树木可以砍伐了。有的只是一些零星的灌丛。那参天合抱的古柏、云杉和松树们早已成为一种遥远的回忆了。但阿玛查人和附近一些村庄的人，至今还贪婪而残酷地从那远处的山坡上挖掘着那些残存的灌木丛，还从更远处最后一片天然森林里盗伐着日少一日的那几棵白桦树，生怕它们消失了之后再没有树木可以砍伐了。森林已经十分遥远了。从村庄里，我们已望不见森林乃至

哪怕是一两棵天然的树木。由此，我们也可以说，那一带原始森林的消失，与阿玛查人的乱砍滥伐也不无关系，至少与人类有关。由阿玛查北去几十公里便是生养我的那个小村庄。整个这一带的森林原本是连成一线的，现在几乎已经没有森林存在了。

阿玛查附近的那一座座山上，放眼望去已望不到一点点泥土了。山上那原本厚厚的土层已随雨水和洪流滚滚东去。从山顶到山脚下，整座山都已经一丝不挂了。裸露在阳光下的青黑色石岩刺痛着人们的眼睛。每一座山看上去都像是一块完整的巨石。山下的河滩里，层层叠叠的是山上年复年日复日滚落的石头。每逢暴雨天气，那山上便有巨大如牛的石头滚向村庄，滚向河谷。那石头砸死过人，砸倒过房屋，也砸死过牛羊。还有更可怕的洪水，它和那些石头拥裹着冲下山来时，整个山谷里都弥漫着土腥味，随着隆隆巨响，大地都在震颤。近十余年里，阿玛查就有数百头牛羊被洪水卷走，十余亩农田被冲毁，还有好几个村民在洪水中丧生。其中一个年轻母亲腹中还有未及降生的胎儿。阿玛查人已经和正在为生态环境的破坏付出惨重的代价。

上世纪初，这里才只有几户人家。那时附近的山上也还有林子——村里70岁以上的老人还记得那些树木。山坡上的水土还没有流失，牧草也还丰美。谷地里有数十亩耕地可种庄稼。那几户人家过着半农半牧的生活。到40年代后期，这里已有十余户人家了。为了防止盗贼，他们用石块和泥土筑起一道墙，把整个村庄围了起来，像一个城郭。每晚还有人巡夜站岗。村里的人天黑之前都必须回到那城郭里面，否则，门一关上，无论你是谁，都别想进去。解放以后，那围墙早已拆除了，但直到60年代初，这里仍只有13户人家，仍旧住在原来的城郭里面。后来，人慢慢变多了。近30年里，增加了20户人家，人口增加了一倍还多。村庄也不得不向那城郭以外扩展。

山下的那几亩地也早已养活不了他们。虽然他们把那一片山沟谷地里能开垦的乱石滩都开垦成了耕地，但全部加起来也不过70来亩，人均只有4分地。为了寻找新的生存空间，他们不得不在离村庄10余公里的山头上去开辟新的生息地。那里曾经也是森林。森林砍光之后又成为他们的牧场。随着他们在那山头上开垦出一片片零星的耕地，他们在那里的活动也日益频繁，开垦的土地也一年比一年多，到90年代初时已开出80多亩了。于是，他们一年中有一半时间需要在山上忙。因为距离村庄太远，每天都走着去那里干活是不现实的。那样他们几乎所有的精力都得耗费在路上。于是，他们就开始在山头上的加木滩那个小山洼里营建了第二个村庄。打了庄廓，盖了房子，安了锅灶，盘了火炕，置办了碗盏家什……每当山下的农活忙过一阵，他们就统统搬到山上，住在山上的家里，忙山上的活，只留下几个上不了山的老人和干不了活的孩子守在山下的村子里。一年下来，从播种到秋收，他们至少得山上山下地搬上六七次。自从他们开始住到山上，森林消失的速度也加快了。一开始，山上的村庄周围还有林子，现在除了阴坡的山头上还有一小片灌木之外，所有的林子已荡然无存。阳坡的山头上也已沦为不毛之地，水土已严重流失，开始裸露出青黑色的山岩。

即使如此，山上和山下的耕地加起来，人均耕地面积也才只有0.8亩。每年产出的粮食顶多也只够大半年的口粮。不得已，他们又养了些牛羊——确切地说，他们从不曾彻底丢弃牛羊。他们其实一直坚守着游牧民族的一息血缘——来补充农业种植的不足，以维持生计。但附近已没有足够的草场，草原已经十分遥远。那些牛羊必须赶到很远的地方去牧放。而且为了适应那陡峭的山崖，他们又不得不把绵羊换成山羊。全村1500多只羊中绵羊只占10%左右。生态学家说山羊是生态环境的大敌，自然有其道理。这种生性顽皮喜好攀岩爬树的畜类对植被的破坏力度，任何野生或家养的畜种都无法与之相比。它们会咬断幼树的树头，会啃噬大树的树皮，会用利蹄刨开草皮寻找草根。山羊的发展无疑也正在加剧着这一带生态环境的恶化。

但是，阿玛查人为了牧放这些山羊，还得在更远的地方修造第三个家或者牧放点。每家每户至少得有一半间小土屋，一年四季得有一个人住在那里照看牛羊。我没能去那些牧放点，但据村里人讲，从那山头上到最远的牧放点上，至少得徒步两三个小时。而那里的草山也是有限的。如果那里有足够广阔的草场，他们完全有可能重新变成纯粹的牧人。

5月29日，骄阳如火。我和宁武甲先生，由清水学区在阿玛查当过民办教师的彭琪老师引领着，在马儿坡那座黄河吊桥边下了车，让车从那里折回，约好第二天下午4点以后在原地等我们回来。由黄河南岸过了那座吊桥之后，通往阿玛查的路就在一条峡谷里曲折蜿蜒而上。约十几公里的山路时断时续，有许多地方，人刚能勉强通行。据说，这条路上曾摔死过许多牲口，还摔伤过许多人。而且，这条路还是两年前才投资修成的。之前，虽然也有路，但从阿玛查到沟口上要过五六次河。平日里还可以蹚水过河，但稍遇阴雨天气，河水暴涨，人畜均不得过。千百年来，阿玛查人就是通过这条路与外界保持着不太通畅的联系。一切需要从大山外面购买或运进的生产生活用品，他们都是从这条路上用驴骡驮进山村的。他们的交通状况其实已经有了很大的改观。在那之前，黄河上只有一根粗壮的钢丝绳连接着他们与外面的世界。他们出山进村都要先用一个铁钩把自己吊在那根钢丝绳上，然后用手扒着钢丝绳一点点来回挪过黄河的。仅仅是人还轻松些，最困难的就是到外面磨面或者驮运别的东西。他们几个人一伙用牲口把粮食或其他东西驮到黄河边上，先把一个人吊过河去，然后，再把驮运的东西吊在钢丝绳上，一次次拉过河对岸，再把牲口一匹匹吊在钢丝绳上拉过去。那种艰难，没有亲身经历的人是无法想象的。

那乱石堆里的羊肠小道上，我心想，如果没有那吊桥，我是绝没有勇气吊在钢丝绳上过黄河的。沿黄河边上，走了整整三个小时，我们终于抵达阿玛查。一路上，我们不断地向两面的山头上张望，希望能看见几棵绿树。虽然我没来过阿玛查，但却到过阿玛查周围的许多地方。黄河对岸便是著名的孟达自然保护区，它以植物种类多而著称于世，是许多植物的最西和最北的极限分布。这石山以北，翻过山头，不远处就是民和县和化隆县的两个林场。这两片天然林也正在一天天消失。尤其是化隆塔加的森林，我小时候，每日里都可以望见的那一座座山上的那些森林已经不见了。现在只有一两个山坡上还有一小片日渐稀疏的林子。我其实不需要做任何考证就可以断定，这两面石山之上那茂密森林的消失至多不过是近几百年的事。我甚至可以丝毫不差地说出这石山之上曾经有过的植物群落和树种。几年前，阿玛查的牧人在村庄对面的石山上发现的古柏树根便是一页森林痛苦的记忆。我坚信，那个牧羊人在看到那穿过了层层岩石裸露在阳光下的坚韧粗壮的根须时，一定受到了一种强大的震撼。阿玛查 60 岁以上的老人们都说，他们家房子上的木料都砍自附近的山上。

应该说，阿玛查人也是有生态环境保护意识的。近 50 年间，阿玛查的村庄扩大了好几倍，新增20多户人家，打庄廓盖房子没占过一分耕地。一户户都在那石山坡上，先用石头垒砌，再用沙土夯填。每平整出两三分的宅基地，他们往往花费好几年的时间，平好了，坍塌。坍塌了再平。人家越住越高，地也越来越难平了。但他们仍旧坚持不在山下的那一片少得可怜的耕地上建房住人。几年前有两户人家要分家打庄廓盖房子，乡上乃至县土地部门都明确表示，再不能往山上住人了。哪怕牺牲一两亩耕地，也要给他们在耕地里特批宅基地。可是村里的人不同意，包括那需要盖房的两户人家也不愿占用耕地。几代人养成的这个规矩谁也不敢破。站在他们平好了后又坍塌如废墟的宅基地上，看着那乱石堆，我们不敢设想，他们将怎样把房子修在那里？而后又怎能放心地居住在里面？村子里许多人家为了节省土地，把房子就建在悬崖边上，门前只留出一两米的空地。后来一场一场的洪水使那一溜儿空地日渐变窄，以致于双脚一迈出门槛稍不留神就会坠落悬崖。不得以，他们只好用石头和木头修出一条栈道样的平台，才能进出自己的家门。但洪水正在吞噬着平台下的崖壁，正在危及他们的家。那天夜里，我从那平台上走过时，有两个年轻人一前一后地护送，以防万一。他们说，就在不久前，一头驴刚出家门，就摔下悬崖，死了。他们担心我会步那头驴的后尘。

但不幸的是，阿玛查人对环境的保护仅限于那几亩耕地上。因为耕地每年为他们提供着有限而无比珍贵的粮食。在他们看来，其他的一切都是无关紧要的。他们在谈及一片森林消失时的样子，就像是割掉了一片杂草的样子——就像我那个小村庄的人一样。他们甚至从来没有留意日益变小枯竭的水源。因为山脑里流出的水依旧清澈，依旧用不完。够不够用是他们衡量这些变化的惟一标准。虽然山沟里的水已变小了许多，虽然山洪暴发的次数一年比一年频繁，但他们谁也没有去注意。有一年山洪暴发，一块巨石滚落村庄，落向村民李加的房子，将整个一间房子都砸成稀巴烂时，他正在另一间房子里喝着烈酒。当全村人都赶来救灾，他妻子骂他怎么还能喝得下酒时，他却平静地说："我不喝酒，那石头就不下来了吗？"这是几乎所有阿玛查人都有的一种心态，那是一种豁达与超脱还是一种麻木和惰性呢？他们除了竭尽全力维持生计，继而吃得和穿得更好一些之外，对所有的事情都持一种顺其自然的态度。只要它不会马上就危及生命，就可以任其发展。他们坚信一切都早已注定。

现在阿玛查以北十余公里的大山那面还有一些零星的森林。那一片绿色从山的那一面以它的绿荫，以它的根须，从地底下涵养着流向阿玛查的那一股山泉，使它在骄阳如火的天气里也能汩汩涌流。但阿玛查人却以为那是属于别人的林子，与他们无关。他们常以从那林子里盗伐了几棵树木而沾沾自喜。在去那山头的路上，我们一路上看见好几根从那林子里砍下来晾晒在山谷的白桦树。在加木滩那个山洼里，那个阿玛查人的第二个村庄里，每家每户的房前屋后都整齐地码放着一摞一摞的柴火。我仔细地查看过那些柴火堆。那些柴火大都是高山柳类乔灌木。这种木本植物，根系发达，木质柔顺细腻，花纹美观，是制作家具的上等木料。主干砍伐后，新生的枝条多呈簇状生长，是森林里护土保水的佼佼者。但是，阿玛查人砍伐来当燃料的那些柳类清一色都是只有两三年树龄的幼树。其实就是砍伐掉的树根里新生的枝条。那片黄河北面仅存的森林已所剩无几了。但人们还在肆无忌惮地砍伐着它们。如果有一天，那片林子消失了，那片森林所守护的那一层水土流失了，那座尚披着一片绿色的山梁亦如那一座座石山裸露无遗，那山泉碧水还会依旧吗？假如那一股碧水干涸了不再涌流，阿玛查人在那石头缝里将怎样忍受干渴？

阿玛查人为了在那条狭窄的峡道里维持生存，不得不过度地去消耗原本已十分有限的自然资源。他们乱砍滥伐乃至乱垦滥牧，使周围越来越多的土地沦为寸草不生的荒野。表面上看，他们好像使自己的生存空间越来越大，以致于为了养活不足200之众的人口，他们的生产生活区域扩展到方圆20余公里的地方。实际上，他们生产活动的区域越大，他们的生活空间也就越小。为此，他们付出的劳动和艰辛，在去阿玛查之前，我无法想象。农忙季节，阿玛查所有驴骡的背上都是一片血肉模糊的伤痕。人们说，那就是阿玛查人苦难的写照。

假如，那天我没去加木滩，我还是无法真正地认识阿玛查。那是5月30日。我们早上8点40分从山下的村庄出发前往加木滩——阿玛查的第二个村庄。和我们同行的还有村民杨斗、李加和他5岁的孙子嘛呢本及村小学的民办教师张臻卓。我们沿陡峭的山路，艰难地爬行3个多小时，才走到加木滩。一路上，有好几处是悬崖绝壁，我们不得不手脚并用，小心地攀缘而上。一直走在我们前面的小嘛呢本在那悬崖之上行走时竟如岩羊般灵巧轻松。他使我想起了我的童年，我曾经也和他一样能在悬崖之上踩出的那些山道上行走自如。远离山野的生活已然使我的腿脚有了不小的退化。在一座石崖下小憩时，我们看见有牧羊人在对面近乎垂直的山壁上行走。杨斗说，那人已经 70 岁了。从嘛呢本和那老者身上我们看到了真正的坚韧和顽强。正是这坚韧和顽强支撑着他们。

加木滩其实没有滩，甚至没有一点平地。他们的第二个村庄在离山顶不远的一个小山洼里。站在那村头上，就能看见远处山坡上的几小块零星的庄稼地。有藏族妇女在那里拔草。我们在一个人家里喝了点茶，吃了点馍馍，就继续往山上爬。大约又用了一个多小时，才爬到那些庄稼地跟前。从那里再往上，爬到山头上时，我望见了树木，那是一些半高不大的柏树。在那些柏树的周围，我们还看见了一种枝叶酷似柏树，但却紧贴着地表蔓延生长的灌木。我到过很多森林，但这种植物还是第一次见。我猜测，它就是叉子圆柏。一种古老的树种。森林已经远离。留下的只是一些活的化石。蹲在那山头上，望着那村落，用手抚摩着那植物，我在想，若干年后，这些仅存的绿色也消失了之后，阿玛查人会不会在更远的地方营建又一个村庄呢？假如，人也可以说成是一种植物的话，阿玛查人就是最坚忍不拔和最具生命力的那一种。他们让自己生命的根穿过层层岩石，在生命之泉枯竭的地方找寻着生命的绿叶。他们身上那种坚韧的品格在让人感动的同时也让人感到悲哀和苍凉，一种生命的苍凉。他们以一种无比执著顽强的生命力制造着一种悲剧。阿玛查其实就是这个地球的一个缩影。

那天，我们上山而后又下山，整整徒步 8 个多小时，直走到腿脚肿痛，迈不开步子了，才走出阿玛查山谷，才走到黄河边上。离开阿玛查时望着那村庄，望着那高高的嘛呢房和那面墙上依旧清晰的“农业学大寨”的标语时，蹲在那村巷阴凉下的老人和孩子们也在望着我们。没有看到我们离去的人就在那嘛呢房里面念着嘛呢，念着嗡嘛呢叭咪吽。阿玛查人已经有两个村庄，也许还会有第三个、第四个村庄，但那仅仅是房子而已。作为家园和生命象征的绿色已经消失，森林正从我们的视野尽头四散而去。

40

那么，我梦中的大森林呢？那些曾经深情地抚摩过我的灵魂也抚摩过人类童年梦想的森林呢？比之我所见过的大草原，森林就显得零星和孤独了。我所见到的森林只是自遥远的过去里渐渐远去的无边林莽的最后身影。它们已是我所能看到的地球森林最后的样子了。就像我那个小山村附近的森林一样，真正的大森林已经永远地消失了。森林曾覆盖过地球绝大多数的陆地，现在的地球森林面积已不足当初的三分之一了，而且每年还以 2000 万公顷的速度在递减。

赵鑫珊先生在他《人类文明的功过》一书中写道："在我们这个星球上，当人类把天然林中第一棵树砍倒在地，文明便宣告开始了；当最后一株树被砍倒在地，文明即宣告结束。所以人对树要有种神圣感和敬畏感，要有种感恩情怀。"尽管我对这部近 50 万字的巨著没能从整体上产生一种强烈的共鸣，但这句话却是我所读到过的有关森林的最精彩深刻的话语。无疑，森林哺育和谱写了人类文明最美妙的一个乐章，我把它称之为"浪漫的森林时代"。如果没有了那曾经覆盖过整个地球的林莽，人类文明的走向还不定是个什么样子呢。当今天，人们呼唤生态文明时，我们实际上就是在一种美好的回忆中对人类家园的未来怀着一种憧憬。

《森林》的作者彼得·法布也有一段精彩的话："现在设想把地球上植物发生、发展的过程浓缩到一天 24 小时之内，以最早的微生物发生于午夜作为起点。那么，要到下午 8 时左右（也就是一天过去六分之五以后），海洋中的生物繁殖旺盛。下午 9 时以前，植物登上陆地；下午 9 时 50 分以前，石炭纪森林达到全盛时代；到下午 11 时以后，近代开花植物才发达起来，直到午夜完结仅剩十分之一秒的时候，人类有记载的历史才告开始。"最早的微生物发生的时间至迟也在 30 亿年以前，像三叶虫那样的古生物出现的时间也在距今 6 亿年左右——这是我们能从岩石记录中看到的地球最早的生物了。而在此 3.5 亿年之后，地球森

林的全盛时代才告开始，高大的蕨类植物是地球整个石炭纪 8000 万年之久的岁月里至高无上的陆上统治者；及至裸子植物的出现与繁盛已是两三亿年前后的事了；被子植物的出现则更晚，1.8 亿年前后才零星地出现在地球的很多地方，直到 300 万年前后人类出现之后，这种高大的乔木才迎来它的繁盛时代；松柏类这种目前地球森林王国中的佼佼者直到一亿年前后才出现在地球上……在漫长的地质年代里，曾经繁茂的绝大多数植物已经从地球上消失了，或者已经退化和萎缩成林下的腐生物了。现在的地球森林中占统治地位的是被子植物、裸子植物和近代开花植物。在它们的繁盛时代，整个地球上的陆地表面几乎全被绿荫覆盖着。在我们所能想象的森林的最后一个繁盛时代，地球森林的覆盖率也可能高达近 80%，剩下的 20% 多被草原、高山和沙漠所拥有，其中草原和高山草原可能占据了约 15% 以上的陆地空间。

今天，当我们用几秒钟的时间回想地球森林几亿年间所经历的一切时，除了感慨和悲伤之外，我们还能为森林做些什么呢？我们再也不可能重新拥有那曾经郁郁葱葱的林莽了。自然演化不可逆转，而大自然整体演进的有机规律却已遭到破坏，人类的活动已经给大自然造成严重威胁。这种威胁甚至早已危及现在仅存的那些森林。近 100 年间，地球上的森林就已消失了一大半。如果以这样的速度消失下去，再过 100 年，地球上的森林就将不复存在。想及这些，再读《人类文明的功过》和《森林》中的那两段文字时，我们的感慨就已成近乎绝望的哀号了。

1999 年夏，我曾徒步横穿滇西高原的一片冷杉林，林间到处是伐木者留下的森林残骸和伐桩。有一棵冷杉树上还插着三柄斧子。我在那棵高大的冷杉树下站了许久，在将手放在那树干上时，我似乎感觉到了它的疼痛。而我在为那些已轰然倒地的冷杉们心痛生悸的同时，想到的却是我们人类的未来，我们正用自己的双手毁掉我们自己的未来。20 世纪末，由滇西而川西，那一片片高原林莽的消失仿佛还在继续。2002 年，我穿过一片川西云杉林时，那一面面山坡上到处都是被伐倒的森林。很多高大的云杉砍倒之后就那么在慢慢腐烂。大兴安岭一带隔几年就烧一把大火，那些仅存的樟子松们危在旦夕。我们总是在欢庆灭火的胜利，就像迎接凯旋的普罗米修斯。而真正的森林大火燃烧时，以目前人类的灭火

村庄在绿树掩映之中，绿树掩映的村头巷尾又总是有白塔静静而立，塔前总有桑烟袅袅，塔顶总有风铃摇落禅音妙响。

能力，其实只有看着的份儿了。当大火熄灭时，一片片曾经的大森林已经不复存在。这种事在每一座森林里几乎随时都在发生。由马来西亚到亚马逊的热带雨林，由俄罗斯到澳大利亚的那些著名的大森林几乎无一幸免。而几乎所有的森林大火都是人为造成的。火曾经照亮过人类文明的夜空。如果没有火光的照耀，人类的夜晚将无比黑暗和寒冷。但火却烧掉了森林，被大火烧掉的森林却是人类未来的太阳。绿色是未来的阳光。

在美国加利福尼亚中部和西罗拉内维达西部，生长着堪称森林之王的大红杉树。这是早在中生代就出现在地球上的高大杉木，是地球森林中的活化石。它的种子极小，每粒只有 0.0024 克重，而一粒种子长成大树的几率只有万亿分之一。但就是从这万亿分之一的几率中却能长出高达 100 多米、重达数千吨、树龄超过 5000 年之久的大树。这样高大的树木组成的森林不能不令人敬畏，也不能不为拥有这样高大的森林而满怀感恩。大自然是人类的母亲，当我们从它那里索取并获得每一粒粮食、每一滴水、每一片绿叶、每一缕温暖的阳光时，本就应有一种感恩的情怀。而实际上，我们却并没有这样的情怀，我们总是以一种理所当然的心态贪婪地索取着所需要的一切，从没有半点的羞愧和内疚。如果说，人类精心创造的文明在某种程度上使自己的良心日益沉沦的话，那么，千百年以来，人类对大自然的这种麻木和不仁却是最大的悲哀了。

北美大森林中那高大的红杉树砍伐倒地时，它就会在大地之上撞击出方圆两公里都能听到的巨大声响，那该是何等的悲壮和惨烈！而人们仍旧可以充耳不闻。森林曾那般地抚慰过人类心灵，并给了他们一切，而人类却是这般地忘恩负义。每想起这些，我总禁不住自问：谁来为人类的罪错忏悔？谁又来为人类的行为负责？

41

森林曾是人类的摇篮。它不仅孕育了人类，而且以其博大的胸怀和温馨的抚爱编织了人类童年绚丽多彩的梦。但随着人类自己也如一座黑色的森林使其族类日益剧增之后，这座黑色森林却正在变成绿色森林的坟墓。

虽然，人类科学家就人类最早的祖先是出现在森林中还是森林以外的开阔草原上争论不休，但我还是愿意相信，是非洲那片大森林开启了人类祖先的第一个夜晚和黎明，愿意相信东非大裂谷是人类童年视野中最初的地平线。迄今为止，我们在世界范围内对人类起源地的每一次重大发现都证实，在最初的百万年里，人类的祖先一直在大森林里梦想着人类的未来。他们所有的梦想都与绿色有关。就是在后来的二百万年间，森林也一直是人类得以繁衍生息的家园。直到最后的几万年开始之前，他们才大着胆子走出了森林，但也从没有离森林很远。森林给了他们最初的食物和工具，甚至还给了他们火种——虽然他们后来用这圣火烧掉了大部分森林——给了他们可以躲避灾难的遮蔽，也给了他们想象的启蒙，甚至给了他们从此可以站立的支撑——他们手中最初用来狩猎的木棍在成为攻击的武器之前，肯定先成为了他们笨重躯体的拐杖。那是人类生命史上的第一个辉煌年代，我称它为伟大的森林时代。森林无疑点燃了地球人类文明最神圣的火种。

如果把人类最初在地球上出现的时刻确定在 300 万年前，那么，我们就会发现，以采集、狩猎和驯化早期家畜为主要特征的整个森林文明时代就占去了整整 299 万年的漫长时光，直到最后的一万年前，少量农作物的驯化种植才趋向成熟，早期农业文明的曙光才开始照耀大地。而直到最后的 200 年前，工业文明才开始孕育。如果把整个的人类文明史浓缩在一天 24 小时之内的话，那么，直到午夜来临前剩下最后几分钟时，伟大的森林文明时代才告结束，而直到最后的几秒钟时，工业文明才开始主宰人类社会。而此时，午夜的钟声才刚刚敲响。工业文明的战车正带着轰隆隆的巨响驶向深夜。离第二天的黎明差不多还有 100 万年

的时间，它能驶向黎明的曙光吗？森林文明时代之所以延续那么久远的岁月，可能就是因为它一直延续了大自然原本的演化序列。而农业文明之所以只支撑了一万年的短暂时光，就是因为它在很大的程度上，已经改变了大自然原本的演化秩序。那么，已经使地球万物面目全非的工业文明呢？它会持续多久？会持续一万年吗？绝对不会。如果我们对自己的行为不加约束和克制，以目前的样子发展下去，不出 100 年，地球上一切可供利用而不可再生的自然资源就将全面枯竭。而工业文明却是要以自然资源来支撑的。那么，接下来我们又将面临一个什么样的文明时代呢？或者说，我们应该期待一个什么样的地球文明呢？有关这个话题，我将在本书的最后一章里做深入的探讨和研究。

当格萨尔艺人才仁索南引领我走进那个混沌时代并沐蓝色风暴时，那棵具有象征意义的菩提树就已经在那里婀娜婆娑。人类童年的想象中，早在有地球万物之前就已有一棵菩提树将绿荫和果实馈赠给了地球的子民。那是一个前定、一个启示和指向。我所能理解和想象的就是，森林最初的抚摩和引领开启了人类心灵的第一缕曙光。有蓝色的风吹拂，有绿色的梦牵引，最初的铭记就是摇落绿色天籁的那棵菩提树。假如，我们把普天之下所有的森林比作一棵树的话，这棵树就是那最初的菩提了。我相信，是我雪域高原藏民族的伟大心灵为人类铭记了那棵泽蔽千秋的菩提树，从每一颗心灵到每一部不朽的典籍中我们都能看到这棵菩提树的身影，在走近那一座座寺庙面对那一幅幅、一帧帧色彩绚烂的壁画唐卡时，这棵菩提树就一直在我们的头顶轻轻摇曳。

然而，我对森林的认识却并非受了它的启示，恰恰相反，是森林引领我最终走近了这棵菩提。如前所述，我对森林最初的认识全来自故乡山野那一片而今已无从寻望的林莽。而使我真正走近森林的却是对一片又一片曾经和依然葱茏浓郁着的那些森林的寻访。在走向那一片片、一座座森林时，我先是从很远的地方望见它们郁郁葱葱的样子，而后才一步步走进它们的怀抱，及至在那密林深处徜徉流连时，才感觉到森林原本与自己的生命那样的切近，以致你能从林间流动的空气、树叶上闪动的阳光和泥土散发的清香中感觉到森林与你生命的沟通与交流。那时，你就会深深地懂得缘何人类历史上那些伟大的心灵和自然之子对森林有那么深情的怀念和热爱。列夫·托尔斯泰毕生都在庄园森林深处的那些小径上找寻

这些高山大峡谷中的森林中，云杉和圆柏依旧是优势群落。它们在黄河流域的森林分布带上已是海拔的极限了，是整个黄河源区的绿色屏障。

着那根智慧的手杖。而如果没有北方原野上那茂密的白桦林，就不会有屠格涅夫不朽的自然笔记和普希金不朽的诗篇，甚至不会有俄罗斯民族的灵魂。如果没有森林，屈原、李白、杜甫、王维等中国伟大诗人的不朽诗篇就会残缺不全，中国文学史就不会有“无边落木萧萧下”的吟诵。如果没有森林，伟大的文艺复兴就会失去许多光芒，中国儒道哲学就会失去许多灵性。

42

我对森林的寻访始于上世纪 90 年代初，从那以后的十余年间，我走遍了青海高原所有的森林。那是一片片零星分布着散失在高山深谷之间的森林。

这是我第一次来孟达，第一次见到孟达天池这片东方圣湖。我特意约了野鹤老人同往，他谙熟这一带的风物传说，而且国学知识渊博，与他同行，不仅有个伴，更重要的是能有时间向他讨教。野鹤老人是我姑祖父，饱读诗书，有很高的艺术造诣，在绘画、书法、雕塑、篆刻等方面都有涉猎，尤其是他的书法，气韵可追二王的飘逸豪迈，风骨可比怀素和孙过庭的狂放和苍劲，并深得米芾《十七帖》之精髓。他自七八岁开始临池，直到 84 岁高龄去世，一直在挥毫泼墨，不辍一日，即使在他 30 年的牢狱生涯中也不曾间断。及至晚年，他甚至仅凭意念即可龙飞凤舞。他最爱写的几个字是：天是鹤家乡，海为龙世界。他常以闲云野鹤自居，在所有的墨迹之后都落款“小积石飞瀑野鹤”。小积石是山名，山上有瀑布飞挂，山下就是他的家。据说，他还深得静功要领，也有半生的功夫，他用意念笔走苍茫时其实也使天地之气在自己的心胸之间回荡。跟这样一位老人结伴去造访一座森林就如同和一位智慧的圣哲步入亚历山大图书馆。

当我们经过长途跋涉，终于登上那座山，终于站在天池边上时，心情一下子被那满目青翠和一湖碧波抚弄得无比畅美。往日里落在身上和心里的尘埃与不快瞬忽间已荡然无存。没有了疲惫，没有了烦恼，没有了尘世的喧嚣与不安，没有了平日里淤积在心灵深处的懊悔与遗憾。一种通透，一种抚慰，一种淋漓尽致的柔情，从每一条神经，每一个细胞间延伸开来，在天与地、久远的遐思与短暂的回忆之间营造出一种全新的氛围，那是一种境界，一种圆满，一种苦求不得的精神。

夏日午后的阳光很美。我们从岸边租的小船在碧波上径自荡漾。坐在船上，一边观赏美景，一边把酒临风，我们仿佛已置身世外。后来又在天池西边的那片草地上酌酒吟诗，谈古论今，其喜洋洋者矣。

直至天色将晚，才划船回返。我们已在岸上的小木屋里预订了床位，我们要住下来，好好享受大自然对我们的恩赐。

湖面上已有逆风，加上年逾古稀的野鹤老人根本不会划船，划了很长时间，船还在原地打转。后来，我只好把一根长长的桦树枝，绑在系船用的绳子上，把船拖到了那个小山嘴跟前。那是个悬崖峭壁，我无法拖着船继续往前走了，就上了船。哪知，从那个避风的山嘴刚一划出去，船就又漂回了原处，漂回了我不得已拖着它走的那片沙滩边上。于是我又拖着它到了小山嘴这壁，又上船，又开始划……

天突然阴云密布，雨点开始密密麻麻地落了下来。湖面上的逆风一阵紧似一阵，随风而起的碧浪重重地摇晃着小船。尽管两只小船连在一起，仍有随时都被摇翻的感觉。野鹤老人紧张得无力划船，而我一个人划两只船，顾首顾不了尾。随着一阵阵风过，一个个浪头翻滚着像一群野兽向我们扑来。我们开始感到恐惧。岸上木房子周围的游人开始向我们呼唤，但我们的呼救声却被吹到了相反的方向……

约晚上 8 时许，天黑下来，雨也下大了。划船回去已不可能。我们就把船拴在那个小山嘴附近一棵歪斜着的树上，心想翻过那个小山嘴就可以走回岸边的小木屋，就满怀信心地往上爬。我背着采访包走在前边，野鹤老人跟在后面。没想到那个小山嘴根本翻不过去。

离开了船，往山上爬，走进森林的那一瞬间，天就黑得什么都看不见了，雨却越来越大。雨水浇在我们身上，一下子就渗进了骨头缝里。一停下就冷得直打战。只有不停地往山上爬才能抵住寒气，但是，挡在前面的那个小山头是一面峭崖峭壁。黑暗中，我们手抓着树枝，一抬脚就感觉到自己已吊在半空中。看看脚

下，天池的水黑黢黢的像一个无底的深渊，我们一落下去就会消失得无踪无影。

我们已经在雨中的山林中迷路，但我们不敢这样想。无论怎样，我们都能走回去。我们有足够的勇气和林中夜行的常识。在这样鼓励自己时，我们其实已经犯了一个林中迷路的错误，往山顶走。如果往山下天池边上，再顺着南边的山路摸回去，要不了多长时间，或者能找个遮风避雨的地方住下来。也许一切都是注定了的，注定了我们要在这个美丽的地方难逃一劫。

无边无际的恐惧已经笼罩在心头，我们可能要死在这里。当这一念头在脑际里闪过时，我们都显得很冷静。我们只有彼此鼓励，才有可能活着出去。比之对死亡的恐惧，求生的欲望更加强烈。从来没有这样害怕过死亡，也从来没有如此体验过生的美好。此刻一脚踏着生，一脚踏着死亡时，才真切地感觉到生与死的真正意义。老人走不动了，我得不时地停下等他缓过劲儿来再往上爬。但一停下来，高山夜雨的寒冷一下就让我们说不出话，那种彻骨的寒冷在严冬里也是无法体味的。就像你在远离死亡的时候无法真正体验死亡一样。那种寒冷从头顶浇下来，只要你稍不留神，就会把你的生命之火彻底浇灭。我开始担心老人的安危。他已七十有三。没有人知道他跟我来这里。如果他有个好歹，如果我能活着走出去，我怎么向他的家人交代？要死就一起死吧，如果我活着，老人就不能有丝毫的闪失。

后来，爬到一棵巨大的云杉树下，茂盛的树枝像伞一样伸开来，树下的土地和杂草是干的。我们在树下停了约莫10秒钟，然后又走进了雨后的森林。我们本应该在那棵云杉树下，生一堆篝火，很舒服地度过那一个晚上的。但是我们没有在那里住下，没有。直到夜里12时左右，爬上一个岩石的绝壁，再也爬不上去，又退不下来，左右两面都走不出去时，我们才感觉到后悔，才想起那棵云杉。那也许是上天特意为我们安排的一个港湾，但我们却永远地错过了。人生有许多温暖的港湾，只要你错过了，就永远没有机会再重新停泊在那里。今夜再也走不出去了，野鹤老人让我随便说几个数字，他用这几个数字推算了一下之后，就很果断地说："就在这里住下。"但在这悬崖绝壁之上，连一块可以放心蹲下来的平地也没有。况且我们已冷得说不出话来。得赶快生火，如果没有火，我们必死无疑。在一棵野白杨和一簇灌木围成的不足尺许的空地上，我们以几根枯树枝

站在远处望去，云杉林透着一股黑炯炯、阴森森的凉气，在山坡上，在谷地里绵延起伏，以它高大的身躯将森林文明的种子也播撒到了地球的最高处。

垒成一堆，开始生火。树枝全被淋湿了。找到了几根柴火棍，都成了泥棍。老人开始把几根柴火棍贴在肉上焐干。我爬在悬崖上，寻摸些干的树枝。好不容易在一块巨石下找到一把还没有淋湿的小松枝和树叶。之后，从我的采访包里拿出那些还没淋湿的采访本和稿纸……我终于划着了第一根火柴，但“哧”的一声就熄灭了，第二根火柴很争气，燃着了我的一沓稿纸。当我把燃着的稿纸小心地塞进柴火堆里时，那些树枝树叶却怎么也点不着。稿纸快要着完了，又撕下了一沓稿纸刚要续上去，火却突然熄灭了。我又划着了第三根火柴……在我要划第六根火柴时，稿纸已经烧完了。我拿出一本采访本，犹豫了一下，把上面有关盗伐森林的几页采访记录撕下来装回包里，如果我活着走出了这片森林，我还是要当记者的。一本采访本快要烧完时，火终于噼里啪啦地燃着了。

火燃着了。我让野鹤老人半蹲着烤火暖身。我在那面绝壁上摸索着一切可以找到的柴火。我把所能摸到的柴火都爬着、跪着运送到火堆旁，积攒起来。火越来越旺，雨也渐渐渐地小了许多，天空中甚至已有几颗星星闪烁。这时，我们感到了饥饿。午后在天池边的小饭馆只吃了一小碗面片。经过十几个小时的折腾，胃里早已空空如也。野鹤老人随身带着一点茯茶，我们就放到嘴里咀嚼。茯茶虽然已经变质有霉味了，但很快就被我们嚼碎吞到肚子里了。在这雨夜的森林里，老人就像一片饱经风霜的森林，森林却像一个阅尽沧桑的老人。

约凌晨 3 点，老人开始打瞌睡了。我一边继续找柴火，一边还得看着老人。突然一阵雷声响过头顶，乌云又笼罩住了天空，雨又下大了。这雨要是再这样下下去，这山岩上的水要是再流大一点点，我们有再旺的火堆，也难逃一死了。

面对死亡时，死亡之外的一切都失去了意义，比如功名利禄，比如是非荣辱。没有了伪装，没有了谎言，没有了欺骗，没有了不可以原谅的错误，没有了不可以宽恕的罪过。这样一种透彻感悟，在平常的忙碌中是永远无法拥有的。一切的一切都离你远去。留在心里的只有生的欲望，只有对生命的虔诚和渴求、礼赞与祈祷，只有一种介乎哲学与宗教之间的那种很微妙的精髓般的东西了。

时间过得很慢，每一分每一秒漫长得像一个世纪。我们在等待天亮。这一晚上，我至少从那悬崖绝壁上将一千公斤的柴火一点点搬运到火堆旁，用它们一次又一次把火生得很旺，连同我们求生的欲望一起。每一次想到快要死了时，那火总能让我们看到希望，总能让我们感觉到生命的力量。曾经有那么些时候，我在心里一遍又一遍地念着海明威《老人与海》里的那句名言："你可以把我杀死，但不能战胜我。"

雨越下越大了，火也熄灭了。虽然天还没亮，但已经是黎明了。森林里已能看得见近处的植物。我们准备重新回到天池岸边。这时已是顺风，只要我们一上船，它就会把我们飘到东面的岸上。那里有那可爱的小木屋和小饭馆。我们就拽着那些树枝原路返回。看上去绿绿的像是树梢，一把攥在手里却全是刺，于是就感到锥心的痛。看上去缓缓的像是一些低矮的植物，一脚踩过去，却踩到一棵树头上了，于是就提里哐啷地滚了下去，直到一棵大树挡住了才停下。

早上 8 点多，我们下到山下平缓的山坡上时，雨已经停了，天空也露出了蓝色。一缕早晨的阳光从树叶间透进来，洒落在林间，斑斑点点的像一只只蝴蝶扇动着翅膀。我们终于能有时间坐下来休息了。野鹤老人的手上脸上有好几道血印和疤痕。我全身上下一片血肉模糊，腿上臂上到处是一道一道的裂口，仅右臂上寸许的伤口就有 130 余处，左腿上的一个伤疤竟有一个手掌那么大。刺棘密密麻麻地钉在身上——半个月后，那些深深钉在身上的刺才开始慢慢腐烂。我腿上至今还留有好几个疤痕，恐怕永远也不会消失了。

天池就在眼前了，它依旧那么美丽动人，我们的小船还在那个地方，随着天池的碧波一晃一动的，像是等得不耐烦了，要径自飘走的样子。

43

之后，我又多次去孟达探访那片森林，每次去都发现森林比上一次又有变化，虽然山坡上长出了一些小树，但曾经十分高大的那些树木却越来越少。在孟达林区的那几个白天和夜晚让我看到了那些森林是怎么消失的。孟达作为自然保护区——现已是国家级保护区了——属特种用途林地，依照《森林法》的规定，应严禁砍柴和放牧等人类活动。但那些年的孟达林区砍柴和放牧一直没被列入禁

从阿尼玛卿山麓直到年保叶什则湖畔，我们每天都会看到漫山遍野的灌丛迎面而来。

止之列。天池边上的森林里经常可以看到一群一群的牛羊在林间出没。砍柴的事就更别提有多糟糕了。从每天早晨六七点开始，一直到晚上八九点钟，通往孟达林区的每一条山路上都有成群结队的大人小孩赶着驴骡在驮柴。仅木场和塔撒坡两个自然村的100多户人家有一天就有70余人次上山驮柴。那天，我在去天池的路上粗略数了数，那一路上，仅我迎面碰上的就有20余对。据他们自己的说法，自古以来，他们一直就是这么驮着的呀！

但是这话不准确，这一带的农民都是撒拉族，塔撒坡是撒拉族的发祥地之一。而撒拉族作为一个民族的历史也不过六七百年时间。相传，他们的祖先从西亚撒马尔罕向东一路迁徙而来时，只有一小队人，几匹骆驼上驮着他们的全部历史文化和财产，当然也驮着他们的希望和梦想以及伟大的《古兰经》。经过千万里跋涉之后终于抵达这黄河岸边时，我想，他们的感觉就像是当年摩西率领族人抵达迦南地一样兴奋。温热的气候、肥沃的土地和奔腾的黄河给他们勾勒出了梦想一样的家园图画。他们就把驮在骆驼上的核桃种子和花椒种子种在了这里，就揭开了他们作为一个民族的第一页历史。后来，骆驼就成了他们民族的传说。他们就成了骆驼的传人，坚忍不拔的骆驼精神就成了他们民族的精魂。当初的森林从黄河岸边一直绵延到两岸的茫茫群山。即使只有几百年历史的人口较少民族，他们也是在无边的林莽中点燃了第一个夜晚的第一盏灯。所有撒马尔罕的后代都铭记着那个夜晚，但是，他们却忘记了森林的哺育。几百年间，那一带的森林已经退守到最后的山头上了。山下几乎所有的土地上都已住满了人。几个人繁衍的后裔在几百年间已成为一个拥有10万之众的民族了。

我看到，那些白天去山上驮柴火的有些人实际上就是盗木者。他们白天装成驮柴的人进山，天黑之后，就驮着盗伐的林木下山。都住在林子边上，而且每天都在山上，他们有的是从容的时间和办法。我还发现，除了那浩浩荡荡、正大光明的驮柴大军之外，孟达林区真正的盗伐者也称得上浩浩荡荡了。我曾在天池边的一个小山洞里忍着寒冷苦守两个晚上，我看见每天早晨6点左右，天还没有大亮以前，便有成群结伙的盗木者从四面八方偷偷进入林子。天亮以后，乱砍滥伐，然后，不慌不忙地剥掉树皮，量材按尺码去掉树头，并凿好便于捆绑的小孔。而后生火烧茶，一边把砍好的木料架在火上烘烤——烤干了可以多背几根；

一边说笑着，喝着茶，吃着馍馍，一直到次日凌晨两三点钟万籁俱静时才背着扛着木头慢慢下山。一天凌晨两点 40 分左右，我在天池南岸看到有 16 个人手持手电筒和有长长斧柄的斧头，背着扛着一捆捆木头走下山去。他们穿过那片林子时惊醒的几只鸟儿，在深夜寂静的森林里尖叫不止。从我燃着篝火的山洞前走过时，他们手中的斧头在那些鸟儿的鸣叫中闪着寒光。

据说，从孟达林区盗伐的相当一部分林木就在离孟达不远处的一个叫大河家的小镇上出售。那天，我就来到了这个小镇，经人指点在一个很大的露天木材市场很容易就找到了 60 余捆新近背下山的孟达林区的木头，都还没有打开捆子，都是经火熏烤过的。还有很多散放的檩材木也是采自孟达的。一个马姓的木材商领我走进一座小土屋，里面码放着满屋子的木头，都是正处在幼龄期的青杆和云杉，每根木头的直径在 7 厘米～ 10 厘米之间。据他介绍，这些木头都来自孟达林区，这样的木材要多少有多少，每根的要价是 2.5 元～ 3.5 元。他问我要多少，如果要得多的话，还可以便宜一点。我不知道，那个小小的集镇上明放着和暗藏着的木头到底有多少。在那小镇上探访时，我还发现从孟达山上驮下来的那些“柴火”，经过粗加工之后却以 1 米多长的小椽子出售，每根要价是 1.5 元。大河家是黄河上游一个有名的渡口，现在已有一座大桥在黄河上。相传，当年隋炀帝西征时就是从这里横渡黄河的。想必，那时从渡口边上就能听到阵阵的松涛，隋炀帝在踏上渡船的一刻里说不定还为大河两岸的青山所迷醉。但是，现在，站在大河家黄河大桥上，极目远望，黄河两岸的山架上已望不到森林的影子。那片森林只剩下数千公顷的面积。因为森林的不断锐减，孟达天池西端神仙河夹带而来的碎屑泥沙堆积而成的三角洲已吞噬了天池约五分之一的面积，而且那三角洲正日渐扩大。还有，孟达林区白天黑夜到处都林火不断，青烟袅袅。仅 1985 年至 1986 年不到两年的时间，因盗木者烤火引起的森林火灾就有 5 起之多。10 年前，我就有过担心：若不严加防范，偌大一个孟达自然保护区大有付之一炬的危险。但是，情势并没因此而有多大的改善。

我曾在孟达森林度过好几个迷人的夜晚，至今想来都令人心醉神迷。那是 1990 年的中秋之夜，我约朋友去孟达度那个月圆之夜。中午，我们在大河家的集镇上买了些生羊肉和干粮，还有一瓶酒。下午抵达天池边上。天池南岸有个山洞，我们就在那里度过那个夜晚。在天池边的小饭馆里吃过饭，就租了一条船，在水面上荡漾。而后就到山坡上的林子里找干柴火。因为盗伐现象严重，林子里到处是成堆的干柴火。没用多大工夫，我们就在山洞前堆起了好大一摞干柴火。等夜色降临，整个森林就一片宁静了。因为这一天是中国人重要的一个节日，山上除一两个守山的人之外，就再没有其他的人了。月亮就从东边的树影中慢慢地升起在天空。天上有一两朵白云烘托着月色。我们就开始生起一堆篝火，烤着羊肉和干粮，举杯邀明月，把酒问青天。虽然没有美味佳肴，但那顿晚饭却胜过世上所有的美食。酒足饭饱之后，真正的森林中秋之夜才刚刚开始。我们划着小船，在那天池的水面上轻轻摇晃。

这时湖面上开始升腾起一层层白雾，只见那雾霭飘渺着，旋转着，弥漫着，如丝如缕，仿佛有一群仙女在轻歌曼舞，给月宫的嫦娥展示她们的仙姿和美态。面对那一份儿神韵和曼妙，你就不能不生出些此景只应天上有的赞叹来。但我们却很少说话，生怕一出声，那美景就会消失掉，只偶尔禁不住轻轻叹一声：美！不知不觉中，船已在湖中间了，就索性不再划它，直到它快漂到岸边时，才又把它划回湖中间去。然后，又让它那么径自飘摇。有时它会随风轻柔地转上几个圈，与那袅袅缭绕的白雾牵挂在一起。有时又随水波的荡漾只那么轻轻地摇曳着，与那满湖的月色流连起伏。不经意间，船桨会触到水面上去，只听得“噗儿”的一声，像一个温柔的笑落进了水里，湖面上就会散漫开许多像酒窝一样的轻波。那一轮明月也就幻化成许多个月亮了，有多少个波纹就会有多少轮明月，直到轻波满湖，直到月光溢出湖岸，又开始一点点地聚拢而来。我平生第一次在同一片水面上同时看到过那么多的明月亮。那么多的明月亮，那么轻柔的水波，那么飘渺的白雾，就把那个森林的夜晚淋漓尽致地泻落在我的心里了。那是我所能想象的最美妙的夜晚。

孟达那片美丽的森林就这样在我的生命中占据了两个绝无仅有的夜晚。一个让我体验了死亡的临近，让我望见了生命尽头的那个夜晚，使我了悟了生命的珍贵和脆弱，懂得了死亡是那样的切近。而另一个夜晚则让我品尝了森林之夜生命的至美至纯，让我眼见了令人心荡神摇的绝妙景致，使我感觉了什么是超凡脱俗的逍遥，什么是清澈宁静的极致。这两个森林的夜晚给我的启示和引领在我已然是一种毕生的追随和皈依，是森林对我最大的恩典和福报。从那以后的日子里，我总是在去看望一座座森林，就像去看望久别的慈母，就像去看望深爱的恋人。每走向一片森林时，我心中的牵挂和思念早在我抵达之前就已在那森林中萦绕低回。

44

走进历史，探访那些曾经苍翠葱郁的林莽时，我发现早在几亿年之前青海大地之上就已有森林分布了。大约在3.6亿年前，这里就有热带雨林。那时，虽然整个的青藏高原还远没有形成，古地中海——古特提斯海依然碧波荡漾，那些最初的雨林只在一些岛屿上生长。直到1.8亿年前左右时，大海才开始退去，青海古大陆才开始浮出水面，才有了最初的陆地生态系统，才出现了大面积的森林。银杏、苏铁、罗汉松及大量的松柏类裸子植物是这一时期青海森林的主要树种。山上生长着高大的冷杉和云杉，在杉类乔木之下却分布着油松和雪松。以桦树、栎树、木兰、山龙眼和桃金娘为主的阔叶林也广为分布。

那是一个非常遥远的年代。那时的大部分森林和树种都已遗落在青藏高原的记忆中了。自3600万年前至1200万年前喜马拉雅造山运动就轰轰烈烈地开始了青藏高原的隆升。气候变凉，降水减少，草原面扩大，雨林开始萎缩，木兰、山龙眼和桃金娘、银杏等植物开始消失，暖温带针阔叶树种逐步在森林中占据优势，云杉和桦、榆、柳类开始成为主要的建群树种，耐寒耐旱的圆柏类植物已在高山地带列出最初的阵列。但是，青藏高原的隆升还远没有结束，整个森林的分布还在加速演替，一些喜湿热树种继续在高原的抬升中绝迹。在距今1200万年至300万年时，铁杉、栎、栗已经完全消失，雪松也已很稀少了。这时，柴达木盆地的荒漠化开始加剧，荒漠植物出现，但盆地边缘山地仍有大面积森林分布。现在的长江源区那时仍有苍松翠柏。青藏高原的海拔已经在3000米以上了。而直到300万年至5万年前时，青藏高原现在的模样才完全形成。因为冰河期和间冰河期的交替作用，森林、草原和荒漠各有进退。但青海湖周围的山地上仍有云杉、雪松和栎、柳等针阔叶林存在。青海南部高原仍有繁茂的森林。距今5万年至1万年时，柴达木沙漠已经形成，高原面上已少有乔木林分布了。高原腹地长江、黄河、澜沧江源区的大森林就是在那个时候逐渐消失的，它们变成了泥炭地，在地底下变成了煤炭。据地质勘测，仅玉树地区就蕴藏着约4亿吨的煤炭资源，它们大都是这一时期的早石炭纪、晚二叠纪和晚三叠纪形成的。

从一些考古发现中可以断定，至迟在7000年以前，人类古代先民就开始采伐森林了。至汉代以后，青海大森林就迎来了第一次人类大破坏。湟水谷地的农耕文明开始兴旺，大批移民开始迁入。河湟流域的大森林从那时就开始在一片片消失了。至上世纪初，青海大森林又遭受了一次毁灭性的大采伐。到新中国成立时，青海大地上的森林已所剩不多，只在大河流域的局部地方有零星分布。主要集中在祁连山南麓大通河流域和沿黄河两岸山地，在长江、澜沧江上游河谷地带也有少量森林分布。近50年，这些天然林统计损失的林木蓄积约在350万立方米，但因为超计划采伐和盗伐现象严重，实际采伐消耗的森林蓄积估计在1000万立方米以上。1000万立方米的森林至少会覆盖30万公顷的土地。最后，青海高原上只有不到百分之一的土地上才有森林分布，青海高原的森林时代已经结束。

我们已很难见到真正的大森林了。如果我们要去看森林，就得走很远的路，才能在一条山谷或一面山坡上看到那些最后的森林。人们对森林的感觉已经相当迟钝。人们已经很少想到森林的存在。现在的绝大多数孩子从未见过真正的森林是什么样子，他们把城市边上或村庄周围那些人工种植的一片片小林子当成了原始森林，并为之欢欣鼓舞，以为森林就是人们在清明前后种下的那些小树苗。有很多的孩子恐怕一生也见不到真正的大森林了，尤其是那些生活在平原地带的孩子们。如果你生活在西宁，要去看一座森林，往东得走50公里以上才能看到一小片次生林，往南得走近百公里才能看到，往北得走150公里，而往西却得走400多公里。而且你得清楚那些森林仅存的准确位置，否则，你即使专门去寻找，也难得一见。它们已退守在一些偏僻的山坡上，正向更远的地方退隐而去。而我们中的大多数人已经没有要走很远的路去看一片森林的兴致，还有更多的人恐怕一辈子都不会有时间和精力去看一片真正的森林。虽然这可能比所有的事情

都重要，但人们已经习惯于看重更加切近实在的东西。甚至，很多的人已经变得只看重自己了，他们甚至不会去探望病重的父母和朋友，更别说是森林了。但我还是想说，一个人在其一生当中，应该时时地去看一片森林，一片真正的森林。到森林中的小路上走走，或者坐在一棵参天大树下听听松涛，听听林间的鸟鸣和流水，那是真正有意义的事。无论你是怎样务实的一个人，当你置身森林的怀抱时，你都会感到森林深情的抚爱。

45

那天傍晚，我在湟水岸边的一条乡间小路上独自漫步。河谷的滩地早已变成了农田，村庄一个紧挨着一个。这是一个很不起眼的小村庄，有一个同样不起眼的名字叫柳湾。村庄北面的大山在这里轻轻拐了一下，就形成了一个小山湾。小山湾的形成估计与前面的湟水有关。虽然今天它看上去只是一条几近断流的小河，但它肯定像一条真正的大河一样流淌过。几百万年前古黄河还没有上下贯通，古湟水的奔流曾经应该是这片土地上最壮观的景象之一，当是一派浩浩泱泱。猜想，那小山湾里曾经长满了高大的柳树，柳湾之名当由此而来。但就在这个小山湾里，上个世纪却有过震惊世界的重大考古发现。从此人类文明史就记住了这个小村庄的名字。柳湾遗址为人类考古史打开了一扇彩色的门，它通向一个“彩陶的世界”。在距今5000年前后的湟水谷地，人类文明已有令人惊叹的创造。那些精美绝伦、无以数计的陶罐里曾经盛装过怎样惊天动地的故事呢？那些彩陶从距今5800年前一直排列到3000年之前，这个小山湾竟然为人类珍藏了整整2800年的记忆。陶罐上那些描绘先民生活场景的鲜活图案，会使人生出这样的想象：一个迷人的夜晚，在一座古森林里，人们点燃了一堆篝火，围着火光烈焰放浪形骸，跳着自由的舞蹈。那时肯定还没有美酒，但一定会有歌声和爱情，一定会有灵与肉的和谐淋漓，一定会有令人陶醉甚或酩酊的更本原的液体还在人类的血管中奔流呼啸。森林时代的伟大史诗就应该在那样的时刻悄悄酝酿。我相

信人类的祖先在那样的时刻，曾经感受了比他们今天已严重异化的后裔更加纯粹也更加饱满的精神享受和灵魂洗礼。

但是，我在这里更想提及的却是那些木棺，那些在1700余座的庞大墓葬中大量使用的木棺和独木棺。以当时的采伐和运输能力，那些高大的树木只能就地采用。那是怎样蔚为壮观的一片森林？而今从那小村庄望向北面的茫茫山野，那里已是一片不毛之地，即使在降雨丰沛的年景，也望不到一丝绿色。

从那里往东约十公里，山前的河中央有座高耸的小孤岛，像一座塔，岛上有亭，曰“鲁班亭”。鲁班曾是中国历史上最伟大的木匠，湟水谷地有许多古建筑传说与这位伟大的木匠有关。伟大的木匠得有伟大的森林来哺育，但是，我们却只记住了木匠而没有记住森林。我们砍掉森林中最后的树木，建了亭子来纪念木匠，而却全然没有留意森林的消失。但可以肯定的是，如果世上没有了森林，也就不会有木匠。鲁班亭北面山梁上有路通往山那面，在沿湟水的公路没有修通之前，那山梁上的山道就是内地通往青藏高原的主要通道。翻过那座山，有条沟，叫冰沟，曾是有名的驿站重镇，是南凉古国的重要城池。冰沟往北靠近大通河的那些山坡上还有一些森林分布。那里是祁连山南麓支脉，也是祁连山—大通河森林带的边缘。这片森林曾经绵延浩荡，莽莽苍苍，纵横两千余公里绿色大野，那是何等的气象。想必鲁班当年就是循了那大森林的绿荫一路跋涉而来的。而森林却朝着另一个方向逃遁而去了。如果你从兰州中川机场乘飞机往乌鲁木齐，你飞越的茫茫群山就是那片大森林的中轴线，但还远不是全部。那么，现在你所能看到的就只有一列列裸露的巨大山架了。那山架之上曾经郁郁葱葱的林莽早已魂飞魄散，不见踪影了。祁连山顶的那一撇儿冰雪，在阳光下闪耀着光芒。在失去森林的庇护之后，那万千山峰之上就只剩下那一撇儿冰雪了。而整个河西就靠那一撇儿冰雪滋润着。

小叶杜鹃是一种可提取名贵香料的花灌木品种，藏民族燃放桑烟时就以小叶杜鹃为配料，藏语称之为『苏鲁』，它与柏枝、糌粑、酥油等堆放在一起被点燃时，那袅袅升腾飘远的桑烟便会将奇异的芳香到处弥漫。

46

乐都县芦化乡寺院村就坐落在那片大森林日渐退却的边缘。村庄前面的一片山坡上，还有一小片森林，山顶林缘一角，有两棵高大的云杉，树龄至少在四百年以上。曾有好几天下午，我就在那云杉树下静静地坐着，听阵阵松涛。此去往西，还有几片仅存的森林，一片就从大通河下游断断续续直到祁连山南麓的仙米河谷。另一片则在大坂山麓的宝库河流域，那里是湟水的主要源流。第三片就在祁连山麓的黑河流域。再往西，沿那古森林的中轴线还有几小片森林，西段就是天山山麓的那一片森林了。

寺院村前的那一片森林是纯种的云杉林，林子不大，总面积不会超过一百亩，除林子周边有几棵大树之外，大部分树龄不会超过二百年。林子里到处都是砍伐之后留下的树桩和挖去树根之后留下的深坑。那些天那片森林每晚都会有林木被盗伐，有的一晚盗伐的林木竟多达二十余棵。有时大白天的就有人在林子里挖树根，夜深人静时在林子边上静听，斧头的砍伐声便不断传来。离那片森林不远处的寺沟里，前两年还有成片的天然山杨林，现在却一棵也不剩了。从那森林边上便可望见的桦树湾里曾经也是漫山遍野的白桦林，现在也已消失殆尽了。从那片林子往北有一条山谷叫白桦沟，过去几十里长的山沟里都是望不到边的白桦林，现在也已荡然无存。

有十几天时间，我一直在乐都下北山一带的那些干山头上徒步行走，先后到过十几个村庄，采访过近百户人家，走到最后，我的双脚已被那干旱的土地磨出了一层血泡，每迈出一步，脚要往下落还没踩到地面时就能感觉到刺心的疼痛。那里所有的森林植被都已破坏殆尽，在毒日头的灼烤下，水源日趋枯竭。那天，在民和县北山乡罗家湾村主任王德俊家里吃过早饭，我和他就从他家所在的山顶上，用了近一个小时沿陡峭的山路走下山沟去看他们二十多户人家吃水的泉眼。在一条很狭窄的山沟里，两块巨石依两面山坡成一个夹角，下面有一个很深的坑，坑里一个十几岁的男孩立在一个铁桶边，桶里已舀了小半桶水，看上去很混浊。靠近铁桶有一汪半浑不清的水，约有三四碗。坑外面一个七八岁的男孩和一个十几岁的女孩站在一头毛驴跟前，那毛驴驮着两个硕大的木桶。他们正等着那泉眼里一点半滴渗出的水。他们这样驮一次水回去有时得花四五个小时。几天以后，我来到乐都县马厂乡孟家湾村，我和村干部王德梅走过一段很远的山路，去看他们村三百多号人吃水的何家岭口泉。那泉已经彻底干涸，有十几个人正在那里找寻新的泉眼。他们已经在那山旮旯里挖出七八个大坑，每个坑深三米左右，坑沿的直径也有三米。他们已经在那里挥汗苦干了六七天了，但还是挖不出水来。最后的那一个坑在挖到三米以下时终于见到一层黄黄的水了。他们为之欣喜若狂。见到一层水之后，他们再也不敢往下挖了，惟恐那一股水线一断就往下渗，就别想找到水了。我住在王德梅家的那天晚上，她儿子晚饭之后就赶着牲口去驮水，回来时已是凌晨三点多了。前一天去得更久，早上五点多才回来。近十个小时才驮回两桶水。马厂乡几乎所有的村子吃水都这样困难。这一带的山坡上曾经都有过森林，那时这里到处都流淌着清澈的溪流和山泉。听说，后来国家已投入巨额资金改善了那里的人畜饮水困难。水是从正在远去的森林边上引过来的，而那森林还在退却。已经遭到严重破坏的生态环境很难重新得到改善了。遭到严重破坏的生态环境不仅是一部灾难的历史，也是制约未来的自然法典。历史证明，过去人们对大自然的每一次胜利，在未来很可能都是失败。

47

从 1990 年春到 1994 年夏的四年多时间里，我曾十余次到青海东部的那些贫困山区采访。当我背着包一步步迈向河湟两岸的那些干旱山头时，迎面而来的情景常令我不寒而栗。那里只有寸草不生的荒山、骄阳、贫困和干旱。一片片原本完整的的山坡和台地，因为失去了植被的保护被雨水冲刷得支离破碎，一道道纵深的沟壑日渐变深变宽，那些山坡上仅存的表土也正在流失，山坡已裸露出赭红的山脊。一些村庄靠那一撇儿仅存的土壤种庄稼，已越来越无法养活自己。这些

村子大都处在近乎与世隔绝的境地，贫困和愚昧整日里困扰着人们，他们毕生最大的愿望就是养活日益众多的儿孙。

一走进民和县峡口乡盘格、魏家山一带，我便感觉了一种从此再也无法摆脱的氛围，一个巨大的阴影从此笼罩在我的心头，那就是贫穷。那些挂在干山坡上的村庄和人家在自然资源已经完全枯竭的状态中，忍受着苦日子。他们大都没有粮食可以填饱肚子，有了粮食还没有办法煮熟，有时候燃料甚至比粮食还紧缺。走进马明福的家门时，我差点把他家的院门给撞倒，院门是用两根木棍撬着的。他们一家人还过着半穴居的生活。几间破土屋，堂屋中间支着一个破旧的木箱子，那是用来装面的家什，但里面只有约四五公斤面粉。箱子上面立着几支空酒瓶作摆设。一头的土炕上铺的和盖的是一堆分不清是毡是被的污物。庭院里晾晒着一些刚刚从山坡上挖回来的蒿类的根子，那是他们家仅有的燃料。那几间小土屋的北面是一孔旧窑洞或者只是一个洞，没有窗户，只有一个洞口，洞口上挂着一片破旧的麻袋片权当门帘。我发现一个十七八岁的姑娘从那帘子后面窥探，便径自走入那窑洞去看个究竟。窑洞伙房兼卧室。靠洞口一个偏洞里有一处小土炕，炕上的铺盖更是不堪入目。灶上的烟和炕洞里的烟在洞中到处弥漫着。我在窑洞里顶多呆了两分钟，眼睛就已被烟熏得眼泪直流。但我始终没有看见那个姑娘，她好像钻到那洞壁里面了。还有一户人家里，我也遇到过此类事情，我发现他家的伙房门是关着的，里面却有声音，就想进去看看，门却是顶着的。后来有人告诉我，伙房里是一个十五六岁的姑娘，因为没有裤子穿，羞于见人，才把门给顶死的。盘格、魏家山两个村子60余户人家，每家每户的全部家当加起来值不上几百元甚至几十元钱的大有人在。每走进一户人家，看着那个装面的木箱子和木箱子上那几支空酒瓶，心里便是一阵一阵地颤栗。

从那里往北，走几十公里，有一个地方叫顶顶山。那也是一座干山头，也是民和县的一个村庄。我在一个夏天的早晨踏上了去顶顶山的路。及至走到山坡上时，骄阳就已在我背上烤出了一道道汗水，汗水就顺着我的脊梁滚滚而下。那时，我看见周围的山坡上全是年复一年种草种树挖下的水平沟，但却不见树木，也不见有青草生长。那些水平沟从山脚下一阶阶直挖到山顶，密密麻麻的像无数条麻绳捆绑着那座山，又像一个黑老头独坐凝思时额上的皱纹。山坡上有一群羊

雅称百里香的正是此物。它在青海广为分布，属甘青特有种，但在海拔4000米以上的高寒之地，我还是第一次亲见它的芳容。

正在觅食。“就是那些羊啃光了一年年栽下的树木。”陪同前往顶顶山的乡干部如是说。国家每年耗费巨资，当地群众又花费了巨大的工时和精力，但荒山依旧，荒坡依旧。我们一边治理荒山荒坡，试图恢复原有的自然植被，一边却在高唱“畜牧业大合唱”——这是那些年青海农村最流行的一句话——把那些无处可去的牲畜赶往那些山梁。草山面积越来越小，而牲畜头数却随人口的增加而增加。这里的山坡上生长的那些稀疏的牧草原本也许能养活千余只羊儿，但我们要搞绿化要搞封山育林，把一半的山坡给围住了，使羊群不得入内。结果羊群把那一半山坡上的碎草啃光之后，又把山坡踩踏得尘土飞扬，十年九旱乃至十年十旱的气候条件使那山坡上的牧草再也不肯长出地面。于是，人们便明目张胆地把羊群赶到封育的山坡上去牧放。那些脆弱纤细经不住骄阳暴晒的树苗和山草更经不住羊群的啃噬和践踏。不出一两年光景，剩下的那一半山坡也沦为寸草不生的境地。于是，给当地农村带来过经济效益的“畜牧业大合唱”在顶顶山这样的干山头上便显得格外悲怆。羊群在没有牧草的山坡上忍受着阳光，嘴唇在灼热的尘土里不断搜寻着一星半点的草茎和草叶。它们一天到晚不停地寻草觅食，直到嘴唇都啃出血来了，也很难吃饱肚子。它们站在那光秃秃的山坡上一声声喊向苍天时的情景，是何等的悲愤和苍凉。这些干山头上曾经也有郁郁葱葱的林莽，但是我们却用几千年不停息地砍伐和掠夺，把一座座森林改造成了一座座荒山。现在，我们却想在这样的干山头上种出一片森林，很显然，即使我们种活了一片绿树，也休想重新拥有一片真正的森林。

湟水南岸的一个干山头上有一个村庄，村庄有一个美丽的名字叫飞禽山。半个世纪以前，这里只有很少的几户人家，周围都是灌草丛生的山野。有辽阔的草场和肥沃的耕地，人们过着半农半牧的生活。那方圆十几公里的大山之下还是一个不小的金矿，曾是西北大军阀马步芳的主要采金地。后来，飞禽山上的人也越来越多，就不得不靠淘金来维持生计，把已经淘空的大地又重新翻了个遍。现在一走进那山沟，到处都是深坑和洞口。车过老鸦峡，往南望去，便可看到那大山的遍体鳞伤。那山已在流血，一下雨，便有大量的泥沙从那山沟里涌向湟水。就在那大山一点点被淘空的日子里，大山之上的那些树木花草也就不见了，可供生存利用的一切都被掠夺一空。飞禽山上早已没有了飞禽的鸣叫。

这些高大的山架之上曾经也有过森林的覆盖，直到它们高出森林分布的极限之后，森林才从那一列列高大的山架上滑落。

随之而来的就是贫困。那些干山头上最初都有茂密的森林，森林消失了之后，还有草原，后来草原也消失了，就只剩下一些开垦的土地和村庄。再后来，那土地上的水土就开始流失，水源日益枯竭，连庄稼也无法长出地面了。于是，村庄和村庄里的人就没有了生路。极度的贫困像瘟疫一样折磨着他们的躯体，也折磨着他们的灵魂，愚昧和迷信便像噩梦一样疯长。当他们从一场噩梦走向另一场噩梦时，便也完成了所有的人生追求，等待他们的就是永远也没有尽头的贫穷。走向那些村庄时，看着那些整日守望在村头的人群，你便会觉得贫穷和愚昧也像一个村庄，人类自己已变成了村庄的恶劣环境。曾经的那一份与大自然融为一体的恬静和安逸，已成为一种思念留在遥远的过去里了。村庄和村庄里的人因之被驱赶到干旱的山头上。他们怎么也想不到，他们由狩猎采集而游牧农耕而乱采滥挖，从一种文明走向另一种文明时，却使自己远离了所有的文明。厚厚的尘埃掩埋了他们所有的梦想与希望。贫困和愚昧就像一道厚厚的围墙，把村庄和村庄里的人都围在里面。有时候，他们也渴望着能走出村庄，但村庄以外的世界总令他们恐惧和不安。村庄以外的世界里正在疯长着钢筋混凝土的林莽。他们就更多地缩在村庄里面，这样他们就多少会保持一种心态的平衡，从而完成从生到死的过程。

48

我每一次从湟水谷地和黄河谷地里迈向两面的干山头时，总怀疑谷地里那一道绿树掩映的富饶与美丽与两面山坡上年复一年流失的水土元气有某种联系。山坡上的一层层沃土被雨水冲下谷地被河水冲走了，没有冲走的泥土掩埋了滩地上的鹅卵石和沙砾地，使之成为一片沃野。谷地里几分地就能养活一口人，而两面干山头上几亩地也难以养活一个人。进而我担心总有一天那愤怒的干山头会向那谷地复仇，不再向那里输送肥沃的泥土，而向那里滚落山上的岩石和红胶泥。事实上这种复仇可能早已开始，每年的雨季，那每一面面山坡上便有大量的泥沙汇成滚滚的泥石流咆哮着冲向谷地。这两年有一个时髦的词叫“地质灾害”，其实就是一些山体滑坡。翻过青沙山，沿黄河谷地往东，至积石峡，河谷以北那长百余公里的山梁上竟没有一片沃土，到处都裸露着红红的山脊，许多地方几乎一丝不挂了。数十条早已干涸的大小河沟里，一年四季只有积了一层又一层的鹅卵石和晒干了裂着缝的红泥浆。一遇大雨，半个时辰之内，洪流便会裹拥着更多的砾石和泥沙滚滚而来。有天下午，我路过循化县城西边的西沟桥时，看见桥下的河床上没有一丝水流，满河床密密麻麻一层层涨高的就是大大小小的石头。半个小时后，在一场只下了不足一个小时的暴雨过后，那里流淌的已是溢出河岸的洪流。那暗红带黄又发灰的泥浆翻滚着，紧挨着农田和树木往黄河里倾泻。那桥头上围站了三十多个人在观看那洪流的奇观，他们纳闷：那洪水是从天上掉下来的吗？可不是，半个时辰之后，已雨过天晴，蓝蓝的天上只飘着几朵白云，骄阳如火，但一些山坡上的沟壑之内，那洪水却一直倾泻如注，直到天黑时还在奔泻。大地在那洪流的怒吼中颤栗，那洪流是大地的伤口里汹涌的精血。这样的一场暴雨过后，山坡上的沟壑又变深了，而以前没有沟壑的山坡上又切割出了新的沟壑。你随便走进哪一个干旱山区，这样的沟壑满目皆是。在我们的记忆里，洪水从未停歇过对我们的侵袭。茫茫四野中，随雨水铺天盖地而来的，就是滚滚的泥沙。水土流失为之加剧，黄河、长江源区的水土流失面积已接近 20 万平方公里，青海境内每年输入黄河的泥沙量达 8814 万吨，输入长江的泥沙量达 1232 万吨，输入澜沧江的泥沙量至少也有 700 万吨。这就相当于每天有 3 万多辆十吨位的大卡车往江河里倾倒泥沙。

1998 年夏天发生在长江流域的那场大洪水，使整个中国南部都遭受了一场严重的大灾难。大灾难震惊了全世界，面对滔滔洪水，我们对长江的依恋和赞美好像已变成了一声声诅咒。其实，长江何辜？假如长江流域那茂密的森林植被保存如初，假如我们早些年就对全流域的森林实行全面禁伐，或者从未砍伐，假如没有那年以 6 亿吨计的泥沙滚滚而下，那场洪水将从何而来？再假如，我们的城市和村庄周围的山坡上、河谷里依然绿荫蔽日，长满了绿树碧草，那么洪水又何以肆虐？千百年来人类在与洪水的无数次搏斗中幸存下来之后，却也轻易地忘怀了每一次洪水泛滥所留给我们的灾难。

49

在那些干旱山区光秃秃的山梁上徒步跋涉的日子里，我渴望过森林的绿荫。走进大森林绿色的殿堂时，一种近乎血缘抑或亲缘一样的东西总是弥漫在你的周身，让你温馨惬意。我们不能想象那些仅存的森林在变成一座座干山头之后，会给我们的心灵罩上一层什么样的阴影。就总希望这是杞人忧天，事实上却不是。乐都下北山往西就是北山国家森林公园，那是青海境内保护最好的森林之一。它成为森林公园才是近几年的事，而此前却一直是林场——中国大地上所有的森林都是大大小小的林场，在很长的时间里，我们把一座座森林都当成了生产木材的工厂，一片片森林就是在这个“工厂”里消失掉的。虽然现在很多的森林又都变成了森林公园，但大都也是换了个名字而已，公园的管理者还是以前林场的伐木工。林区的人口和牲畜越来越多，有大片的森林已被农田挤占或沦为牧场。一些农田甚至已开垦到林间的山头上了。林牧矛盾和农牧矛盾日趋尖锐。林区有限的草场难以承载日益众多的牲畜，森林就成了附近几个乡 7 万多大小牲畜的牧场。每年的人工和自然更新的森林在牲畜的啃噬践踏中化为乌有。10 几年前，我在林区内的一些山坡上看到长了 15 年的云杉树苗身高尚不足 30 厘米，大多已成为扫帚状永远长不大的畸形小矮树。很多地方人工补栽更新的森林，在牛羊的啃噬和践踏中危害率高达 100%。森林深处，那一座座临时搭建而又常年使用的牧人的小土屋随处可见。林间的牲畜圈都用木栅栏围着，木栅栏就紧挨着森林，间或有炊烟从那些小土屋顶上袅袅升腾，弥漫在林间，看上去颇有几分诗情画意，但在这诗情画意的背后却是森林的危机。

北山林场的一位负责人曾告诉我，他家就在林区。记得小时候每次进山，父亲就叮嘱他不许带斧头镰刀什么的，怕他砍树。如果非得要带斧头镰刀，就告诉他只砍自己确实要用的，不准损伤别的树木。要摘野果子的话，就只能摘野果子而不能摘断树枝，否则，天就会下冰雹打你。这种原始朴素的生态意识千百年

玛可河林区是青海境内在长江上游最大的一片森林，属大渡河水源涵养林。

来一代代相传，成为风尚，使那片森林得以保存至今。这些年随着人口的急剧增加和富民政策的鼓舞，人们对木材乃至森林资源的需求量也成倍增大，生态观念也因之淡薄了许多，森林居民的传统美德已然遗失。于是森林就开始大片地消失了。我家有个亲戚就住在那森林里，我在那林区时曾到他们家小住。早上起来，在房前屋后流连时，一层层云雾就在你脚下升腾飘荡，云雾深处那一棵棵高大的云杉隐隐约约地随云雾起伏飘摇。各种鸟鸣声就在那云雾缭绕中脆脆地响亮着，像是从那云雾中滴落的露珠敲打在了树叶上，发出风铃样的声音。使你不忍离去，不忍忘怀。

有一年冬天，我曾在仙米林区度过了愉快的一个星期。仙米林区离北山林区不远，实际上就是北山林区的延伸地带，因分属两个县管辖，就成了独立的一个林场，是青海境内分布面积最大的一片森林，大多属次生林地。林间以云杉和白桦树种为主。那时森林里已下着厚厚的雪。我和在林场工作的朋友每天去那森林里散步，看雪景。有一天还去打过猎，我们走了一整天，看见了很多的野鸡和兔子，但却什么也没打着。这是我今生的第一次狩猎经历。至今我还为自己曾经有过的这次经历耿耿于怀。那天，在爬上一个小山头，站在一片疏林地时，我还向一只兔子开过一枪。虽然没有打中，但它肯定受到了惊吓。朋友告诉我，我不具备猎人最起码的心理素养，说我开枪时，猎物早已不在原地了。他说是我的迟疑放走了猎物。猎人是不允许迟疑的。后来，走在那密林中时，我就想，我恐怕永远也写不出《猎人笔记》那样优美深厚的文字了。但我还是记住了那片在群山苍茫中起伏连绵的大森林，记住了那大森林中苍翠碧透的落雪和林间雪径之上那些鸟兽的脚印。10 多年之后，等我再去仙米林区时，当初的大森林已经不再。从我住过的那些房屋周围甚至已看不到森林了。从那里望向西北就是高峻的祁连山主脉了。

从仙米往西再走约 200 多公里就是祁连山麓的另一片森林了，它们原本是连成一片的，但现在却已被一座座大山和一片片草原所阻隔着。那是我所见过的第一片大森林。我在那森林里第一次感觉到人的渺小和森林的博大。从森林以外的地方望过去，它其实也很小，林相也很单一,一色的云杉长满了整个一面山坡。在第一眼望到它的那一刻里，我就做出了一个决定，要徒步穿越那片森林。第二天早上，就早早起床向那森林走去了。但是快走到中午了才走近森林边缘。那也是一个冬天，由森林边缘再往里，便有厚厚的积雪覆盖着林间空地。一开始，还很有信心，但及至在森林中艰难地跋涉了两个多小时之后，我才意识到，我根本无法穿它而过。整整两个多小时里，我只往森林里面走了一两公里路，其实还走在森林的边缘地带。再往里，林子虽然没有变得更加茂密，雪却越来越厚了。每走几步就会陷进雪窝里爬不出来，甚至会滑进雪层里面被厚雪所淹没掉。又走了两个多小时，往森林以外张望时，我依然处在森林的一角。这时天色已经不早，如再不往外走，恐怕就走不出去了。就抄近路折出森林。走出森林时，太阳已经落山了。站在森林边上回望自己走过的路，才发现我只穿越了那片森林的一个角落。从那以后我再没有试图去横穿一片森林，尤其在冬天。虽然，后来，我确实穿越过不少的森林，但那却不是整片的大森林，而只是一大片森林的一角或只是边缘地带，而且都是在夏天。走在一片疏朗的森林中时，你会不时情难自禁地停住脚步，会不由自主地用手去抚摸那些高大的植物，或者会用手拍拍它，就像遇见了一位老朋友一样。也可能会靠着一棵大树坐下来歇息，那时你无论从哪个方向望出去，都有一棵高耸入云的大树俯瞰着你。你只能仰望才能望得见它们的树冠，但绝对望不到它们的顶端。那时，你就像望着一群圣哲一样在它们浓郁的庇护中感觉到无比的宁静。悠悠岁月就从那密林深处随微风拂过。对一座大森林而言，一个人就像一片不经意间飘落的叶子。你即使从一片大森林中横穿而过，也只是一片叶子。一个人永远无法长成一棵参天大树的样子，即使对一些真正的先贤圣哲而言，一棵苍松古柏的高度也是永远无法企及的。大森林中的苍松古柏是大自然怀抱中真正的智者。没有了它们，大自然就会失去很多智慧，人类和所有的生命就会失去灵魂的宁静。

50

从祁连山麓那片森林中出来，我想我该写到黄河流域的那些森林了，准确地说是黄河上游的那些森林。我要引领你从这里走向黄河谷地的那些山野，那里的有些地方生长着黄河森林带最西端的几片森林。黄河中下游的大森林早已从我们的记忆中消失了，尤其整个黄河中游地区至周代时还郁郁苍苍的无边林莽已埋在那厚厚的黄土之下了。青藏高原以它的高崛留存着的那片森林是伟大黄河最后的绿荫。

再一次过黄河大桥，再一次走进黄河以南的隆务峡谷时，那大峡谷还像第一次走过时一样给了我强烈的冲击。无论你怎么看，那大峡谷都经得起挑剔和推敲。说它是大峡谷并不是意味着它能和雅鲁藏布江和科罗拉多大峡谷相提并论，绝对不是。仅从长度而论，它也算不上一条大峡谷，从峡口至峡谷最深处，它的总长度也不会超过 100 公里。但就这 100 公里也足以称得上是一条真正的大峡谷了。我认为一条真正的大峡谷得具备这样的条件，它既有幽闭狭长的峡道又有舒缓开阔的谷地，既有高峻奇绝的伟岸又有巉岩峭壁，既有独异的自然景致又有深厚的人文积淀。如此则称得上是真正的大峡谷了。隆务就是这样一条大峡谷。过了黄河大桥，紧挨着桥头就是峡口了，两岸的山忽一下就陡峭起来，近乎垂直状直插云霄，山脚连着谷底的那一道缓坡之上有灌草丛生，在头顶蓝天的映衬下显出浓厚的一挂苍翠来，其上就是绝壁悬崖，就是植被消失之后裸露的山脊，山脊多为赭红色沉积岩组成，间或镶嵌着深红色的山体，那深红色的山体之下又都切割着一道道纵深的沟壑。而在山顶之上隐约可见犹如秀竹者却是一棵棵苍松翠柏，因为高在云霄之上，远在视野尽头，才显得纤细简约。峡道却并不挺直往前，而是用一个又一个小拐弯一路曲折逶迤，眼看着有一道万丈悬崖挡在了前面，却又峰回路转，豁然一亮，峡谷还在继续，总能引人入胜，将更加的幽静和深邃呈现在眼前。而最险要处还在峡道的狭长，最狭窄的地方两面山岩几乎已经碰在一起了。有十几公里都是这般狭窄陡峭的深谷，谷底有河在奔流。每走在这一段峡道里总有森森然的感觉，说它是鬼斧神工一点也不为过。

往里，那峡谷却越来越开阔豁亮，两面的大山虽然越发高峻巍峨，但却已经退后了，也不像前面那般陡峭，山坡上偶尔还有成片的青草地，只是那层层叠叠的沉积岩和红红的山体还在连绵，还在高低起伏，每隔几公里，还会在那两岸的山梁之上耸立起一座座高高的山峰。那山峰也是一片红红的颜色，如有晚霞映

照，就更加灿烂辉煌。在这样高耸的山峰之下总会有缓缓的山坡，山坡上总会有稀稀落落的人家和几亩田地，还有石块垒砌的田埂、石墙和一两道篱笆。最显眼的地方是一座座白塔，塔边和房前屋后还歪歪斜斜地长着几棵山杏。整个一幅套色石板画一样的田园风光。再往里，两面的大山又退后了许多，谷地里已有大片的农田，村庄开始出现。村庄在绿树掩映之中，绿树掩映的村头巷尾又总是有白塔静静而立，塔前总有桑烟袅袅，塔顶总有风铃摇落禅音妙响。一个村庄之后便有好几个村庄。那谷地也就越发地开阔了，并分出若干小一些的峡谷向两面的山野延伸而去，那是大峡谷的支岔，像一棵树的树冠，小一些的峡谷里就会有小一些的村庄依山而建。这条大峡谷，古称热贡，此名至今沿用。闻名中外的热贡艺术由此得名。据李文实先生的考证，"热贡"一词为"榆谷"的转音，想必那谷地里曾经长满了高大的榆树，那么，那些高大的榆树而今安在？从中我们便能想见，这条大峡谷是怎样地走过了漫长的历史。那一个个村落及村头的古树白塔向人们昭示的不仅是昨天的记忆，那是大峡谷不断积攒沉淀的梦想，有文明的风曾从那峡谷里呼啸而过。走进工艺美术大师夏吾才让的小院，听这位 82 岁高龄的老人讲述大峡谷的历史时，我们就像在听那呼啸而过的风。不知为什么，我却并不想就那绚丽的艺术画卷、那用色彩把整个一部藏文化史写在峡谷里的热贡艺术写下更多的文字。虽然每走进那条大峡谷总禁不住要去观瞻那些精美的图画，但我还是更愿意把目光投向那大峡谷两面的山野。是的，我是在寻找森林。

尽管从那峡谷里面已望不到森林的影子，但我还是想把这样一条大峡谷和一座大森林联系在一起。大峡谷里也确曾有过大森林。几百年以前，森林还覆盖着整个峡谷，就是在几十年以前，从谷地里还能望见两面山坡上郁郁葱葱的林莽。从隆务镇往西南方向不远，有个地方叫措玉，10 年以前，还是一片茂密的森林，林间有矿泉涌流，当地人视为药水。而今那一切都已成为回忆。森林已退得很远。今天只有在大峡谷深处的一些山坡上还有几片森林。它们曾经是连成一片的，沿黄河一路连绵起伏，在长达数百公里的群山之上都是茂密的森林。这就是黄河上游的森林带。这是整个黄河流域大森林的极限分布，也是森林文明的边缘地带。从这片大森林再往里，就是大草原了。大草原上没有森林可供人类建造房屋，就只有用帐篷来遮挡风雨了，于是就有了草原文明（游牧文明）。草原文明和森林文明的区别也许就是帐篷和房屋的区别。是无边的大森林哺育了那些峡谷里的村庄。村庄最显著的特征就是院墙和院落里用木头搭建的房子。村庄是泥土和森林的混血儿。可能是因为泥土比之森林更具吸附力的缘故，村庄一经出现，就不断地靠近泥土背离森林了。村庄最终的目的似乎是吞噬森林，而森林却养育了村庄。如果没有森林，地球上就永远不会有村庄。如果村庄是一位英雄，它就是恋母弑父的英雄，骨子里的英雄气概和婊子德性一样多。所以村庄最终是要变成和泥土一样的东西。包括村庄里的人，他们一旦由一个村庄里经过，从此就无法离开泥土的牵绊。泥土的伟大之处就在于它既可以哺育森林也可以毁灭森林。所以当村庄日益膨胀之后，森林注定了要离村庄远去。这片大森林至迟在百年以前还是连成一片的，而今却已是七零八落了。林缘的空地由灌草丛生而牧场而进一步退化。森林被一片片分割之后又一圈圈地萎缩和消失。村庄就向大森林消失的方向步步逼近。所以，每次走进那条大峡谷时，我就仿佛听见大森林仓皇而去的脚步声。想想吧，有森林遮天蔽日的那条大峡谷该是什么样子，那松涛、那绿浪、那清风明月在那大峡谷里曾经挥洒过怎样的壮阔和恢弘?

51

谷地以南有个地方叫双朋西，是个小峡谷。据说几十年以前在山下还有森林，但是现在快走到山顶时才能望见森林，几十年间森林已后退了几十公里。双朋西也出过一个大师级的人物，那就是杰出的藏族思想家根敦群培。我想，他记事后最早留在记忆中的东西肯定是门前郁郁葱葱的林莽，是大森林给了他最初的启蒙，开启了他智慧的灵光。他一生四处漂泊传播思想，在苦苦思索和静静冥想的间隙里，他最想念的当是门前的大森林了。我总觉着，在他思想深处放射出智慧光芒的就是森林之光。在我的想象中，他曾静坐于苍松古柏之侧，漫步于清风明月之下，沐天籁以作万古悲悯之思，饮朝露而有空灵旷远之想。他曾用心灵抚摩过那些树木，那些树木曾以绿荫给他传递过大自然抑或神灵的启示。远行的路上，大森林就是他身后永恒的菩提树。而今，站在他的故居前，放眼望去，所能看到的只有森林远去的背影。难道那也是他的背影吗？

但是，隆务大峡谷却保存了森林文明的远古遗风。自那山道上奔腾而来的於菟舞即是一例。人们对於菟舞有很多的解释，我不曾考证，但我相信那是森林文明的古风。就像老虎是森林之王一样，所有与虎有关的一切文化现象归根到底都是大森林的馈赠。隆务大峡谷的尽头至今还有一片森林，在过去的几十年里，它已遭到严重的破坏，最终也没得到有效的保护。虽然这条大峡谷再也不可能被大森林重新覆盖，但它毕竟还有一片最后的森林。可以想见的是，随着退耕还林草等生态工程的实施和国家级三江源自然保护区的设立，那些还存有水土条件的山坡上应该还能长出绿树青草，那片仅存的森林作为核心保护区应该能永久地保全了。新的能源总有一天可能会走进那些贫穷的农家小院，他们再不用到山坡上砍挖草木之根作燃料。

我曾很多次在那大峡谷里穿行，其实就是在去看望那一片森林。如果没有那一片森林，我可能就不会走进这条大峡谷。但是，你一旦走进过这条大峡谷，你就肯定会一次次地向它走来。你向它走去的方向就是森林离它而去的方向。在向它走去时，你就会感觉到森林离它而去的情景。站在那峡谷里望向两面的山野时，你甚至会听到一片片森林被连根拔起时大地的惨叫。那山野之上仍留有大地惨叫时的表情，那是痛苦的扭曲和撕裂中的挣扎。

有风自峡谷呼啸而过
你在峡谷踽踽而行
从前的马蹄声已经远去
你在峡谷里感到孤独
孤独时你就不得不歌唱
歌声就在峡谷里徘徊
人就在歌声里落泪
泪就在风中如铃儿叮当
——《峡谷》

52

出了隆务大峡谷就是泽库大草原了，过了泽库大草原还有一片森林，那就是黄河流域最西端的一片森林。假如你不是直奔那一片森林而是先在泽库大草原稍作停留，你就会发现，现在已牧草尽失的泽库大草原上曾经也有过大森林。在泽库禾日乡的一个小山沟里有一道小山梁，小山梁的一面山坡上裸露着厚厚一层片状的青石头，那些石片上都印着树叶的清晰纹路，那是已经变成了石头的远古植物，大多是蕨类、羊齿类植物的叶片化石。它告诉我们泽库大草原在变成草原之前曾有高大的乔木分布其上。遥远的地质年代用那些石片记录了它们的存在。那是上一个森林时代留下的记忆。如果说上一个森林时代那些繁茂的大森林的消失纯属大自然的选择，那么，之后所有森林的消失都与人类不无关系。黄河上游最西端的这片森林也不例外。

我曾经仔细端详过一幅卫星图片，它拍摄的就是黄河上游的这片森林。森林是绿色的，而在卫星图片上的森林却是红色的，像火焰。沿黄河谷地分布的这片森林在照片上如点点星火，时断时续。林缘周边广袤的土地上再也见不到森林的影子。如果以同德县的河北林区为中心，那么向东至河南县边缘，向西至玛沁和兴海县交界处约 300 多公里长的狭长地带，就是这片森林的分布带。这片大森林曾经纵横连绵，莽莽苍苍，覆盖了黄河两岸的山野，而今却已经支离破碎，无法整体成片成林了。这些森林大都在海拔 3300 米～ 4000 米的高山峡谷中，林木以云杉和圆柏为主，属黄河流域乔木森林的极限分布，森林自身的更新能力极弱，如果一旦遭到破坏，绝难恢复。而自上世纪 50 年代以来，这片森林却迎来了毁灭性的大采伐。很多地方被剃了光头。上世纪初，这片大森林至少还覆盖着上百万公顷的山野，如今有林地面积不会超过 5 万公顷。林中超过 300 年树龄的云杉和千年树龄的圆柏已经没有几棵了，而一棵云杉至少在 120 年以上方能长大成材，一棵圆柏长大成材可能需要 800 年的时间。走进这一片森林，到处是砍伐之

由玛可河往西的整个长江源区，森林就越来越稀少了，只有在长江源区干流通天河谷地有小片大果圆柏林分布，主要在治多县和曲麻莱县交接处的通天河两岸。

后留下的树桩，到处是一片片森林消失之后日益裸露的山野。奔流的黄河被人们当做运输木料的天然工具，近半个世纪的漫长岁月里，黄河上一直漂浮和流淌着一棵棵高大的树木。这片森林中曾有过上千年树龄的云杉和4000年树龄的圆柏。植物学家实地测定，一棵根径30厘米的祁连圆柏生长的历史是900年左右。我曾在很多林区看到过根径在1米以上的圆柏，它们在地球上缓慢地生长了3000年以上。它们开始在地球上抽枝吐叶时，孔子、苏格拉底、耶稣、释迦牟尼等伟大的思想家也还是个孩子。它们和他们享受过同样的阳光和空气，但是，在他们之后的2000多年间，它们才开始枝叶繁茂的，它们眼见了地球人类文明最辉煌的全部历史。

翻过同德县克穆达垭豁，下了山便进入河北林区。沿赛嵌河谷一路飞奔时，那峡谷的景色不时地吸引着我们。近10余年，我不止一次地从那峡谷里经过，每次都感觉路旁的树木又少了许多。这是一片纯种的圆柏林，高大的圆柏曾布满那一面面山冈。在林区长大的护林员胡明刚，是年才39岁，他十几岁时，就已在那古柏林中放牧，那时的森林很茂密，林子里野生动物也很多，现在除了石羊和一些鸟儿，其他的已经见不到了。他记事时，这里人们烧的燃料都是柏树。那些千年古柏就那么一棵棵地化为烟尘和灰烬了。这里的圆柏根径最大的在1.5米以上，那样的一棵圆柏成长的历史约4500年左右。不知道那样一棵古柏在用来烧茶煮饭时，燃烧的时间会持续几天，但可以肯定的是，我们再也见不到那样高大的圆柏了。据说，修那条穿境而过的公路时，对这片圆柏林造成了最为严重的破坏。整整一年的时间，有上万筑路者用那圆柏当燃料。公路通车之日，公路两侧大片的圆柏林已不复存在。这条公路现在又要改线了，改线之后又将从另一片圆柏林间横穿而过——那是这一带仅存的一片圆柏林了——虽然现在筑路者可能再不会砍伐千年古柏来当燃料，这片圆柏林也已悉数纳入禁伐之例，但是，公路还是会修过去，森林和树木还得给筑路大军让路——尽管那森林中任何一棵圆柏比世界上任何一条路都要古老得多。

河北林区往北往西，由黄河谷地至西倾山南坡和阿尼玛卿山东麓呈翼状分布着居布、江群、中铁、大河坝及切木曲、羊玉、德可河等一片片森林。这些高山大峡谷中的森林中，云杉和圆柏依旧是优势群落。它们在黄河流域的森林分布带上已是海拔的极限了，是整个黄河源区的绿色屏障，众多的河流就从这些森林流向黄河，为来水量日益减少、泥沙量日益变大的黄河补给着股股清流。这些云杉和圆柏们在一个又一个千年里与黄河长相厮守，为它投下了无边的绿荫，而今却已无法映照唱和了。那天早上，胡明刚护林员引领我们跨过好几道草场围栏，试图走向一片森林，但举目所及处已望不到高大的云杉和圆柏了。我们只能在他的指点中去想象森林过去的样子，但想象还原不了森林中的一草一木。凡从大地上已经消失了的东西，再也不会出现在我们的视野之中了。所幸的是，那些山野之上依然有绿色覆盖，虽然都是小树和灌丛，但只要还绿着，小树就会长大，灌丛就会延续绿色的历史。站在一处悬崖之上，俯耳倾听巨壑深涧之下河水的咆哮，看着那水流在坚硬的岩石上镂刻出的一道道印痕，我们仿佛就站在了历史的尽头。从那里回望，就会望到大地山川的沉沦，就会望见一座又一座森林灰飞烟灭的惨烈与悲壮。万里黄河在河北拉加段的状况是它苦难过去和漫长未来之间的一个渡口，那红土山裸露无遗的红色山脊上残存的那点点绿色已成为一种久远的暗示。

53

拉加渡口上现在已有桥挺立，过了桥，翻过红土山，一路往西就进入了西哈龙山谷。我这并不是第一次从西哈龙那条狭长的山谷穿过，我至少有七八次从那山谷里走过。它从那座曾生长过云杉和圆柏的红土山西段一路抬升、峰回路转，直接果洛州府大武镇东面的黑土山顶，全长 50 多公里。然而，海拔却从 3300 米陡升了 1400 多米。那山谷两面的山坡之上长满了灌丛。那灌丛从西哈龙谷口一直延伸到它的尽头，从谷底一直分布到两面的山头。西哈龙谷底有河，一年四季均有清澈的水流直泻黄河。河水虽不大，但总是在清亮亮地流淌。河床也不宽，但河水却流得从容。大约十几年前，我曾把它写进小说，小说里的故事是假的，但那河却是真的。那条在晴朗的日子里风姿绰约，在阴雨的日子里云雾缭绕的河，总有一种让人心动的魅力。每次从它身旁经过，都感觉那种魅力一次比一次浓烈。但我一直没有深究其魅力来自何方，直到有一天，我仔细地打量那条山谷，才发现那魅力就缘于那浩浩荡荡、绿满山野的灌木林。

那天，午后的阳光直射谷底，从山谷里往山坡上看，那些低矮的林莽便有了层次，便有了高度。金灿灿开着细碎黄花的是金露梅。紫中透蓝的那一丛丛卓尔不凡的高山花卉是小叶杜鹃。河畔山岩之上偶尔还能见到一棵或几棵已矮化了的圆柏，圆柏旁边斜斜生长着的那一簇则是西藏锦鸡儿，山脚下连成一片的那些绿油油、黄生生的植物是高山柳类。柳类是青藏高原高山灌丛的主要建群植物，其种类之多堪称高寒灌丛的绝对统帅。柳丛中，间或长出一片暗绿发蓝的植物，枝头上挂着穗状白花，它一定是忍冬无疑了……有研究高山灌丛的朋友介绍说，这里的柳类很多还不曾鉴定命名。有一年中科院有位专攻柳类的科学家来此考察，有人请教其中一二，均无回答。

西哈龙是宁静的，宁静的山谷里那些植物至少已经演化了几千万年才成为我们现在所看到的这个样子。河边的沙滩上长着一棵棵黑刺（沙棘），不时还能看到几棵红柳。我曾留意观察灌丛在不同海拔高度上的细微变化，我发现，在海拔3000多米的地方，几乎所有的灌木都可以长到惊人的高度。但随着海拔的升高，它们就会不断矮化，而且那种变低变矮的变化是那样的明显。有人说，在欧洲一些山地金露梅的花朵就像刺玫花一样硕大。我在青海东部一些山地里也曾看到林间有长到两三米高的金露梅。而在西哈龙这样的地方，金露梅最高只能长到半米左右。在4000米以上的山坡上，金露梅的株高只有20厘米左右，超过4500米以后，金露梅已无法长成灌丛，只有紧贴着地表才能偶然存活，其状如草本。

沙棘这种分布于河滩沙地的木本植物也有类似的表现。它在海拔3000米以下的地方，几乎可以长得像真正的乔木一样高大，根径在30厘米左右、株高在七八米的沙棘树约20年时间就能长成。而我在海拔4200米左右的地方见到的沙棘也已是紧贴着地表才能生长。这种被植物学家鉴定命名为西藏沙棘的低矮植物当属沙棘的变种之一。我在长江南源区的河谷滩地上初次见到它时，远远看上去无异于低矮的沙生草本植物，它们紧贴着地表，最高的也只有三五厘米。但即使这样，它们也结着累累果实，甚至一些果实直接就长到沙子里了，扒开沙子，那些因为掩埋而发黄的沙棘果就像珍珠。它们可能是地球树木王国中最矮小的成

员了。从那些河谷滩地上望出去，一眼望不到边的沙滩上都长着这种沙棘。一开始，我还以为那是一种草本植物，偶然翻看它的枝叶时才发现它竟然是沙棘。青藏高原上的所有植物都有着与这些金露梅、沙棘一样的变异经历。高原亿万年隆升的过程，其实就是一部万物生灵不断演替变迁的历史。许许多多的生命就在这隆升的过程中消失在岁月的缝隙里，也有许许多多的生命不但千万年繁衍不息，而且还有了许多的变种和亚种。几千万年间它们一路演替迁徙而来的艰难历程就是一部生物进化论。许许多多的物种还在消失，许许多多的物种还有待发现。因为高原的年轻，许多的物种虽然生存了下来，但却正在消失的路上。这都是海拔的造化。我想，地势抬升的速度某种意义上就可揭示植物低矮的变异程度。大自然的神奇之处在于，海拔的升高虽然使许多物种永远地留在了低海拔的地方，却也使很多的物种长到了地球的最高处，其中不乏最古老的生物种。金露梅、银露梅和西藏沙棘们，在几乎没有无霜期的高寒地带，一年一度艰难而从容地完成着开花结果的生命过程。它们原本可以长得十分高大，只是在高原不断抬升的过程中，为了求得生存才逐渐变得矮小了。这便是自然规律。看着那些不得不结到沙砾中的小果子，生存的艰难以及生命的坚毅和美丽也尽在其中了。

作为一个树种，青海云杉可谓是青藏高原大森林中的佼佼者了，它在海拔3000米以下的地方可以长到40米以上，是世界上最高大的乔木之一。在青海几乎所有的天然林区，它都是绝对的统治者。站在远处望去，云杉林透着一股黑炯炯、阴森森的凉气，在山坡上，在谷地里绵延起伏，以它高大的身躯将森林文明的种子也播撒到了地球的最高处。每每走进一片云杉林，站在一棵云杉树下，举首向天时，便感觉自己就像是林下的一棵小草。但见它盘根错节、威风八面，那种气度和神韵让人叹为观止。就是这样一种乔木，在青藏高原日益隆升的过程中，也不得不为其折腰，委曲求全了。以致在海拔3500米以上的地方，它的极限高度也只有20米。从3000米到3500米，尽管只有500米高的落差，而它的身高却低出了一倍多。再过几万年、几亿年之后，青藏高原或许又会抬升到一个全新的高度，青海云杉们或许还会依然坚守在杉类森林所能坚守的最后的极地，但是，它能依然这般高大吗？那么有一天，高大的云杉会不会变得和西藏沙棘们一样矮小呢？

54

正是这个原因，翻过那座红土山之后，就再也见不到高大乔木的身影了。从西哈龙往北往西，作为森林存在的就只有灌丛了。当然，那也是森林，那是地球最高处的低矮林莽。虽然，它们永远无法和那些乔木一样高大，但它们无疑是地球上高海拔地区最壮观的植物群落，也是青藏高原腹地最具生命力的生物种群。除却它自身的生长高度，仅从海拔高度而言，它们也许是地球上最为罕见的一片大森林了。它就是黄河源区山野的灌丛。世界高海拔地区面积最大的一片低矮林莽之一。

2003 年 7 月 3 日至 12 日的十天时间里，我带领的一个采访组几乎一直在这片低矮的林莽中穿梭。从阿尼玛卿山麓直到年保叶什则湖畔，我们每天都会看到漫山遍野的灌丛迎面而来。如果说一片有高大乔木的森林是一部恢弘的交响乐，那么，一片灌木林就是一支管弦乐协奏曲，穿越一片灌木林的感觉就像那支曲子中铜管和小提琴若即若离的唱和。你得凝神聆听才能深得其妙。有阳光自山顶泻落，有鸟鸣自灌丛深处随风而来，层层细碎的叶片上跳动着绿色的光芒，林间有溪水淙淙，有花香飘逸。

7 月 9 日早上 9 点多，我们从久治县城出发，前往年保叶什则，那是一座神山，它在当地牧人心目中的地位是神圣的。到了久治不去年保叶什则，就像到了拉萨没有去布达拉。

从久治县城出来，往西翻过一座大山，穿过一片草原，约一个小时之后，我们就已在西姆措湖边了。车在离湖岸约一公里的地方停下之后，我们便下车向湖边走去。前方左侧湖岸上有一座供人们煨放桑烟的四方高台，台边挂满了五彩经幡，经幡之下开满黄花的草地上飘满了风马。站在那里放眼望去，年保叶什则的雪峰就在阳光下熠熠生辉。已经就在碧波荡漾的湖边上了。湖南岸山坡上植被稀疏，有很多地方都有层层流沙，流沙之上是裸露的山岩。湖北岸却是一片平缓的坡地，从岸边直到山顶都长满了繁茂的灌丛。目光越过那片灌丛望出去，湖尽头的石峰之侧挂着一线瀑布，与两面峰顶的冰川相映生辉。湖光山色浑然一体，令人顿生置身世外的感觉，便禁不住赞叹。看着这一派美景，连日来路途的劳顿与疲惫便荡然而去。有几个人奔向湖边的一只游船，船边已有捷足先登者了。于是我和剩下的几个人就向北面的灌丛走去，走了几步又回头问县上来的朋友："走到那瀑布跟前需要多长时间？"有人答："两个小时。"来去四个小时，不远嘛。就径直往前走去。

那片灌丛以柳类为主，还有忍冬、金露梅、细枝绣线菊、花楸、小叶杜鹃和其他十数种叫不出名字的高山灌木。它们一簇簇地生长着，从那山下一直伸向四面的山坡。从远处看，它们好像长得过于低矮，及至走近时，才发现它们大都在一人之上。再往里走，真有点走进一片森林的感觉，有时从里面望不到西姆措湖，也看不到湖边的帐篷和帐篷前的人。

大约往里走了一个多小时之后，身边的人就越来越少了，最后就只剩下我和另一位记者高小青先生了。我们决定走至那瀑布跟前再往回走。一路上我们不时地停下来为那些稀奇的植物拍照，仔细地观察它们的枝叶状貌。当然，也不时地坐在岩石之上观赏美景和歇息。从离开湖岸走向那片灌丛，老高一直很兴奋，我也是。我们约定等有闲暇之日，一定来这里住上些日子。灌丛之内还有很多花草，路也极为难走。灌草乱石之间偶尔会发现一些足迹，一条像是被踩踏过的痕迹便是我们认定的路了。顺着那路走去，每走几步便会有烂泥坑，便会有小河小溪乃至沼泽之类的地方躲不过、绕不开。等走了两个多小时，那瀑布仍在前面很远的地方。但我们谁都不想半途而废，就硬坚持着往前走。其实我们的体力已经耗得差不多了，从十点半开始走，直走到下午两点半，我们才走到湖西岸的那片平滩上。那片约一公顷多的滩地上，长满了小叶杜鹃，杜鹃花开得正艳，蓝汪汪、紫油油的，升腾着一股光焰。这是我在高海拔地区见到的长得最纯的一片小叶杜鹃林了。小叶杜鹃是一种可提取名贵香料的花灌木品种，藏民族燃放桑烟时就以小叶杜鹃为配料，藏语称之为"苏鲁"，它与柏枝、榜粑、酥油等堆放在一起被点燃时，那袅袅升腾飘远的桑烟便会将奇异的芳香到处弥漫。西姆措是个圣湖，是藏区一个非常圣洁的地方，想必那片美丽的杜鹃花是专为那片圣洁而悄悄开放的了。

这时，我们已经饥饿难耐，但是，却已经在那瀑布之下了，再不近前一看，就会留下遗憾。就越过那片杜鹃花，攀向那瀑布流泻的山崖。有一条伸向那里的林间小路依稀可辨，但越走近那瀑布，灌丛就越茂密高大，路也越难走，而且，我们这才看清楚从很远处看到的那一挂飞瀑实际上只是一条河，只是它从山顶直泻而下，落差极大，水流很急，便飞溅起层层浪花，远望之，确有高山飞瀑的气象。即使静听之，也能听到震耳的水声。据说，那瀑布或河水的垂直落差只有 200 米，但我们只爬到约 170 米左右的高度再也没有力气向上爬了。就瘫坐在那里休息。就发现那瀑布边的山坡上还生长着真正的大叶杜鹃，雅称百里香的正是此物。它在青海广为分布，属甘青特有种，但在海拔 4000 米以上的高寒之地，我还是第一次亲见它的芳容，而且此前也从未听说过。老高好像还剩点力气，但我已经无力向前了，就决定往回走了。约下午三点，我们又穿过那片杜鹃花回到西姆措湖边。从身边的河中喝了一肚子冰水，就坐在湖边想怎样走回去。老高不知从哪儿捡了一条黄色的编织带，挑在一根树枝上摇晃着，给对岸的人传递求援的信息，没有反应，就开始大声呼唤，仍未果。就想象世上各种美好的事物，譬如啤酒、牛肉、方便面，譬如女人。但最终我们还是硬着头皮往回走了。因为这是我们惟有的选择。

这一带曾有茂密的森林，乩扎原始森林的核心地带，也是青藏高原上发育最早的原始林区。

因为省去了观景看植物，一路专心赶路，返回时用的时间少多了。尽管我们每走一段路就得停下歇一会，但却只用了两个多小时就回到了原地，与同事和朋友们在一起了。在返回的路上，经过一片有人活动过留下了一些食品包装物的草丛时，老高突然停住，在草丛中拨拉着，尔后高兴地惊呼："有食物！"原来他捡到了一小袋不知哪年哪月丢在这里的甘草杏，里面有三枚干杏子。我先吃了一颗，老高吃了两颗，我几乎是在把它放进嘴里的同时就把它吞进肚里了。并顺口把杏核吐到了很远的灌丛里。在它滑向灌丛的那一瞬里，我就后悔了，应该把它砸着吃了才是。我至今还记得它落向灌丛时在半空中划出的那段悠扬的弧线。后来心想，也许在许多年以后，这片灌丛中会长出三棵像山杏样的灌木。如果真是那样，它会令世上的植物学家们绞尽脑汁而不得其解。那天，我们穿越过一片美丽的灌木林，它让我们记住的却不仅仅是一片植物，我们还记住了我们自己的丑陋与弱小。

55

和高大的乔木不同，几乎所有的灌木都是簇状生长，少则七八株，多则上百枝，一簇簇、一片片根茎相连，枝叶相接，在一面面山坡上自河谷山脚向山顶蔓延而去。进得里面它们又是交错丛生，几乎没有空闲之地。与乔木林不同的还有，因为没有林上乔木的遮盖，阳光雨露可直接倾洒林间，使得灌丛枝叶繁茂，林间花草覆盖了几乎所有的土地，郁闭度之高使高大的乔木林无法与之比肩。如果从生态意义上讲，灌丛有着和乔木林同样重要的地位；如果从观赏乃至审美意义上讲，灌丛所具有的美学价值更是乔木林所无法替代的。植物及园林学界有一句西方植物学家的名言很流行：没有青藏高原的植物，就没有欧洲的园林。指的就是灌木。据说，欧洲园林之内那一簇簇开满鲜花的植物有很多就来自青藏高原。因为海拔的大幅降低，那些原本低矮的灌木日益变高，枝头上原本细碎的花朵也变得无比硕大了。

高寒灌丛是青藏高原分布广泛的植物类型之一，据统计资料显示，仅黄河源区灌丛的总面积就超过 30 万公顷，而实有保存面积也许会超过 40 万公顷。其面积之广，在青海乃至整个青藏高原腹地实属罕见。至少在青海境内找不出第二片如此广袤的森林。仅玛沁县境内就分布着超过 15 万公顷的灌丛。阿尼玛卿东麓至黄河谷地那数百公里的每一道山坡上都是这些灌丛的身影。远看如芳草绿荫，近前方知是灌丛。也许正是这个缘故，卫星图片上都没有反映出这些灌丛的详细分布。即使是分辨率极高的卫星拍摄系统，从遥远的太空扫过这片山野时也难以分辨哪是草原、哪是灌丛了。

但是，对这样一片举世罕见的绿色林莽，我们还没有引起足够的重视。在过去漫长的岁月里，我们几乎忽略了它们的存在。直到 21 世纪这个被视为绿色世纪的百年来临之前，我们甚至没有把这片林莽纳入森林的范畴。当人们把自己的牛羊赶向这片林莽时，他们的眼中那就是草原。牛羊们啃食着树叶时，它们的眼中那就是青草。当筑路的、淘金的和形形色色向这片高地涌来的人烧茶煮饭甚或御寒取暖时，那林莽又成了可以燃烧、可以释放能量的柴草。就在这种麻木的忽略中，这片原本低矮的林莽遭受了一次又一次的砍伐采挖之灾。因为它的低矮，所有的罪错都能找到可以化解和原谅的理由。近20年间，黄河源区至少有上万公顷的灌丛已不复存在，但却没有一个人为这种结果负责。当今社会如果谁去盗伐一棵林木，只要被发现，肯定会追究法律责任，但多少灌丛的消失却被视为合理，至少可以忽略，可以视而不见。

黄河流域生态环境的恶化日益成为中华民族的心腹大患，黄河源区的生态战略地位也日益凸现。随着三江源国家级自然保护区的设立和各项保护建设措施的着手实施，黄河源区很多地方已列入核心保护区域，这片高寒灌丛也已开始得到保护，我们看到很多地方已经用铁丝围了栏，很多灌丛已经在围栏中封育保护。但是仍有很多灌丛还没有得到很好的保护。天然灌丛也属天然林范畴，但是国家实施天然林保护工程时，并未将这片高寒灌丛全部纳入保护范围。而且已经纳入保护范围的部分，无论是资金投入还是其他保护措施，均比乔木林要低出一个档次，原因自然也是因为它的低矮。除此，由于作为依据的卫星图片也未能充分反映灌丛的分布状况，许多的灌丛尚未列入天然林之列，仅玛沁县就有数十万亩灌丛至今依然被视为天然草场。还因为草场承包到户、林地和草场界限不明等原因，许多灌丛依然在牛羊的践踏和啃食中遭到破坏。

在阿尼玛卿山麓采访时，我们看到这样一种景致，所有的山顶上都是一圈乱石，山岩裸露无遗，冰蚀地貌特征明显。它向世人展现的是一个曾经冰雪皑皑的世界。那些山峰之上过去都是冰川和积雪，而今那些冰雪已经荡然无存。冰雪消失之后留下了冰蚀地貌，而就在那冰蚀地貌的下限山坡上，那些灌丛郁郁葱葱地长满了整个山野。它说明过去的漫长岁月里，那灌丛是紧挨着雪线生长的。那是一幅怎样壮美的大自然图画：山顶之上冰雪皑皑，冰雪之下便是低矮的绿色林莽，山脚下的深谷巨壑之内都是河流涓涓的一片片、一泓泓天然湿地，绿色绕着冰峰雪山，冰峰雪山倒映水中，这便是黄河源区曾经有过的山野。只有像黄河这等伟大神奇的长河才配有这等神奇壮美的源区景色。

从一片又一片黄河源区的灌丛旁走过时，我们不得不一次次停下来，走向

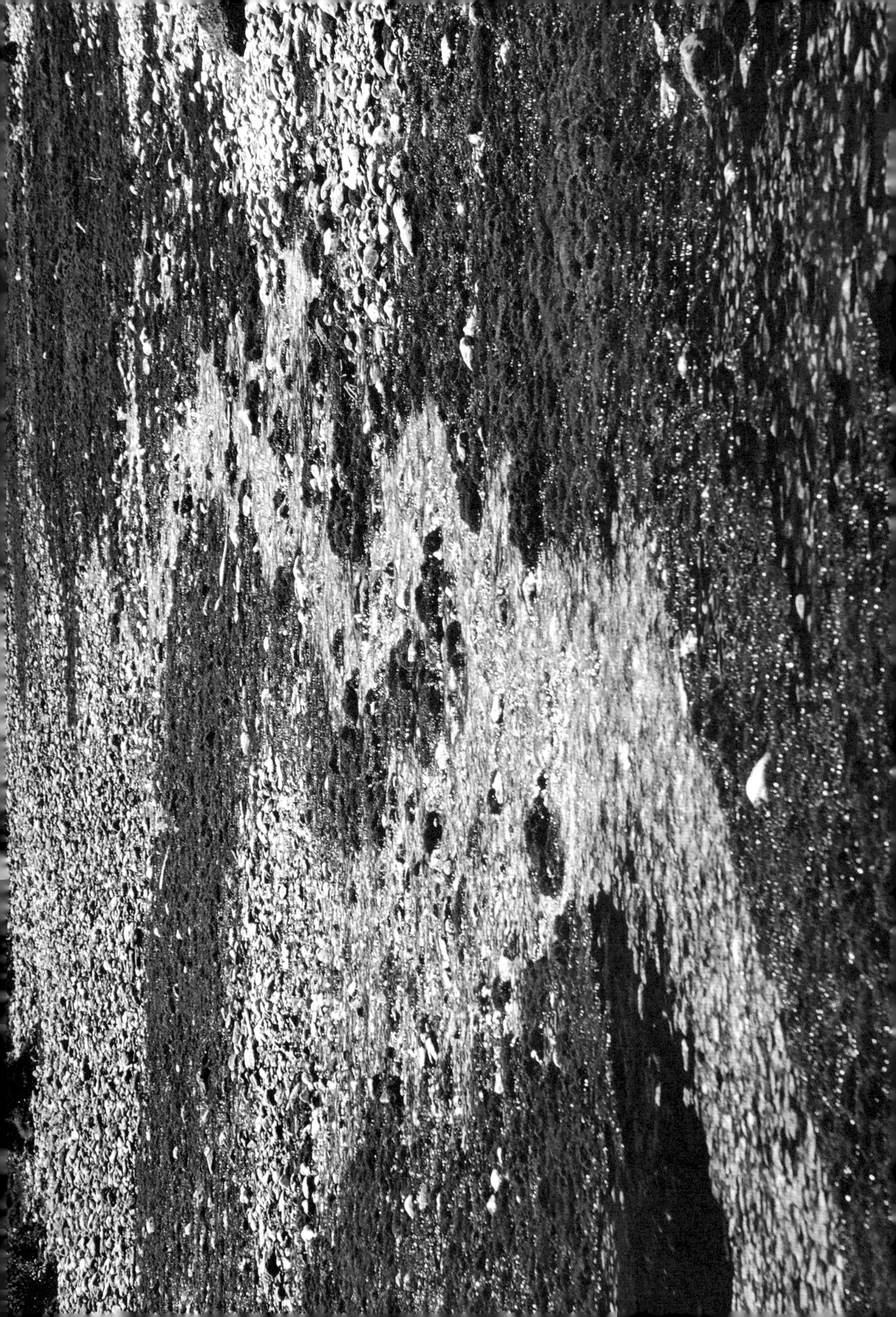

它们。它们是珍贵的，是世界上最珍贵的植物群落之一，是一座植物宝库。但对黄河而言，对黄河养育的中华文明而言，它们绝不仅仅是一些植物，它们是黄河的屏障和卫士，是黄河源流的家园和血脉，是黄河源区山野的灵魂和旗帜，是黄河子民可以感到安慰的精神高地。举目黄河源区山野的那些低矮林莽时，我看到的是过去的几千万年间它们一路迁徙演替的艰难历程。它们终于和一条伟大长河联系在一起了，黄河的千万年流淌中流过的是它们的千万年岁月。它们的叶片上曾经滴落的那些雨滴、那些露珠而今安在？它们的根须间曾经充盈流溢的那些山泉、那些溪流而今安在？黄河就是从那些雨滴和山泉溪流间萌生了浩浩东流的第一个梦。在日益恶化的黄河源生态环境面前，这一大片低矮林莽的存在就是一种希望。对这样一片林莽我们报以怎样的关怀和厚爱都不为过。可是，很显然，我们对它的关爱程度比之它所赐予我们的一切而言，简直是微不足道。一种对美好事物的冷漠、麻木使我们的大众变得越来越忘恩负义了。良知已不像过去那样在人们的心里占据着生命般重要神圣的地位。我们在面对一片山河的沉沦时正在丢弃一种极为宝贵的品质。某种意义上说，黄河之源的那些低矮林莽是无比高大的。那是我所见过的森林中最为神奇的一片林莽，它低矮但却神圣。

56

虽然不能绝对地说，最初的人类只出现在平原河谷地带，但可以肯定的是，人类最终的繁盛却是从平原开始的。平原上肥沃的土地和广袤的森林为人类的繁盛提供了足够的保障。而随着人类的急剧膨胀，平原地区的自然万物却迎来了灾难。在人类的步步逼近中，包括森林在内的自然万物纷纷逃离、后退，最终都消失在人类视野的尽头了。这就是为什么我们在平原地区已看不到森林的缘故。平原上最后只剩下土地和人类，以及由土地和人类衍生的农耕文化。森林都已退至山野之间。从这个意义上讲，是山脉延续了森林时代。

青海境内由北往南，排列着一条条由西而东的高大山脉，它们依次是阿尔金

山、祁连山、昆仑山、巴颜喀拉山和唐古拉山。其余众多的山脉都可以归属到这些高大山系的门下，算作它们的支脉和余脉。这些高大的山架之上曾经也有过森林的覆盖，直到它们高出森林分布的极限之后，森林才从那一列列高大的山架上滑落。而山下就紧接着那些平原。于是，森林就在生存的极限和平原人类的围剿杀伐中艰难地延续着自己历史的根脉。我从祁连山南麓的森林里一路走来，已经翻过了神圣的阿尼玛卿雪山，前面就是巍峨的巴颜喀拉山了，它是长江和黄河两条伟大长河的分水岭。我正走近长江上游的一片大森林，它是川西高原大森林的边缘。

川西大森林经过20世纪后半叶的那场大浩劫也已支离破碎了。那些高大的川西云杉和冷杉以及雪松和油松们被贪婪的人类哄抢而去，变为财政支柱之后就化为乌有了。中国大森林的悲歌就是从川西高原奏响的。而后从川西到滇西北，由滇西北到全中国，几乎所有的森林里都曾传出惊天动地的砍伐声。一座座大森林就在千百万荷斧拿锯者的杀伐中纷纷倒下，在大地上撞击出巨大的声响。那声响最终引发了1998年长江中下游那场史无前例的大灾难，全人类都为之震惊。国人第一次在举起斧头和锯子时，双手不由得颤抖了。共和国的总理第一次为之焦心如焚。中国大森林终于迎来了有史以来的第一道禁伐令。但是，我们注意到，随着这一道禁伐令的颁布，世界各地的大森林却也迎来了又一场大浩劫。有十几亿之众的中国不能不用木头，于是，全世界的木材供应商同时把目光盯住了中国，也盯住了世界上那些尚未禁伐的森林。在南亚、在亚马逊雨林中一时间砍伐声震天轰响。

毕竟，我们还不能在全球范围内颁布一道禁伐令，使地球上所有的森林都得以保全。虽然，这个世界上有人可以轻易地找到各种各样的理由和借口去攻打伊拉克或者阿富汗甚至任何一个地方，就像我们可以轻易地找到一个理由和借口跟一位朋友开一个不大不小的玩笑。但谁也不会为保全一片森林去打一场战争。虽然，森林以及自然万物原本并无国界，更无政治种族的偏见。譬如一只史前非洲的蚂蚁绝对不会因为双边关系去找一只美国的蝴蝶动枪动刀，更不会搞恐怖活动和反恐战争。但是人类在为自己划定大大小小的势力范围时，却给包括自然万物在内的一切都打上了原本并不属于它们而只属于人类社会形态的烙印。国家的利益高于一切，其次是种族利益，再其次才是人类的利益，而最后才是大自然的利益——如果大自然还有利益可言的话。而实际上，在人类的眼中，大自然永远没有利益可言。尽管我们一眼就能看出这种利益关系的绝对荒谬，但在可以想见的未来岁月里，人类绝对不会把大自然的利益放在第一位，而把国家的利益和种族的利益排在最后。尽管，地球人类和平的最终理想应该是生命万物共同的和平，但人类也许永远不会放弃凌驾于大自然之上的欲望和梦想。这才是人类最终极的忧虑，也是大森林最终极的忧患。

说到底，为了自己的利益，人类什么样的坏事都能干得出来。如果需要，他们就会毫不犹疑地出卖自己的朋友和兄弟甚至自己的良心和灵魂，更别说是牺牲大自然的利益了。天才歌德在他不朽的绝唱《浮士德》里就曾揭露过人类的这一不幸。浮士德博士为了满足自己的欲望，图一时之快，将自己的灵魂出卖给了魔鬼梅菲斯特。每当夜深人静时，那魔鬼就会从那黑森林里飘然而至，向他露出狰狞的微笑。此时此刻，我感觉那魔鬼身后隐隐约约的黑森林已变成了一个隐喻和暗示。如果从人性的角度讲，森林以及大自然可能也同时具有天使和魔鬼双重的身份。你要是和它保持和谐亲近的关系，它可能就是天使，但你要是只顾着想满足自己贪婪的欲望，那你就得把自己的灵魂抵押给魔鬼。这是一个事先就注定了要失败的赌局。但我们还是不甘心。其实，世上原本并无魔鬼，它和上帝一样，只是我们心灵的产儿。当你的心灵圣洁时，那里就住着上帝，而当你的心灵充满邪恶和欲望时，那里就只能居住魔鬼了。而现在的人类正将自己变成一个纯粹的魔鬼。在我们的心灵里，上帝已经没有了栖身之地，我们已然和魔鬼同流合污。我们已不再注重灵魂的家园。很多的时候，我们都更愿意认同自己丑陋的皮囊而不愿面对自己日渐空虚的内心。于是，灵魂就在那形同空壳的皮囊中堕落，那是一个无底的深渊。从那些给我们的视觉以强烈冲击的科幻大片里看到的那一个个庞然大物其实就是现代人类的真实写照。那些庞然大物不需要大森林的绿荫。所以，大森林就离我们远去。

57

多柯河是一条美丽的河，河谷两岸山野之上曾经都是森林。但是，那天当我再次走进这条河谷时，河对岸那整个一面山坡上的森林都已倒在山坡上。那面山坡长 30 多公里，上面曾经都是茂密的川西云杉，直到 1998 年时，它们还那么苍翠浓郁着。在那道禁伐令下达之后，竟有冒天下之大不韪者，在几天之内就将那片森林统统伐倒在那里。此事惊动了有关部门和最高层，下令：即使让那山坡上已经砍伐倒地的林木全部腐烂在那里，也不准任何人往外运出一根木头。用心可谓苦矣！但是，不如此就不能禁绝砍伐之害。站在河边的滩地上，凝望着那些乱纷纷倒在山坡上的那一棵棵大树时，浮现在我眼前的却是尸横遍野的情景，它会使人想起诸如国殇之类的字眼。

有一幅画一直刻在我的脑海之中，已想不起画家的名字了，但记得那是一幅国画，一幅具有油画般凝重效果的国画：黑暗的天空上，滚滚乌云严实地压向大地，像山一样四面环绕着，前面是平坦的原野，原野之上是无数战死沙场的烈士，一片死寂、一片宁静之中，有一匹白马像是在寻觅青草，又像是在用嘴唇轻轻触碰它的主人，无边的忧伤就在它的四周弥漫。画名就是《国殇》。站在多柯河谷地，凝望着那面躺满了林木的山坡时，我就仿佛站在了那幅《国殇》之前，那也是尸横遍野的沙场，那也是战死沙场的英烈。

多柯河阳坡多有圆柏分布，一路走去，林间密密麻麻的伐桩触目惊心。我曾仔细端详过一棵圆柏的伐桩，上面的年轮已经模糊，但它还完整地保留着油锯切割的截面。它的直径足有一米有余，想来它在这河谷山坡上已经挺立了 2500 年以上。

多柯河已是长江流域了，与多柯河只有一山之隔的玛可河也是长江流域。与多柯河不同的是玛可河流域依然是一片大森林。从林间公路上穿林而过时，两旁的森林看不出曾经遭到过多大的破坏。林相还保持着原始的模样，林缘地带的植被还没有出现退化，林下灌草茂密，林间山沟之内清流潺潺，一派万物和谐，鸟

语花香的景象。

我曾先后三次去玛可河林区，第一次是在 15 年前的那个夏天，第二次和第三次已是十几年之后了。我在玛可河的日子加起来差不多有一个月时间，用一个月的时间去认识一片森林不能算长，但在我却已是很奢侈了。除了玛可河，我在一片森林里的时间从未超过一个星期，大多都在三两天时间。应该说，我已经了解了这片森林，也深深地感受过这片森林。玛可河林区是青海境内在长江上游最大的一片森林，属大渡河水源涵养林。玛可河及其支流每年向长江输送着超过 16 亿立方米的清流碧浪。玛可河流域是青海诸河流域乃至整个长江流域生态环境保护最完好的地区之一，其森林覆盖率当在 70% 以上——而青海很多林区的森林覆盖率尚不足 40%，还不及很多国家乃至国内一些地方国土总面积上的森林覆盖率高，要知道，那可是林区啊！

其实，玛可河林区也曾是遭到最严重破坏的森林之一。自上世纪 60 年代以来的几十年间，林区内的砍伐之声从未间断。像麦浪沟那样整条山谷全面采伐的地方也不止一处。直到 1998 年底国家开始实行天然林全面禁伐之前，这里的可利用森林资源已濒临枯竭。这里分布着多达 460 余种森林植物和丰富的野生动物，森林中的看家乔木当数川西云杉，其次是桦树和松树类，而分布最广、种类最多的还是林下和林缘地带的灌丛。这些森林从海拔 3000 米的河谷一直覆盖到 4000 米以上的高山之顶。因为地处高寒，一棵云杉小树苗要长到根径在碗口粗的样子需要 120 年以上的时间。而在那些大肆砍伐的年月里，一个伐木工用油锯砍倒一棵有 300 年树龄的云杉所用的时间只有三四分钟。一棵大树生长的历史是它被砍倒所需时间的 3600 万倍。这一快一慢之间造成的就是神州大地上一串串永远无法改写的森林赤字。这里几十年间采伐的林木从数字上看也并不很多，总计也就 100 多万立方米，森林总消耗量也不过 200 万立方米，加上盗伐和其他原因导致的损失，估计也不会超过 300 万立方米。问题就出在林木生长速度的缓慢和砍倒一棵树所需时间之短暂之间所形成的落差悬殊。麦浪沟深 20 余公里，两面山梁之间最宽七八公里，山架垂直高度在 1000 米左右。偌大一条高山深谷之内曾经都是茫茫苍苍的林莽。上世纪 70 年代初至 80 年代初，浩浩荡荡的采伐大军整整用了 10 年时间，采伐这条山谷里的所有可用之材，总共才出过 12 万立方

而森林就从四周的山野层层叠叠着，森林的尽头有皑皑雪峰熠熠生辉。尕尔寺就在这一片仙境中盛开着灿烂。而我的森林长旅就以尕尔寺作为终点了。

米的木材。依浪沟的森林也采伐了近 10 年时间，但只出过六七万立方米的木材。由此可以想见，那 300 万立方米的林木消耗量需要砍伐掉多大的一片森林。

58

第一次走进玛可河森林时，我感觉自己正走进一座庞大的木材加工厂，到处码放着山一样的原木，设在一些山沟里的木材加工点上，电锯的尖叫声从早到晚不曾间断。随那电锯的尖叫一棵棵高大的树木就变作了一块块木板，一堆堆锯末。每一面山坡上都躺满了被砍伐倒地的林木，每一片森林里都传来伐木的轰响。通往山外的公路上一辆辆满载林木而去的大卡车不堪森林的重压吱嘎作响。而我所眼见的一切也许还不是最惨烈的场面。1967 年至 1970 年间，玛可河的交通不畅，为运送木材，林场专门修了条公路通到四川阿坝，并在那里建了一个有 80 辆大卡车的转运站。这个庞大的车队每天都从森林里把砍伐的木材运至阿坝，再从阿坝运至黄河加曲段的码头，再从那里直接往黄河里倾倒，让那些林木从黄河上游往下游漂浮。整整三年时间，加曲至曲沟近千公里的黄河上一直流淌着玛可河的原始森林。国家通讯社曾发电稿称赞这是世界高海拔地区最长的航运河道。从 1970 年开始，玛可河的林木直接运往四川，每立方米木材的售价只有 50 元。而每运出一立方米的木材，林场还赔进去近 10 元的血本。所以从 1971 年开始，玛可河开始自己加工木材，最多的一年就地加工的木材高达 7 万立方米。一片森林就这么消失了，而带给玛可河伐木工的却是连年亏损的重负。直到 1994 年以前，玛可河林区没有因为大量砍伐森林而取得任何经济效益，甚至已到了砍伐越多亏损也越严重的程度。后来，他们不得不自己经营木材，才使情况有所扭转。这已是 1995 年的事了。

印度加尔各答农业大学德斯教授曾详细测算过一棵树的生态价值：一棵 50 年树龄的树，产生氧气价值是 31200 美元；吸收有毒气体、防止大气污染的价值约 62500 美元；增加土壤肥力价值约 31200 美元；涵养水源价值 37500 美元；为鸟类及其他动物提供繁衍场地价值 31250 美元；产生蛋白质价值 2500 美元。除去花、果实和木材价值，总计创造价值 196000 美元。

是的，这是一个任何东西都以金钱来做衡量尺度的年代，可在很多时候，我们却忽略了一个更重要的因素，那就是用什么来做衡量金钱的尺度。德斯教授的计算肯定是科学的，但有多少人能真正理解他的苦心呢？依他的科学计算，我们从玛可河这样的森林中砍伐掉的那些高大的树木意味着什么呢？

我第二次去玛可河是在一个秋天。那里的砍伐之声已经消失，森林已恢复了宁静。秋色已把森林涂染得几乎到了金碧辉煌的程度，但只是渲染，不夸张，也不杂乱，有的只是和谐，只是色彩绚烂的统一。落叶松的针叶黄得像一片片金色的羽毛，透着亮、发着光。白桦的圆叶却是黄中带红，微风过处，它们在一面面山坡上如一群闪动着翅膀的蝴蝶。绿中透出瓦蓝色光芒的是云杉林巍然耸立的身影。林间流泻着一层层细碎金色波浪的是高山柳类尖尖的细叶儿。用深红和金黄涂满整个一座山梁升腾着五彩烈焰的是高山灌丛的景致。山间的清流碧浪一路流淌着森林斑斓的色彩，涓涓潺潺的流水声里尚能听见一声声鸟儿的啼啭脆鸣。有白云在林莽之上浩荡，有鹰自白云之下飞翔。山冈之上有藏族的碉楼山寨，山寨深巷之内有狗在吠叫。天地岁月情长，自然万物一脉。一片片秋色就是一段段金色的乐章，一棵棵大树就是一首首大自然的情歌。一年四季，春夏秋冬，玛可河的秋天是岁月的诗。望着那一派美景，你就会自惭形秽，你就会生出这样的念头：天地间可以没有人类，但绝对不可以没有森林。

整整有半个月时间，我每天都在那无边的秋色林莽中徜徉流连，每天都到那林间空地上独坐很长时间。坐在那里时，即使你闭目遐想，那滚滚而来的秋色也会随阵阵松涛穿透你所有的神经。面对那样一种至美的景色时，你即使是个龌龊猥琐之流，也会生出满脑子至纯至善的感念和祈愿。且不说，森林对人类生存的绝对意义，就是它对人类灵魂的净化乃至教化意义也是无可替代的。那是个雨后的下午，我在森林里漫步，草叶上、树叶上和松针上闪动着无数颗晶莹透亮的露珠。像无数颗玲珑的小铃铛，坠挂在一座巨大的绿色殿堂里。在绝对的宁静中，摇响着一支令人心魂飘荡的谣曲。

当我又一次走进玛可河时，面对那郁郁葱葱的青山林莽，不由得对玛可河森

林人生出些敬佩来。尽管他们也曾大肆砍伐这里的森林，但那都是在“国家建设需要”的大背景、大计划下采伐的。他们的可贵之处在于几十年不间断地实施人工造林，促进天然林更新。至本世纪初，玛可河林区已还清以往所有砍伐森林造成的资源欠账，林木蓄积超过上世纪中叶以来的最好水平。为保证森林更新，他们在林区和西宁都建有颇有规模的苗木基地，年可出圃苗木上千万株。如果每年有一半栽种到林区的山上，那也是一片十分壮观的绿色了。

甘长富曾是一个伐木工，如今却已是森林护林队的负责人了。那天一大早，他领我去看白马鸡，我们走了整整一天，翻了好几座山，穿过了一片又一片密林，但却一只白马鸡也没看到，只听到过几声马鸡的鸣叫。他觉得很奇怪，他在这里已经生活了 24 年了，当了 20 年的伐木工，他见到过无数的白马鸡，在那些漫长的冬天里，他常常以打猎来做消遣。每年冬天，他猎获的蓝马鸡和白马鸡至少也在百只以上，当然，他猎获的不只是马鸡，还有石羊和别的动物。他自言自语：“怎么就一只也看不到了呢？”最终我们不得不放弃继续寻找白马鸡的努力，就坐在一道山梁上，看着那森林。看着那森林时，我想起了一个传说。传说中的白马鸡是英雄战神格萨尔的士兵，在格萨尔之后，它们化作白马鸡隐于山林。如果有一天格萨尔重新降世，开始新的征程，这些白马鸡身上洁白的羽毛就能重新变回银色的铠甲，赶往他的帐前听候主人的调遣。老甘和我在那山梁上一边啃着干粮，一边有一句没一句地谈论着有关这座森林的一些事情。他告诉我，在前 20 年里，每年 5 月至 10 月的半年时间里，他一直在山上伐木，每三五分钟时间就可以伐倒一棵树龄在 200 年以上的大树。他手中的油锯在锯向那些坚硬无比的树干时就像用镰刀收割麦子一样容易。他一年至少要伐掉约 1000 棵高大的树木，最大的一棵云杉树的木材估计会超过 18 立方米，那得用好几辆大卡车装才能装完。20 年间，他至少伐倒过约 3 万棵大树，而每年的春天，他又一直在山上植树，一天要种植约 500 棵树，一个春天至少要种植约 1 万棵小树。24 年间，至少栽种了约 30 万棵小树。20 年以前栽种的那些云杉苗长势最好的一小部分，已经可以当椽子了。他说，算下来他种的树还是比砍掉的多。虽然砍掉的都是长了几百年的大树，而种下的树也得几百年之后才能长成原来的样子，但它们总会长大的。

在告别玛可河之后的那些日子里，我总会想起那片森林，想起那片绿浪翻滚的山野。每次想起玛可河的森林，我都在想，如果它从不曾砍伐，一直保持着它原始的风貌，依然有满山遍野的苍松古柏，那么，它又是怎样一派美景呢？虽然，玛可河的森林还在，但却已经没有了漫山遍野的苍松古柏，而一座没有了苍松古柏的森林是否还是一座真正的大森林呢？

59

由玛可河往西的整个长江源区，森林越来越稀少了，只有在长江源区干流通天河谷地有小片大果圆柏林分布，主要在治多县和曲麻莱县交接处的通天河两岸。圆柏在地球生物的演化史上可以说是一种年轻的物种，最早的裸子植物出现 3.3 亿年之后，它才出现在地球上，那时燕山运动刚刚拉开帷幕，喜马拉雅运动还远没有开始，整个青藏高原还没有开始隆起。圆柏这种高大的植物最早在什么时候出现在青藏高原上，还是一个有待证实的谜。可以肯定的是，至迟在距今 1200 万年前圆柏就已在青藏高原出现了。如今分布在青藏高原上的圆柏树龄最大的在 4500 年以上。4500 年在地球的记忆里只是短暂的一瞬。也许它就是和青藏高原一同长到了地球的最高处。而我在这里所关心的，是一个更加浅显也更加现实的问题，那就是它们能在这里存在并延续的意义。在我看来，在海拔 4000 米以上的地方有这样一片天然林就是一个奇迹，就是大自然的奇观。我更关心它现在和未来的命运。

我曾专程去探访过那片圆柏树林。那是几年前的那个夏天，我们从治多县城沿聂恰河谷一路往东，进入通天河谷地，而后翻山越岭，历经艰险，之后终于抵达那片森林。确切地说，我们从那河谷的滩地上就望见了那片森林。那里有一户牧人定居，那是叶青牧委会才卓老阿妈的家。在她家喝奶茶歇息时，她告诉我们，她家房子上的木料就来自那片圆柏林。她家前面就是生长着圆柏的那座山，那座山的名字叫克右日则。据说，以前整座山上都有圆柏覆盖，后来因为人们的砍伐，很多地方已见不到柏树了。从她家门前望出去，前面的山坡上只有三五棵圆柏的身影，显得很孤单。直到几年前，一位活佛说克右日则是一座神山之后，附近的牧人们才不去那山上砍树了。但仍有外面的人到那山上盗伐柏木。但克右日则只是那片圆柏林的核心部分，克右日则周围的茫茫群山之上曾经都有圆柏生长，而今却已日渐稀疏了。甚至很多地方已看不到一棵圆柏树了。说克右日则是座神山有其道理，传说，格萨尔王的坐骑就是在那山上长大的。

既是神山就要祭拜，要进神山更要事先祭拜，以求山神的恩准。在克右日则面向通天河的一个山坡上，有一个台地一样的小山头，上面有一个专门祭拜山神的鄂博，经幡飘飘，我们就在那里举行祭拜仪式。祭拜仪式由同行的格萨尔艺人才仁索南和索南坎布来完成，对他们来说，这座神山更具有特殊的意义。他们先在那里煨放桑烟，而后以他们特有的方式——用格萨尔史诗中的唱段赞颂大自然的恩典，为我们的冒犯向山神表达由衷的忏悔。我虽然听不大懂那抑扬顿挫中他们所表达的准确含义，但我能感受到那一份敬畏。那或许正是今天的人类所急需的一种生命品质。

举行完神圣的祭拜仪式，我们用了两个多小时的时间，登上克右日则山，从我们身体的反应看，那山头上的海拔当在4500米以上。站在那山头上望去，整个阳面山坡上都是高大的古柏林莽，郁郁葱葱，由东南向西北，长约二十公里。进得林子里面，我们才发现，那柏林并不茂密，疏疏朗朗的，阳光可直射林间空地，林下植物也很稀少，向阳的地方只有几种灌木分布，只有在一些阴坡里才长有草本植物。

我们在那柏林中呆了约两个小时，进到林子深处察看，看见有许多用斧头砍伐后留下的树桩，还有很多树的树干从一两米高的地方被砍掉。砍伐森林，盖房子、做家具乃至做棺材，这便是森林文明异化的延伸，也是森林惨遭砍伐之害的根源。在森林分布广泛的地方，仅仅这些或许尚不致酿成大祸，但在这种森林的极限地带它却是致命的。在林间险要处，我们看到三四处石头屋的废墟和一座至今保存完好的石屋。据说，那都是一些高僧隐居修行的场所。与许多林区看到的房屋不同的是，它们不是用木头而是用石板垒砌而成，只用了很少的一些木料。从那石头垒砌的房屋不难看出，这里的人原本是怎样地珍爱着那些树木的。在森

林中修建一座小木屋要比用石头修建一座石屋容易得多，也安全得多，他们又何必不畏艰险从远处搬运那么多小石板，精心地修筑房舍呢？何况，那林中有的是木料。

相传大唐文成公主远嫁吐蕃时，就曾路过此地，那时就有一些高僧隐居林间。想必那时那片柏树林还从不曾遭受砍伐之害。此去往东不远的通天河边有一条山沟叫勒巴沟，沟内灌木丛生，翠柏满山，无论是河边水间的巨石之上，还是翠柏掩映的悬崖峭壁之侧，都刻满了经文和佛像，刻满了嗡嘛呢叭咪吽。相传这里最早的经文石刻也缘于文成公主进藏之时。这位大唐公主不仅为这片世代游牧的高大陆带来了佛教文化的广泛传播，还带来了农耕文明的火种。也许正是这火种才最终导致了森林的萎缩。而今，公主的音容笑貌已经消隐在历史的尽头了，而这延伸了千年的唐蕃古道依然在珍藏着她的足迹。看那勒巴沟中涓涓溪流间流淌的经文，听那峭壁悬崖上吹落的天籁，文明的溪流就是这般纵贯古今的。而那些圆柏、那些在风霜雨雪中挺立了一千年又一千年的圆柏，又是怎样地铭记着人类文明的历史轨迹呢？

60

我正在翻越格吉山，前面就是巍峨的唐古拉了。

这两座大山之间就是东南亚第一巨川澜沧江的摇篮。由此往东往南，便是横断山，便是大西南那著名的褶皱地带，那些褶皱之上生长着高大的冷杉林和云杉林，那是中国最大的森林之一了。这是我此行中所走近的最后一片森林。我从湟水谷地、从祁连山麓一路跋涉而来时，一片片森林正四散而去，当我沿着森林的足迹苦苦寻觅时，森林已然退隐在最后的山野。

“乪扎”这两个字看上去就像两棵虬根丛生的古柏。它是一片森林的名字。那片森林是澜沧江上游青海境内最大的一片森林。它从澜沧江谷地苍茫起伏一路往西绵延而去，直至西藏境内，一条条纵深切割的大峡谷就在那林区内跌宕着，森林就沿着那一条条大峡谷两面陡直的山壁一路浩荡葱茏。大峡谷使森林具有了无法比拟的层次和美态，观之则如绿色的惊涛骇浪。从地貌上看，这些大峡谷属横断山区那巨大地质褶皱带的余脉，在整个青藏高原除藏南和雅鲁藏布江大峡谷等几个地方之外，再无出其右者。

那天下午我们从囊谦县城出发往白扎林区一路向西时，一条条大峡谷就挡在我们的前面，高原面上舒缓开阔的滩地和丘陵地貌在这里已经消失。看着那一条条大峡谷，我在想，那些高大的云杉和圆柏向这里迁徙演替而来时，一路经历了多大的艰辛和磨难。是峡谷里微弱的季风引领了它们，还是峡谷里奔流的江河引诱了它们？我们是在那个大雨滂沱的傍晚走近那片森林的。停在巴曲峡口望向四周，纵横交错的一条条大峡谷在雨雾迷蒙中，从那里伸向四周的山野。无论你迈向哪一条大峡谷都可能走向未知的迷境。那一刻里，我感觉了从未有过的孤独。灵魂就在那孤独中聆听着空谷雨声，而森林却在那雨声中正成为空谷绝响。看那峡谷阳坡里已然稀稀落落的圆柏和阴坡里同样稀稀落落的云杉在那雨雾迷蒙中瑟缩的样子，就会使你想及劫后余生的惊恐万状。

这一带曾有茂密的森林，白扎原始森林的核心地带，也是青藏高原上发育最早的原始林区。白扎林场建场之初就曾以这一带为主伐区，至上世纪 80 年代后期，这里的森林已砍伐殆尽，无木可伐了。1987 年，我在囊谦县采访时，县城大小院门之内均能看到随处堆放的巨大原木，县城街道上从早到晚都能看到拉运木头的车辆，有的一辆大卡车上只装载着一根木头，那差不多是一棵大树约六分之一的树干，那巨大的树干上写满了森林古老的历史。森林就在那毫无节制的砍伐和拉运中一天天消失了。16 年前，我在囊谦看到的其实就是一座森林渐远的背影。

次日一早，我们再次穿越白扎林区，取道曲尕泽那段险峻的峡谷前往吉曲河边。沿途的奇峰长峡常令我们驻足观望。这一路现在是林区的核心区域，从残败的林相看，这一带的森林也曾遭到过毁灭性的砍伐之灾。林间大片没有树木生长的空地和随处可见的伐桩可证明一切。中午 12 点左右，我们抵达奔腾的吉曲河边，吉曲河流域也有大片的森林分布。吉曲河是澜沧江最大的源区支流之一。在囊谦境内还有好几条堪称大河的支流汇入澜沧江源区干流杂曲河。那一条条源流和大峡谷使澜沧江从源区山野奔流而下时就已不同凡响了。澜沧江好像从囊谦就做好了向十万大山的横断山区奔腾而去的准备。

下午1点，我们赶回新琼结沟口，那里阳面的山坡上扎着三顶帐篷，这是乩扎乡东巴村森乩合作社牧人的夏季牧业点。在帐篷前的草地上坐定之后，一个老阿妈就给我们端上了滚烫的奶茶，很快，在我们前面的草地上摆满了酥油、糌粑等食物，加上我们自己带的东西，这顿午餐在我们已是很丰盛了。山坡下的新琼结河在阳光下闪耀着光芒。一个少妇就斜躺在另一顶帐篷前摇着奶油分离器，像是摇着纺车。我们的周围摊晒着好几摊牛粪，微风过处吹来阵阵奇异的味道。

7月21日，我们又一次穿过乩扎林区和另外很多条大峡谷，直至尕尔寺。过了乩扎林场场部，一路上所看到的森林虽然也已遭到破坏，但仍能看到成片的森林，尤其在快走近尕尔寺的那几条大峡谷时，那些高大的云杉依然在一面面山坡上苍翠苍茫。

快到尕尔寺时有一片开阔的滩地，四周的林莽无边无际，山下有河静静流淌。就要见到尕尔寺了。这样想时，我心里就有了一些紧张。在此前的很多个日子里，玉树草原上的朋友们不止一次地向我讲起过这座千年古刹。说寺上有一个经轮，是文成公主进藏时留下的遗物，一千几百年间，它一直在不停地转动。说寺上的僧众和林间的万物生灵和平共处，那些黄羊、石羊和野鹿们与僧人们有着亲密的关系。据说，那一带的野生动物们只要一听到远处有枪声什么的，都会立刻赶到寺院附近避难。说那里如何如何美丽，他们把尕尔寺描述成了神话仙境。

尕尔寺果然是仙境，是神话。

沿一条笔直的大峡谷一路向西时，老远就望见了前方山头崖壁之上的建筑，我以为那就是尕尔寺了，便赞叹。而及至站在那建筑物之下时，才发现那只是一幢新近建成的僧舍楼。上楼凭栏远眺，尕尔寺及周围的茫茫群山尽收眼底。尕尔寺依山而建，分上下两院，上院几乎建在峭壁上，悬崖之下只有一条仅供僧俗信徒行走的小径。那个嘛呢经轮就供放在上院的那座小经堂里。整个上院，除那幢僧舍楼之外，几乎都是以前的建筑，早的在千年以上。经堂两侧除了狭窄阴暗的嘛呢长廊之外，便是石砌的僧房，每间10平方米左右。僧舍之门狭小，一个人低下头才能进得去，僧舍之窗则更小，只有一小束阳光可透照在里面的小案上，

想来，僧人就是借了那一小束亮光来诵读经文的。每天坐在里面诵读经文的僧人可能想过，对他而言，一扇窗户的意义就是让一束亮光照在经卷上，如灯盏，所以窗户就无需大。有了前面的那一片光明，他的心里就满是光明。即使周遭是无边的黑暗，他也满怀光明。我从那狭窄的嘛呢长廊里轻轻走过时，便有了一种冲动，向往在那一溜石砌的僧舍中能有一间属于自己的去处。于是在心里暗暗地许下了一个心愿，暗暗地祈求。就在那一刻里，我感觉到我会望见一道绚丽的彩虹。彩虹没有即刻出现，尽管我从那僧舍楼顶凭栏远眺、一直望着对面的山头时，其实就在等待彩虹。彩虹出现在我回返的路上。当我从搭在两面山梁之间的彩虹的拱门下穿过时，仿佛我的心愿已然实现。一片泪光便在眼眸深处与那彩虹相叠相加。至深的感动就在心灵深处流溢弥漫。

下院正在大兴土木，大经堂已经落成，大经堂里面已然香火缭绕，梵音袅袅。山下有河，河间谷地淤塞，形成一片小湖，清澈碧透，静谧飘渺。有一群小鱼儿就在那一片澄澈里快乐地游来游去。而森林就从四周的山野层层叠叠着，森林的尽头有皑皑雪峰熠熠生辉。尕尔寺就在这一片仙境中盛开着灿烂。而我的森林长旅就以尕尔寺作为终点了。

我是在从尕尔寺往回的路上突然做出这个决定的。尕尔寺对我的森林之行是个安慰，它不仅使我眼见了森林最后的样子，也给我的心灵以深深的启示。那道彩虹，那道叠加在我的祈愿和心灵之间的彩虹，肯定是一个暗示。我有一种预感，我的人生将因这道彩虹而发生重大变化。我想，我知道那是什么，我确切地知道。但我不敢说破，那也许就是天机。我必须等待一个机缘，那在一定的程度上得看我自己的造化。我不知道我在过往的世界里有过怎样的业果，是恶，还是善？如果我还有来世，我希望自己能在一座大森林里长成一棵永不遭到刀斧之害的云杉。脚下花草茂盛，鸟虫鸣啭，头顶白云悠悠，微风轻拂。而且如若可能，我愿永远安于僻静一隅，远离一切喧嚣，尤其远离所有的人群，远离人群之后就能归于宁静了。而归于宁静之后的一棵云杉就可以长成慈悲的样子。我渴望慈悲。

远天远地的有几只藏羚羊在旷野上悠然踱步，就在望见我们的一刹那里，它们就像望见了魔鬼一样，先是惊恐万状，而后就飞奔而去。

森林渐远，有风自地底下漫卷
一段往事落在最后的那棵树上
天上正有大雪飘落一片苍茫
已然迷失的路上脚印却还鲜亮
树的伤口已写成一句沉默的咒语
从前的那把斧子还插在那棵冷杉树上吗
如期而至的季节里总有遥遥无期的牵挂
一路往前时心里却装满了孤独
你头也不回地径自往前，而前方
不远处就是最后的那座山冈
我却在你的背影里忍受凄凉
——《有关森林》

离开尕尔寺，越往回走，离森林的距离也就越远，但我感觉自己离尕尔寺的距离却越来越迫近了。我在尕尔寺的一面墙壁之上看到了一幅壁画。这是几乎所有的佛教寺院里都能看到的一幅壁画。它在藏语中的名字叫《腾巴彬西》，是和睦的四兄弟的意思。一头大象占据了整幅画的中下部，大象头顶上蹲着一只猴子，猴子之上是一只兔子，兔子之上是一只鸟。一棵茂盛的果树从天空的方向往下伸展着坠满了果实的枝条。它们必须团结协作才能采摘到树上的果实。这是一幅具有象征意义和隐喻色彩的画。它在一派宁静安详之中透着慈悲之光。这是大森林给我的最后启示。我佛慈悲，我能走进大地之上那些最后的森林，并有缘一次次立于这幅画前，展开我的想象和我的思想，是我最大的福祉和善果。

我为之顶礼。嗡嘛呢叭咪吽。

叭

生命万物的颂词与挽歌

叭能消除畜牲役使苦。
——萨迦·索南坚赞

其实我的那天晚上是1962年农历8月30日。那是个没有月光的夜晚，天上只有星星。在我们家的那排低矮的……我出生在了羊圈里——那个小山村的母亲们至今还延续着在羊圈里生养孩子的风俗——我在羊圈里冒着热气，把第一声啼哭带给这个世界时，我想我一定把那儿的羊儿吓了一跳。当我能长出记忆开始记事时，那儿的羊儿还在那羊圈里呆着，它们总是友好地注视着我。我想，它们一定还记得我出生来的那一刻。那时候，村里的人们都依旧过着那没完没了的苦日子。所有的院墙上都写着大大的标语，像一道道咒语。很多人都在饥饿中死去了。还有很多的人在我出生之前就已经死去，人们常常在回忆中提到他们的名字，那是些陌生的名字。祖上有位奶奶，她在生我之前，她留给我们家的是她那总是高高隆起着的肚子，那肚子里都已经装满了消化不了的粗糠，我几乎看到了那肚子里面的野菜叶子。又过了一两年，那些院墙上的标语又换成新的了，但院墙依旧。

用来讴歌生命万物的颂词不得已要用杀戮的悲惨作铺垫，在我已是一种悲哀了。嗡嘛呢叭咪吽。慈悲的祝祷已响彻天涯，而生命欢呼的天涯却已零落成血色苍茫的荒野。我从那荒野上走过，我听见生命的挽歌正在凄婉哀鸣。

61

索加乡政府就坐落在多杰文扎山下，有清清的河流从远处的雪山奔流而来，在冬日的阳光下披着银色的盔甲，苍茫逶迤如洁白的哈达，在夏日绿色的草原上却泛着欢快的波浪，像蓝色的飘带。我深知这样的比喻无疑是一种庸俗的陈词滥调，但当你走进那样一片草原，面对那样一种壮美的景色时，你其实会比平日里显出越发不可收拾的平庸和凡俗。那样的时刻，虽然，你满脑子鼓荡着的全是深邃飘渺的感觉，好像你的每一个细胞、每一条毛细血管里都汹涌着永远不会再现的绝妙体验，但你就是无法精确地表达此时此刻的感受。也许这就是人们在一种此前从未有缘谋面的大景致突然扑面而来时，禁不住哇哇乱叫的缘故。我无疑也在哇哇乱叫。比之人语无伦次的哇哇乱叫，大自然的声音却总是充满了和谐与秩序。

在走进这片草原之前，我的朋友哈西·扎喜多杰曾带给我一些有关索加的照片，其中有两幅图片给我留下了很深的印象，一幅是秋日索加的草原景色，无边无际的金黄色覆盖着视野，富有动感，像是在汹涌飘荡。一幅的画面上落着厚厚的雪，厚雪之上落着密密的麻雀，我已经有很多年没见过那么多的麻雀了。而在我小时候，每天从早到晚，它们总是在我的四周飞来飞去。每天早晨，我都是在一片麻雀的清脆鸣叫中睁开眼睛的。麻雀是一种喜欢早晨的鸟类，尤其是冬天的

早晨。因为，它们在冬日早晨的鸣叫格外清脆。我想，在冬日的寒夜它们肯定经历过无法想象的寒冷，而且，那寒冷是一点点渗入到它们的肌肤和骨髓里的。先是羽毛被一层冰霜凝结，之后，又一层冰霜落下来，而这时先落的冰霜已经刺进羽毛里面。它们就在那一层层叠加的寒冷中，等待天明。天终于亮了，难耐的寒夜终于过去。它们为之欢欣鼓舞，便鸣叫，一开始只是稀稀拉拉的叫声，而后逐渐密集，逐渐响成了一片，响过整个山野，早晨的阳光是和它们的鸣叫一起洒向山野的。在那个小山村，无论你走到那里，都会惊起一片麻雀。它们好像无处不在。麻雀恐怕是这个世界上最喜欢鸣叫的鸟类了，当一群麻雀在一起时，你就会感觉它们的鸣叫就像是无数只蚂蚱的跳跃，它们好像永远都有说不完的话。乍一听，那种鸣叫毫无秩序，但当你仔细聆听时，你就能感觉到一种生命的力量，它们是那么的富有活力和朝气。无论有多少只麻雀在一起鸣叫，你听到的永远是很多麻雀独自的鸣叫，那里永远没有和声，所有的麻雀都以同样的频率和声部在鸣叫，但却依然互不重复、互不影响，那种高难度的声乐修养人类是永远无法望其项背的。那万鸟齐鸣的声音好像是从一个元点上爆炸开来的，而后就向四面八方散射而去。而后，像有亿万根银针在不同的方位发出尖锐的鸣响。

山村里所有的孩子都会有跟麻雀有关的故事和记忆。但是，它们好像一下子就从我们的眼前消失了。现在，走在村巷里你几乎看不到一只麻雀，也听不到麻雀的鸣叫。没有了麻雀的山村就成了一个哑巴，寂静就从每一条村巷里向四处蔓延。和麻雀一起消失的还有布谷鸟、喜鹊和乌鸦以及别的鸟儿，还有那些在草丛中、泥土里啾啾唱和的小虫子。田野里、山坡上，除了风和人的声音之外，再没有其他的声音了，一片死一样的寂静笼罩着四野，也笼罩着人们的心灵。

这是著名的卡逊夫人在她《寂静的春天》一书中为我们描述过的情景。她描述的大多是上世纪六七十年代欧美大陆上出现的惨相，而今这种惨相已遍及全球，几乎所有的春天都已陷入寂静，就连我那个小山村也不例外。卡逊是个女先知，是20世纪降临人间的西皮尔，她不仅为我们详尽地描述了那个史无前例的春天，而且也为我们预言了人类今天所遭遇的尴尬和不幸。但是，绝大多数地球子民在很久以后才读到她的著作，绝大多数中国人到现在也还没读过她的著作。当然，这并不妨碍我们对春天寂静的感受。寂静早已渗入到我们的骨髓。

62

我到索加不仅是去看望那片草原的，也是去看望那些鸟儿的，那里是无数鸟儿的故乡。

那天早上，我们起得很早，喝了我们自己熬的茯茶，啃了一些干饼子，我们就出发往措池滩，那是格萨尔史诗中传唱了千年的鸟类王国，在走近它之前，我们对它已有过无数的想象。在动身走向它的那一刻里，我们满脑子都是自由飞翔的鸟儿。但是，我们没想到，去往措池的路竟是那样的艰险。文扎驾驶的那辆北京吉普一出了索加乡政府的院子，没走多远就爬向昂文扎陡峭的山壁，我们就下车徒步攀缘。吉普车像一只笨拙的甲壳虫左突右拐，不时地停在山壁上喘着粗气。因为海拔的缘故，我们几乎每喘一口气都能感到胸腔深处的疼痛。我想我们的心脏和肺部都在承受极限的压力。

这时，我才发现，文扎试图要直直地翻越那座陡峭的高山，但是，到后来连他自己都意识到这几乎是不可能的，因为，那山坡上不但没有路，而且快到山顶的地方还有一道嶙峋嵯峨的山岩，别说是开车，即使徒步攀缘，也无法翻越。大约在两个小时之后，我们已在那山坡上走出将近一公里的路，而离山顶却还有差不多这么远的距离。举首望向山梁时，我们都已望而却步。我们就停下来歇息喘气。而后，我们就决定不再直直地往前，而是向左绕过整个的山梁，再寻找去路。吉普车一路斜斜地从那山坡上往左驶去，有好几次，我感觉它快要翻了。但是在翻过一道缓缓的山梁之后，我们的前方就出现了一条刚刚挖开的山道，说是路，其实就是在草原上挖掉了一道草皮，使草原露出了一道沙土。接下来的行程就顺利多了，虽然，车还是走走停停，但我们终于可以向目的地行进了。

约正午时分，我们翻越了那座山，山顶海拔超过 5000 米。在山口我们放飞了风马，看着那些红色的、绿色的、黄色的纸片在天空中随风飘摇，就感觉放飞的是一群彩色的精灵。一路上，几乎所有的山口，我们都曾放飞过风马，我们用这种当地牧人古老的习俗表达自己对大自然无限的敬畏和祈愿。其实，在很多时候，我们每个人的心灵深处也有着和那些牧人一样朴素的情感，也想用古老的方式寄托我们内心的念想，只是，我们的灵魂已经变得十分的苍白和浮躁，所有古老的方式和习俗都从我们的身上渐渐剥离。一个远离了古老方式和习俗的民族注定了要承受永久的苍白和浮躁，而一个远离了古老方式和习俗的人势必要陷入浅薄和庸俗。

从那山口上望出去，眼前所见的景致令我们倾倒。那是一片无比开阔也无比充盈的草原，在一派水汽氤氲和云蒸霞蔚的飘渺中，那草原就那么飘荡和舒缓着。一条河就从西边的天际蜿蜒而来，从那山脚下奔流而去。在河的那边，一片片的小湖泊连缀成了一个浩渺的世界，那就是传说中鸟类的王国。我们历尽艰辛向这里一路跋涉而来就是到这里朝圣的。

下山时，那吉普车也像是长了翅膀的鸟儿，从那山梁上一盘旋，就已落在了山脚下。我们在山下的草滩上停住，站在那里久久地凝望那个让所有的灵魂自由飞翔的世界。我们是一群沾染了许多文明污垢的不速之客，我们不能贸然行事，我们得用心灵一点点靠近。这些年，青藏高原上经常有一群一群的不速之客出没，他们严重地侵扰了这里的一切，自然也包括那些鸟儿。

我在高原腹地行走的这些年里，自己的心灵常常遭遇这样的尴尬，远天远地的有几只藏羚羊或一群藏野驴在旷野上悠然踱步觅食，就在望见我们的一刹那里，它们就像是望见了魔鬼一样，先是惊恐万状，而后就飞奔而去。等跑得很远很远了，才肯停下来回头张望，如果它们发现我等异类还在原地，它们或许就会停在那里，但绝不会放弃警觉，它们会派出一员干将监视我们的动向，一旦发现我等异类稍有走动，它们就会立刻向更远的地方四散而去。那些地方原本就是它们的家园，它们一直在那里繁衍生息。因为千万年与世隔绝的封闭，这些生灵万物才得以尽享共存共荣的和谐。即便是人类，在过去的漫长岁月里，他们也和这里的一草一木以及爬虫蝼蚁们，平等地享受着灿烂充足的阳光和稀薄的空气。这里的一切，原本遵循和延续着大自然的伦理秩序。

家在高原腹地的朋友们曾给我讲过很多这样的故事：那时候，自己家的羊群里经常混杂着石羊等野生动物，野牦牛和家养的牦牛也不分彼此，棕熊等顽皮的

家伙还常常钻到牧人的帐篷里找东西吃，吃饱喝足了，有时候，它们还会躺在牧人的帐篷里睡大觉，牧人们不但不生气，还把它当成一个有趣的甚至是值得自豪和骄傲的事讲给别人听。那神情就像是家里来了一个尊贵的客人。我想，在这个世界上，能听到这些故事的人都会被感动。那么，是什么让它们如此胆战心惊的呢？又是谁反客为主在它们的家园里肆意妄为的呢？就是那些不速之客，就是那些身上沾满了血腥和铜臭的不速之客。

在那草滩上凝神驻望时，我们就望见了许多的鸟儿在蓝天上自由地飞翔，前面不远处的河边栖息着一群一群的水鸟，远处的草地上也到处是鸟儿的身影。我们没有直接将车开向那些鸟儿的领地，而是绕了一个很大的圈，一点点迂回向前。快接近那些鸟儿时，我们就停住车，在那里简单吃了点东西，然后，将车就停放在那里，几个人分成好几路，徒步向措池腹地走去。文扎说，这样目标就小一些，那些鸟儿就会少受到一些侵扰和惊吓。刚刚走了没几步，我们每个人的前面就出现了一片一片的沼泽。除了文扎和扎喜，我和我的几个同事对如何在沼泽中往前行走毫无经验。此前，我们对沼泽地所有的认识都来自书本和影视片，譬如苏联那部风靡一时的影片《这里的黎明静悄悄》。基于那种浅薄的认识，在踏进沼泽的那一刻里，我想，我们每个人都感觉到了恐惧，担心自己会在一不留神的刹那间陷入那沼泽而不能自拔。如果真有那样的事发生，我们恐怕只有等待死神的份儿了。

就在那沼泽地里左突右拐时，我们不时地会惊起一群一群的鸟儿。我们大约用了两个小时的时间才走出去不到一公里的路。这时，前方的地平线上就出现了一片蔚蓝，那是一片美丽的湖泊，它是措池的灵魂。透过望远镜望过去，我们就能看到一群白天鹅在那湖滨的草地上翩翩起舞。它们是这个王国真正的君主。在望见它们的那一刻里，我其实就已经意识到，我们无论怎样努力，都无法真正靠近它们。它们与我们的距离，不仅在那一片沼泽，而且还在那沼泽之外的地方。如果仅仅是那一片沼泽，我们或许还有办法抵达它们的身边，一睹它们的风采。如果是比那沼泽更难逾越的障碍，我们即使毕其一生的精力向那里跋涉也未必能够抵达。譬如那距离就是我们自己的心灵，那么我们还有希望真正靠近它们的心灵吗？不会，永远不会了。我们可能早已经错过了那样的机会。

但是，我们仍希望抵达。我们总是不肯放弃，就又在那沼泽地里艰难地跋涉。又两个小时过去了，回头望时，我们仍像是在原地，而望向前面时，我们却感觉离那些美丽的精灵是越来越远了。而此时，太阳已经西斜，我们回去的路途又是那样的艰险，这使我们不得不放弃继续往前的努力。但我们仍不死心，我们就像几只贪婪的癞蛤蟆站在那里，远远地望着那些洁白的鸟儿。而它们就在湖畔上唱着歌跳着舞。它们一起展开了翅膀，像要起飞的样子，几乎快要飞起来了，但却总是不起飞。只是那么舒展着双翅，用那洁白的羽毛舞成一片。那一刻里，你便会听见柔美的《天鹅湖》就在那空旷的湿地上空久久地鸣响。

它们或许也看到了我们可怜兮兮的样子，便用那美丽的舞蹈给了我们一些安慰。在往回的路上，我们的车陷入烂泥滩，几个人耗尽所有的体力才将它推了出来。大家这才松了一口气，坐在那里稍事歇息的当儿抬头望天时，天际里正有一群一群的鸟儿列队飞过，那是白天鹅为我们送行的仪仗吗？也许不是，那又是什么呢？是那鸟类王国每天傍晚都会举行的一场盛大晚会的序曲吗？它们的狂欢可能这才开始，我们却不得不退出它们的领地。但是，无论如何，措池之行对我们来说依然是一次不同寻常的心灵跋涉。它使我们切身地体会到生命的美妙。感觉，像白天鹅那般高洁的精灵，也许只有等你的灵魂也同样高洁的时候才可以亲近。

63

生命的存在是地球的骄傲。

在这个世界上，再没有什么东西比生命的存在更美丽。有关生命的起源，我们依然所知甚少，惟一能够确定的就是，地球的每一个角落里都有生命的繁衍生息。即使在南北极的冰天雪地里，即使在撒哈拉大沙漠的茫茫黄沙中，即使在被誉为地球第三级——高级的青藏高原腹地，生命的历史也从未间断过。

青藏高原以高峻严酷的环境保全并珍藏了大自然极为美妙的生命状态。在面对苍茫青藏时，我们常常为那些生命的美态而感动。一只飞奔的羚羊，一株迎风雪而立的牧草，在那高寒奇绝的地方，都会令人心动。尤其是，当我们对生命演进的历史仔细打量时，就会发现，在这片高大陆上几乎每一个生命种都经历了无法想象的苦难和跋涉，却也锤炼了生命的坚毅和顽强。

高原亿万年隆升的过程其实就是一段万物生灵不断演替变迁的历史。许许多多的生命就在这隆升的过程中消失在岁月的缝隙里，也有许许多多的生命种却不但千万年繁衍不息，而且还有了许多的变种和亚种。许许多多的物种还在消失，许许多多的物种还有待发现。

柴达木盆地西南边缘有一道山梁，叫贝壳山，那整个一道山梁都是贝类的尸骸堆砌而成。望着那些经千万年风雨而不肯湮灭的生命之躯时，就好像望着刚刚退潮的海滩。闭目倾听时，古特提斯海的涛声仿佛还在回荡，那些贝类在夕阳的余晖里正享受海滩的温暖。但是，大海已经永远离它们而去了，任凭它们被山野的大风吹刮，被肆虐的冰雪抽打。海岸上曾经绿浪翻滚的那些雨林而今安在？林间悠闲踱步的那些大象们而今安在？现在，我们只能在青海湖那碧波荡漾的曼妙中追忆往昔的潮汐了。

因为环境的无比严酷，这些生命才显得格外美丽。

高寒产生了大量冰雪，冰雪融化创造了草原、森林和灌丛。有了水草条件，也就有了各种野生动物的生存和繁衍，有了逐水草而居的牧人和他们牧放的畜群。一个生命的链条就这样延伸开来，一个生命之网就这样编织成形。每一个物种既有自由的生存空间，又都受制于其他物种。高原遵循着原本的自然规律，延续着纯粹的大自然序列。

虽然，现在我们再也无法看到上千头野牦牛在那莽原上奔腾驰骋的壮观景象了，也无法觅见数以万计的藏羚羊如云飘浮的至美画面了。但是，这里还能望见它们的身影，它们还在这里生息和繁衍。

我曾不只一次驻足凝望过那些藏羚羊奔跑的样子。那是何等地优雅！它们好像不是在奔跑，而是在紧挨着山野飞翔。当那四只灵巧的小蹄子如鼓点般敲向大地时，那身子就在那鼓点之上如鹰之飞翔。一般它们都不会跑得很远，跑着跑着，它们会突然停住，回首观望，就像一支乐曲戛然而止。有时在奔跑的过程中，它们会突然一跃而起，像受惊的烈马。有位熟悉藏羚羊的朋友告诉我，每次

看见藏羚羊奔跑的样子，他都会止不住热泪盈眶。我想，那肯定是出于对生命至美的感动。

藏野驴是自然界最擅奔跑的动物之一了。尤其是当一匹野驴独自狂奔时，你甚至会感觉奔跑之于它是一种何等的享受。那是一种舞蹈，是一种近乎人类之舞而又融于大自然的舞蹈。每当看到它在那旷野上纵横驰骋的样子，我就会想到那些天才钢琴演奏家的那一双手，它那四条修长的腿，在大地上自由舒展和起伏的样子就如同钢琴家的手指在琴键上轻柔地滑翔。美妙的音乐就从那天地相接的地方响过天涯，心灵就在那音符的跳跃中颤抖成一串温暖的火苗，于是，你就会感觉到沉迷、陶醉。这时，如果有一辆车进入一匹野驴的视野，它肯定会从很远处飞奔而来，与车进行一次次地赛跑。它会不断地飞跑，不断地超过奔驰的汽车，站在前面，等车赶上。然后，又绕开一旁与车平行飞奔，等超过之后，又会站在前面等你。如此反复多次，直到它感到无聊之后，才会站在那里目送你远去。

这是一幅令人心醉而神往的画面。

无边的草原上，蓝天白云和雪峰遥相对映，手握经筒的牧人正悠闲地走向一片湖水，他一边摇着经筒，一边念诵着经文。身后是他的畜群和吹送袅袅炊烟的帐篷，前方不远处是他每天都要一遍遍去探望的圣湖。那湖水一片连着一片。传说这里曾经有一百个美丽的湖泊，因而牧人们把这个美丽的地方称之为丽日措加，意思就是有一百个湖泊的地方。这里栖息着白天鹅、黑颈鹤等 12 种鸟类，它们在湖边唱着歌、跳着舞，成为牧人友善的邻居和朋友。

这位手握经筒的牧人叫次旦，已 50 多岁了。在人们的记忆里他是这片湿地的忠实守护者，他说得出哪种鸟类的准确数量。每天，他必须去做的一件事，就是走向湖区，去看那些美丽的精灵。多少年来，他一直坚持着与大自然的这一份约定。渐渐地这便成了他生活的一大乐趣。每天，有事没事，他都会摇着经筒，走向湖区，在那里一呆就是大半天。有时候，他就坐在湖边的草地上，不停地摇着经筒，不停地念着经文，眼睛定定地盯着一群鸟凝望。望着望着，他像是突然想起了什么似的紧张起来，原来，有一只鸟不见了。于是他会在天上地下地四处张望，直到看到那只鸟的出现，他才又回到原来的状态中去，摇着那经筒，念着那经文，念着嗡嘛呢叭咪吽。次旦们生活的每一个细节都与自然环境融为一体，

一幕幕大自然原本的美态、美质和美感，是那样的古朴、宁静，是那样的具有穿透力和冲击力，以至每一个细节都会令你刻骨铭心。

他们是大自然的一部分，而大自然却是他们的全部。

2005 年的夏天，我的朋友文扎和他的伙伴们一直在丽日措加的草原上忙碌，他们正在那湖边的草地上建造一座洁白的佛塔——却德嘎布。这座佛塔还可以用来观鸟，佛塔建好以后，老牧人次旦就可以上到佛塔的平台上守望那些鸟儿了。在听到这个消息的那一刻里，我的耳边就响起了那首在雪域藏区经久传唱的歌谣《白塔》：

遥望纯净的天空
想起一首古老的歌
那是妈妈唱给太阳的歌
无论天空乌云密布
你洁白的身影照亮虔诚的心
当天空光芒万丈
你雄伟的身影把和平洒向人间
哦，却德嘎布……

走遍青藏大地，举目所及处，你随处都会发现这种人与自然和谐与共的情景。尤其是那一幕幕大自然原本的美态、美质和美感，是那样的古朴、宁静，是那样的具有穿透力和冲击力，以至那每一个细节都会令你刻骨铭心，以至你会坚信，那种美才是生命所真正需要的精神品质。

我曾经很多次从隆宝滩那片著名的湿地前路过。每次都会在那里下车驻望那片水灵灵的滩地。那里是黑颈鹤的家乡，望着那些鹤踏水而唳的样子时，那一份高洁与闲淡就会令你相形见绌。它们总是高高地昂着头，即使在水草之间漫步时，也不愿垂下它们的头颅。我想，那是生命的美质赋予它们的自豪和骄傲。从它们总是望着天空的那一份执著里，你可以体会到“天为鹤家乡”这句名言的真谛所在。它们在大地上栖息的日子只是为了等待飞翔。

64

嗡嘛呢叭咪吽，这是大悲观世音菩萨著名的六字大明咒真言，也叫六字真言或六字明。上师多识·洛桑图丹琼排说，藏文“六字真言”是梵文的转写，全文的意思是：“具足佛心、佛智的观世音观照！”“六字真言”除了整体含义而外每个字还有每个字代表的意思。在《嘛呢教言》中列举了36组含义。如六字代表度脱六道众生，破除六种烦恼，修六般若行，获得六种佛身，生出六种智慧等等。

首先，让我向大慈大悲、救苦救难的观世音菩萨顶礼。在藏区随处可见的嘛呢石上，这六字真言中的“叭”字一般都会涂上绿色，而绿色就是生命的颜色。我知道这不是随意的涂抹，在以观世音菩萨的名号为天下善男信女广为传诵的这六字明中，绿色肯定有着它特殊而神圣的含义，本不该将它随意演绎。但是这种颜色却正好暗合了我在这一章里想要表达的一些思想元素，而且，据萨迦尊者的解释，叭能消除畜牲役使苦。于是，我就感觉这是神灵的启示。

是的，在这一章里我要向你讲述的正是青藏高原上那些野生动物的故事。对那些自然界的美丽精灵而言，绿色就是无边无际的大草原，就是广袤的森林，就是波浪起伏的山野，就是涓涓淙淙的江河，就是生命。与之相反的颜色应该是红色，而红色就是警觉，就是熊熊的火焰，就是灾难，就是鲜血的流淌，就是生命的终结。在整个生物圈里，几乎所有的生命物都将红色视为危险。为什么，西班牙斗牛士出场之后，只要抖搂开那一块红布，那竞技场上的公牛就会发疯呢？因为那会使它想起它的同类们所遭受的杀戮。很多人可能以为西班牙公牛受过特殊的训练，其实不然，世界上任何一个地方的任何一头牛，对红色的反应都是一样的。我感觉，如果人类失去了理性的判断，他们对红色的敏感程度不会比一头西班牙公牛逊色。其实，在潜意识里，他们和西班牙公牛有着同样朴素深刻的记忆。现在世界各地对各种灾难的安全警戒都采用统一的方式，最高的警戒就是红

色，次之是橙色，再次之是黄色，而橙色和黄色就是绿色向红色的逐渐过渡，越靠近绿色安全程度也就越高。

我想，这是整个地球共同的遗传基因。地球表层是可供植被生长的土壤，如果表层植被一旦遭到破坏，那土壤就会流失，等所有的表土都流失殆尽了，裸露出来的山体和地层无一例外都是红色的。对大地而言，红色也意味着元气耗尽。地球因为绿色而生机盎然，地球上曾经到处都布满了绿色，是绿色揭开了地球生命史的第一页。所有生命物起始的元点都可以追溯到远古的海底世界，海洋是一切生命的故乡，生物登陆以后经过漫长岁月的演进才成就了地球生物圈清晰的轮廓。科学家发现，在海底特定的环境里，人身上流出的血液竟然不是红色的，而是和许多海洋生物一样的绿色。也许，我们所看到的一切色彩都不是它本来的样子，人类的眼睛可能被一种光线所蒙蔽。要是这样，绿色就是生命原本的底色。最初的起始注定了一切。

从这层意义上讲，不仅动物、不仅植物，世上所有万物都是人类的远亲和近邻，都是亲朋好友。没有它们也就不会有人类。也从这层意义上讲，生命的轮回就不仅是一种虚妄的假说，而是一种真实的存在了。既然我们可以从一个单细胞、一只小爬虫进化成一种智能生物，进而拥有改变一切的智慧和能量，那么我们也完全有可能重新变成一只爬虫。有生就有死，生生死死就是一种轮回。如果一个人死了，就要被埋葬——而无论你怎样尊贵，无论你的葬礼怎样奢华，你都免不了要腐烂，你就会变成臭虫和污浊之气，进入万物平等的循环。宗教在某种意义上是伟大的，尤其它对生命学说的贡献无可替代。在很多时候，我们之所以反对宗教，并不是因为它的虚妄，而是因为它的深邃，甚至是因为人类的虚荣——人类鄙夷一切，人类不想、不愿、也不敢承认自己会变成一只臭虫或别的什么东西。

不仅动物，不仅植物，世上所有万物都是人类的远亲和近邻，都是亲朋好友。

我们早已忘怀了最初的元点和启示，但我们无法逃避大自然的轮回与循环。一切真正的规律都在人力所能左右的世界之外径自运行。“一生二二生三三生万物，地法天天法道道法自然。”这个“道”就是那规律。如果遵循了这个规律，一切生命万物理应和平共处，相安和谐。但是，人类总想独善其身，总想游离于万物之外，就开始肆意践踏。杀戮也就开始了。这就是我在本章节里要着重描述的事情，用来讴歌生命万物的颂词不得已要用杀戮的悲惨作铺垫，在我已是一种悲哀了。嗡嘛呢叭咪吽。慈悲的祝祷已响彻天涯，而生命欢呼的天涯却已零落成血色苍茫的荒野。我从那荒野上走过，我听见生命的挽歌正在凄婉哀鸣。

我认为我，可以走近动物，与它们一起生活，它们是那么自制、平和；
站在它们身旁，将它们久久地凝望。
它们从不诅咒，它们从不抱怨；
它们不会清醒地躺在黑暗中，为自己犯过的罪过哭泣；
它们不会喋喋不休地讨论对上帝的责任；
他们是如此满足——没有谁因为贪婪而疯狂；
它们是如此平等，没有谁会跪向其他动物，也不会跪向生活在几千年前的祖辈；
无所谓尊卑，更不必奔忙，在这苍茫的大地上。
——惠特曼《自我之歌》

65

那天傍晚，我过昆仑山口，正要一路向下，这时，我却忍不住要往车窗以外张望，我感觉冥冥之中有一双眼睛正盯着我。我就望向南面的山梁，于是我就看见一头无比雄壮的野牦牛正在那山梁上望着苍茫的天空，我感觉它要从那里一步踏入天界，去找寻它梦中的大草原。那一刻里我想到了孤独，是的，是孤独，孤独正从四荒八野向它汹涌而来。

昔日青藏高原上的野牦牛群可与北美大草原上曾经有过的野牛群相媲美，当上千头乃至几千头一群的野牦牛从那亘古莽原上走过时，天地都会为之动容。北美大草原上的野牛群随着欧洲殖民统治者的侵入渐渐退出了人类的视野，尤其是西部大淘金的狂潮野牛群遭到了灭绝性的杀戮。德国著名记者洛尔夫·温特尔在他《上帝的乐土?》一书中对北美大草原上的那一段历史做过这样的描述："在印第安人世世代代精心保护的地区曾有6000万头野牛，白人出现在那里仅仅30年，这巨大的野牛群消失了。驻扎在阿肯色河畔的陆军上校理查德·L.道奇证明说：‘1872年还有数百万头野牛吃草的地方，到了1873年到处都是野牛的尸体，空气中散发着恶臭，大草原东部成了一片死寂的荒漠。’”

青藏高原野牦牛群的消失也与大淘金有关，但是关系不大，而且，时间要晚得多。在北美大草原上已难以觅见野牛踪影的时候，青藏高原上的野牦牛们还在灿烂的阳光下有节制地繁衍着它们的子孙。直到20世纪中叶，它们才开始遭遇大规模的杀戮。饥饿是它们惨遭杀戮的罪魁祸首，先是三年困难时期，人民公社为了社员的活命组织进行的大规模猎剿，这是它们和人类的首次交锋。之前的亿万年里，人类从没有真正靠近它们，或者说，人类从没有以试图伤害的方式接近它们，虽然当地人一直与它们相邻而居，但却视它们为友，相敬如宾。它们对人类的感觉就如同自己的同类，在它们的眼里，人类无疑是弱者，他们渺小，他们不堪一击。所以，它们从不设防。

所以，100年前，在昆仑山麓，当瑞典探险家斯文·赫定和他的随从第一次用火药枪对准它们，并向它们射击时，它们还以为那是在和它们开玩笑，但是，那粒小小的弹丸却差点射穿它们身上厚厚的铠甲。于是，它们第一次抬眼望了望对面的那些异类，那些异类头上的目光第一次让它们感觉到了恐惧。于是，那个受伤的同伴就向那些不远万里跋涉而来的异类冲杀而去，但是，又一粒弹丸向它飞来，接着，又是一粒，这一次差点命中要害，它被彻底激怒了，它用尽全身的力气，冲向那些可恨的家伙。我后来猜想，当那头野牦牛快要冲到跟前时，斯文那小子所表现出来的样子肯定不是他在著名的《亚洲腹地旅行记》中所描述的那样镇定自若，而是惊恐万状，脑子里甚至是一片空白，他惟一所能想到的是他的瑞典老家和他年迈的白发老母。我想正是这一闪而过的念头救了他的老命，昆仑山神为这个念头而心生悲悯，让他们从一片惊慌之中回过神来，向那头野牦牛射出最后的那颗子弹，野牦牛就倒在了他的脚前，而他却可以把这作为炫耀后世的资本。后来，他们甚至把家养的牦牛当成野牦牛胡乱射杀，为他的这次经历增添传奇色彩。

但是，无论如何，他都无疑是一位杰出的思想者，他有一间令人艳羡的书

房，那书房里充满了森林的芳香，他坐在那宽敞的书房里回想他在亚洲腹地的经历时，那些野牦牛们早已把他忘在脑后了。就在那间书房里他成就了《亚洲腹地旅行记》，在这本书中，他除了详尽地罗列在他看来离奇和有意思的见闻之外，他也颇有文采地描述了很多野生动物的生活场景。

据说，野牦牛可以循着子弹散发的火药味向猎人一路追杀而来。如果是顺风，它们灵敏的嗅觉可以嗅到几公里以外的异味儿，尤其是人类的体味。自然界很多的野生动物都有这种奇异的本领，所以，有经验的猎人都会守在逆风的山口等待猎物。野牦牛是一种具有团队精神的生灵，当一群野牦牛在一起时，它们就是一个整体，在不同的环境里，它们中的每一个个体都有自己的职责和分工。带领和指挥它们行动的是一头大家都诚服的公牦牛，无论面对怎样的严峻形势，它都不会忘了自己的使命。它总会让自己处在相对危险的位置来保证群体的安全，当灾难来临时，它又总会自觉地冲在前面，它会用自己的生命来换取群体的安全。

我从没有近距离观察过一头真正的野牦牛，虽然，我很多次见过野牦牛，但是，它们都离我很远，最近的距离也在一公里之外。我在很近的地方看到的只是野牦牛的标本，我曾用手轻轻地触摸过它的绒毛。那绒毛之下生命的气息已经不再，我感觉到的是令人窒息的冰冷，那是死亡的气息。我不知道，人们为什么要把一个个鲜活的生命制成僵硬的标本，是为了热爱，还是为了仇恨？也许只是为了显示人类的残忍和冷酷吧。所有的标本都以热爱的名义出现但却以仇恨的面目存在着。在美丽的蝴蝶泉边，到处都挂满了蝴蝶的标本，但是制成标本的蝴蝶再也不能翩翩飞舞，蝴蝶泉之上翩翩飞舞的蝶群已经成为回忆。

青藏高原上许许多多的野生动物也变成了标本。在都兰县境内的昆仑山麓有一个国际狩猎场，每年都有很多国际猎人到这里狩猎，高原珍稀野生动物雪豹、白唇鹿、野牦牛、藏羚羊、盘羊、蓝马鸡等等都成了他们猎获的对象。狩猎场藏族导猎成烈告诉我，那些国际猎人猎获的动物也都制成了标本。他们每次到猎场都会带来一些动物标本的图片集，都制作得很精美，每次翻看那些图片册子，他的心就会隐隐作痛。在看那些图片时，他感觉这个世界上几乎所有的野生动物都被猎人们制作成了标本，从非洲的狮子到亚洲的大象，从南美丛林的昆虫到青藏高原的羚羊，但凡在地球上存在过的野生动物几乎没有遗漏。在听阿克成烈讲述这一切时，我眼前所浮现出来的却是一幅地狱的图景。是的，那每一册动物标本图片集其实就是一座地狱。那些美丽生动的鲜活生命因此再也不能奔跑和飞翔了，再也不能唱鸣着沐浴阳光雨露了。所有的一切都已僵硬，都已经死亡。随着它们的死去，整个世界也在慢慢地死去。每一个生命的死亡就是一个世界的结束。

野牦牛是现在世界上最庞大的野生动物之一，要猎获一头野牦牛并非易事，而要把一头猎获的野牦牛制成标本更是一件很困难的事。我听阿克成烈说，一头成年野牦牛的两只犄角之间足可以坐进去三个壮汉，那是何等开阔的额头。这些年，城里人都喜欢收藏有犄角的野牦牛头骨，所以，那些随意抛洒在高原荒野上的野牦牛头颅就成了宝贝，被一具具捡了回来，制成了工艺品，挂在城市高楼房间的墙壁上。一次次地在高原腹地行走时，我也曾见到许多野牦牛硕大的头颅。在莽原深处，它们静静地立在那里，经受风吹日晒，一双没有了眼睛的眼睛死死地盯着上苍，好像在等待着神灵的启示。我在所见到每一具头颅前都曾逗留很长时间，我想听到它们关于高原、关于高原生灵的一些诉说，所以，我就静静地立在那里，时刻准备着聆听。有那么些时候，我仿佛真的听到了什么，但却无法将它表达，至少不能用人类惯用的语言加以表述。最后一次去黄河源头的约古宗列时，我也从那最后的草原上捡回一具野牦牛的头骨，没有做任何的修饰就放在我的书房里，它每天都给我一种提醒，我每天都能感受到它的存在。

在塔尔寺的一座木楼上，陈列着两排野生动物的标本，其中就有一个是野牦牛。它们被视为神灵供奉在那里，接受着人们的膜拜。那是一头高大的野牦牛，它的活体净重至少在一吨以上。它宽阔的肩膀、它飘逸的裙毛、威武的身躯令人肃然起敬。倘若，它没有被制成标本而是依然在高寒莽原之上独来独往，它就会更加威风凛凛。它是自然界真正的王者，在自然界没有什么东西可以伤害到它，除了人类，尤其是荷枪实弹的人类。人类的智慧一旦用来戕残和杀戮，他们就可以伤害一切，即使他们手无寸铁也能做到，因为他们会用陷阱。

上世纪80年代末，我听一个淘金的农民说，他们在高原腹地淘金时曾捕获过野牦牛，并用它来果腹充饥。当时他们用的就是陷阱，而且那些陷阱都是现成的。那些陷阱都是用来淘金的金窝子，我在前面的有关章节里曾详细地描述过那些陷阱。在青藏高原腹地的那些河谷地带曾经到处都布满了这种陷阱，它们使一条条河流及其谷地变成了千疮百孔的废墟。那些河谷里从此再也没有了清澈的流水和绿色的牧草。深十几米甚至几十米的深坑一个连着一个。

而那些河谷地带曾经都是野生动物们的家园，在过去的岁月里它们一直在那谷地里繁衍生息。常年在那些谷地里淘金的人们就发现了这个秘密。于是，他们就把那些原本用来淘金的金窝子当成陷阱来捕获猎物。要把一头野牦牛驱赶到一个限定的地方几乎是不可能的，但是可以诱骗。所向披靡的野牦牛注定了要勇往直前，哪怕前面有万丈深渊。而善于欺骗的人类就利用了这一点，他们从能够确保自己安全的地带开始实施诱骗计谋，譬如从很远的地方朝着野牦牛开枪射击，也许野牦牛还在射程之外，但他们知道它肯定会发现子弹射来的方向，而且很快就会沿着那条看不见的射线向你飞奔而来，当它终于抵达那个曾射出子弹的元点时，那个射手早已逃离，但他仍带着火药枪，他身上仍散发着火药味儿。野牦牛几乎没有停顿就直接拐向他逃离的方向，它心中可能在暗自窃笑，甚至可能会用牛语骂出一句“雕虫小技”之类极其轻蔑不屑的话语。但是，它小看了人类。小看就会轻敌，轻敌就会导致灭亡，这是人类用几千年的征战获得的经验。他们视之为真理。当它长驱直入，站在一片陷阱的包围中时，它才意识到了人类的卑劣，它自然无法想象人类何以用这等下作的伎俩来对付一个傲视万物的王者。就在那一刻里，它被自己所遭受的这种耻辱侵吞了。它一下子就变得垂头丧气，不知所措，仿佛就像当年乌江边上的霸王，四面都是楚歌，大势去矣。它站在那里举首顿足，茫然四顾，而后，而后就纵身跳入了身边的深渊。它是否在想，也许那深渊之下还会有一条出路，那路的尽头就是金色的草原，就是天堂牧场。

我在听到这个故事时，眼前所浮现出来的就是昆仑山头上那头野牦牛举首向天的情景。

66

16年以前，我曾跟随一个不大不小的官员到一个地方下乡，晚上，他就领着我们去打猎。我们开着丰田越野车，在夜色苍茫中向一片旷野飞奔而去，车上带着新式的步枪。好像没走多远，前方就已出现了野生动物的身影，满车的人都为之兴奋不已，欢呼雀跃。在车灯的照射下，那些野生动物惊恐的眼睛像两颗璀璨的星星在闪烁。它们显然受到了惊扰，但是它们却不逃离，它们就在原地等待。有经验的猎人说，几乎所有的野生动物在车灯的照射中都会静静地等待，而且它们都会向车灯张望，这样那两颗星星就成了猎人的靶子。

枪声终于打破了草原之夜的宁静。在枪声响起的那一刻里，我看见那一双眼睛先是从地面上一下就射了出去，而后像两颗流星划过了夜空的一角，而后就熄灭了。只一会工夫，就有三只黄羊倒在了血泊中，其中一只是小羊羔，我们近前时，它还活着，它还睁着眼睛咩咩地叫着。它的母亲就在它的身边，围着它转着，叫着，颤抖的声音里透着绝望，那是一个母亲凄惨的哭声。我看见它的眼睛里满是泪光，它正在遭受撕心裂肺地疼痛，它在突如其来的打击面前已然肝肠寸断。也许正是它的母爱唤醒了猎人的恻隐之心，尽管它近在咫尺，但是，猎人并没有向它开枪。我们这群强盗离开那里时，那只母羊还跟在车后面惨叫。当我们离开那里很远之后，它悲痛欲绝的身影仿佛仍在我的眼前，它凄惨揪心的哭声在很多年之后仍像一根皮鞭抽打在我的心上。

这是我的又一次——也是最后一次狩猎经历。时隔多少年，那情景一直在我的心里、在我脑海中挥之不去。我铭记着那个夜晚，铭记着那撕心裂肺的一刻。那个夜晚注定了要改变我一生的追求。从那之后的多少年里，我一直在关注野生动物们的命运，因而也就听到和看到了许多这样令人心悸、使人不寒而栗的故事。

多少年以后，我还读到王宗仁先生在一篇散文里也写过一个类似的故事。有一天，一个老猎人猎获了一只藏羚羊，它中弹倒地后却是跪卧的姿势，像是在跪拜，眼里还有两行泪水。那天，老猎人没有像往日那样当即将猎获的藏羚羊开膛扒皮。他的眼前老是浮现着给他跪拜的那只藏羚羊。他有些蹊跷，藏羚羊为什么要下跪？这是他几十年狩猎生涯中从没有见到过的情景。夜里躺在地铺上，他久久难以入眠，双手一直颤抖着……次日，老猎人怀着忐忑不安的心情对那只藏羚羊开膛扒皮，腹腔在刀刃下打开了，他吃惊得叫出了声，手中的屠刀掉在了地上……原来在藏羚羊的子宫里，静静卧着一只小藏羚羊，它已经成形，自然是死了。这时候，老猎人才明白藏羚羊为什么要弯下笨重的身子为自己下跪：它是在求猎人留下自己孩子的一条命。对此，王宗仁先生感叹道，天下所有慈母的跪拜，包括动物在内，都是神圣的。当天，老猎人没有出猎，在山坡上挖了个坑，将那只藏羚羊连同它没有出世的孩子掩埋了，同时埋掉的还有他的杈子枪……从此，这个老猎人在藏北草原上消失了，没有人知道他的下落。

乍一看，这个故事和我所亲历亲见的那个夜晚的事确乎类似，但是，如果仔细琢磨，你就会发现这两个故事所透露出来的内涵却不尽一致。如果说，我所经历的完全是冷酷和残忍的一幕，那么，王宗仁在很多年以前听来的那个故事在残忍的背后仍透着人性伦理的光芒。我作过这样的想象，那个猎人在藏北草原上消失了之后去了哪里？他是一个靠狩猎为生的人，那么，从此他将靠什么维持生计？我为他设计过很多的出路，但我最终相信他只会选择这样一条生路——如果他没有就此结束自己生命的话——他会在雪山草原的深处，找一个没有人认识他的地方，在一座也许不大但却安静的寺庙度过他的余生，他会在剩下的所有日子里都会用虔诚的祈祷为自己赎罪，并用这种方式为那些死在他枪下的生灵超度。因为，在整个雪域藏区猎人自古就遭人鄙视；因为，所有的亡灵都需要超度；因为，不如此，他的灵魂将永远无法安宁。

是的，青藏高原并不是今天才有猎人，只是以前的猎人和今天的猎人不能同日而语。以前的猎人狩猎只是为了生存，他们从不滥杀无辜，他们只猎获自己必需的猎物，譬如用来充饥或者用来遮挡风寒。草原上，有一个故事这样讲述以前的猎人，一个猎人追赶一只鹿，涉过了九十九条河，翻过了九十九架山，最后，终于追上了那只鹿，猎枪响了，鹿倒在地上。他走过去，把杈子枪挂在鹿角上，

把自己的狐皮帽也挂在鹿角上了。然后拿出烟袋和打火石，一边吸烟一边用烟头烫了一下鹿的鼻子，责骂道："你再跑？你快把我累死了！"话音未落，鹿已纵身跃起，向远处飞奔而去。原来鹿根本就没有中弹，它只是在枪声里吓昏了，烟头一烫就把它给烫醒了。他就又开始追赶，而鹿早已跑得没影了。他逢人便问："有没有见到一只头上戴着狐皮帽，角上挂着杈子枪的鹿从这里经过？"这个故事里猎人和猎物像是在玩游戏，诙谐、幽默中透着浪漫的情趣，冒着傻气的猎人和机智的猎物令人捧腹。

而今天的猎人打猎却是为了满足贪婪和欲望。据洛尔夫·温特尔书中的记述，美国总统罗斯福在华盛顿落选之后，来到非洲，狩猎以寻欢作乐。在500名脚夫的簇拥下，他射杀了512头动物，其中包括3只豹子、17头狮子、11头大象和20头犀牛。诚如温特尔所言，罗斯福是在"孤芳自赏"。更多的猎人甚至连"孤芳自赏"都谈不上，很多时候，他们只是想显示自己的枪法，甚至只是寻求一时的刺激。

以前猎人们的狩猎行为在某种意义上就像动物世界里的互相残杀，一头狮子去捕杀一头犀牛从来就是为了填饱肚子，那是大自然原本的选择和秉性。现代猎人的行为早已超出了这个范围，最终几乎堕落成了纯粹的商业杀戮，他们在全球范围内寻找猎物的同时也在寻求和创造着新的市场。很显然，如果没有了国际象牙贸易，亚洲和非洲的那些大象们也就不会遭到灭绝性的猎杀。如果没有藏羚羊绒制品的国际贸易，也就不会有那么多藏羚羊惨遭杀戮。

有个猎人给我讲过一个他亲身经历的故事，那天，他去打猎，早早地就来到一个山口，潜伏在那里，等候，寻找。终于，他发现了一只石羊在离他不远的地方，他潜近前去，将枪口对准了石羊，手指已在扳机上了。就在这时，他突然发现有一只豹子却正盯着他看。他说，那只豹子可能与他同时发现了那只石羊，也与他同时发现了盯着猎物的另一双眼睛。在他们（它们）对视的那一瞬间里，人的眼睛已对豹子的眼睛做出了让步，所以豹子就轻蔑地岿然不动，人却已经下意识地在往后缩了，在他意识到自己正往山坡下滑时，其实早已经退出豹子的视线了，但他仍在哆嗦，在寒冷的早晨，他原本冰凉的身子骨却已大汗淋漓。他无疑是一个惨败的参战者，但他却为之庆幸，因为他将因此而得以苟延活命。

这是一个具有象征意味的故事，这个故事为我们展示了大自然原本的一个图景，那是一个链条，那是一个循环的圆圈，人只是这个链条上的一环，只是这个圆圈上的一个点，而且仅从固有的本领而言，它还是相对脆弱和渺小的那个部分，尤其是胆气和骨子里原本就有的那点能耐。如果，我们依照人类惯常的思维把这个故事稍加抽象，那么，我们就会发现，人类在更大的猎场上也不过是一个猎物，那么，谁又是人类的狩猎者呢？是大自然？是上帝？还是人类自己？就这个话题，我暂且先卖个关子，也许，我会在这本书的最后章节或者在另一部专门的著作里讨论这个问题，在这里我想继续有关高原野生动物们的故事。

67

让我们回到上世纪中叶那个饥荒的年代。那是人类历史上最惨烈的年代之一，我的父辈们都曾经历过那个年代。灾难从天而降。人们开始感到饥饿，继而在饥饿中眩晕，而眩晕却使他们陷入了更加痴迷也更加持久的疯狂，我想，那可能就是一种妄想症。但是，陷入妄想的人群却越发感到饥饿，以致饥饿使他们失去了理智，眼前出现了幻景，看什么都像是美妙的食物。

我出生在那大饥荒之后的日子里，我记事的时候，我的父辈们就常常讲起那些骇人听闻的事情。那时，我还小，我无法对自己所听到的事做出合乎理性也合乎常理的判断。当我能对这类事情做出一些自己的判断的时候，我就试图以我自己的方式去理解那个时代。尽管有很多事情，我至今都无法理解，但是，有些事情，我想我是理解了的。譬如，人们为什么那样大肆捕杀野生动物，因为他们要活命。

那几年，甚至后来的很多年里，青藏高原腹地所有的州县乡镇村都会接到一个来自上面的指令，那就是捕杀野生动物。除了上面下达的捕杀任务，下面也有自己的捕杀计划。而且，这种任务计划动辄以每类动物肉品多少吨的方式下达。捕杀的动物种类，从天上飞的、地上跑的，到水中游的，无一遗漏，只要能吃就行。青海东部各县乡镇村以及机关单位也纷纷组织打猎队、捕捞队到高原上打猎，到青海湖、扎陵湖、鄂陵湖捕鱼。很多年之后，人们还在感慨，是青海湖的湟鱼和高原上的那些野生动物养活了很多人，使他们才得以活着走出那个饥荒的年代。

1993 年出版的《青海省志 · 林业志》用这样简单的文字记载了那一段历史：

1959 年猎取野牦牛、野驴、黄羊、岩羊等野牲肉达 750 万公斤，野生皮毛 1516162 张，麝香 52.3 公斤，鹿茸 240.6 公斤。1960 年，猎取野牲肉 800 万公斤，毛皮 808804 张，鹿茸 94.4 公斤，麝香 44.55 公斤……玛多县 1960 年一年内猎取野驴 6900 多头。过去因为野驴多而得名的“野马滩”变成了“无马滩”。1960 年——1962 年的“暂时困难时期”，全省野生动物资源遭受到一次最大的消耗与破坏。为了“度灾”，把猎捕野生动物作为解决生活问题的一项措施，不少机关单位组织专业打猎队，配有专门车辆，订有指标和任务，猎捕种类、数量和地区无任何限制，有的部队还采用机枪、摩托车、越野车实行大规模围猎，尤以“滩居”动物野驴、黄羊和野牛等为主要猎取对象，许多居群被消灭或向西部迁徙。原以野生动物命名的“黄羊岭”“野牛沟”“野马滩”徒具虚名。

这段文字更像是一份账单，一份人类向大自然开具的欠账单。我曾在另一本书上读到过同类的文字，那份“账单”记述的更为详尽，它仔细地记录了某年某月某某县猎取的每一种野生动物的清单，都是以几千几万头或多少多少吨来计量的。在读那些文字时，我眼前便浮现出尸横遍野的情景。

就在对野生动物的大规模围剿中，大饥荒的年代终于结束了，但是，大地却陷入了寂静，昔日生机盎然的情景已不复存在，莽原上到处是生命的残骸，空气里弥漫着死亡的气息。而共和国的子民们却陷入了更加持久的疯狂，“文化大革命”就在这疯狂中轰轰烈烈地开始了。与以往的灾难所不同的是，这场运动不仅摧毁了一切美好的事物，尤其是民族心灵上几千年一点点积攒沉淀的精神品质，而且继续了对大自然的大肆杀伐和摧残。对那段历史，我已经有记忆了。我印象最深的就是人群，疯狂的人群。他们总是排着队，喊着口号，手中还摇晃着一面

小红旗，去参加没完没了的集会。他们都有着同样的面孔、同样的表情、同样的举止、同样的眼神甚至同样的着装。因为疯狂，眼睛比以往任何时候都睁得更大。于是，瞳孔就有被放大的感觉，于是你就会看到那眼眸深处的无限迷茫。那个年代就那样成了为整个民族心灵的伤口。人们习惯于忘记疼痛，以为忘记了，伤口就会愈合。也许，它真的会愈合——如果人们愿意花很长的时间去耐心修复的话，但是，那个年代对大自然所造成的伤害将永远难以修复，即使我们耗费上百年甚至更长的时间去修复大地的伤口，它也难以恢复如初。

68

让我们再来读几份这样的“账单”，这是青海人民出版社 1985 年出版的《玉树藏族自治州概况》上的一段文字：“玉树野味品种繁多，有野禽和野兽十余种（其实，后来仅列入国家一二类保护动物范围的就不下 50 种——笔者注），在国际市场上很受欢迎。1970 年至 1979 年十年间，玉树州出口野味 708 吨，每吨平均换外汇 7500 美元，共换外汇 531 万美元。”

这是《青海省志 · 林业志》的另一段文字：“1967 年全省收购野味 6 吨，到 1971 年增为 186.2 吨，1972 年 574.6 吨，1973 年 608 吨，1974 年 797 吨，后来逐年下降。1965 年—1984 年共收购野生皮 1399430 张，年均 66640 张，其中以 1980 年最高，达 654009 张。”

这段文字之后，这本书还记述了许多更为具体的一些事实，也摘录一二：“1971 年 10 月至 1972 年元月，青海石油管理局猎取野牦牛和野驴肉达 5.1 万公斤。”“国家重点保护的青海湖鸟岛，1971 年—1975 年连年遭到严重破坏，期间山鹰机械厂有组织有计划地盗捡鸟蛋达数万枚。”“1979 年，某部队医院在尖扎县东果林场猎麝 40 多只。”“格尔木地区的某些单位，从 1970 年起至 1979 年，于每年封冻后的 11 月至次年 2 月，利用大雪封山，野牛活动范围缩小至山间小块草场的机会，大规模行猎，卡车多则几十辆，少则四五辆，携带帐房和灶具，

用机枪、半自动步枪围猎野牛，有时还采用高音喇叭将野牛驱赶到峡谷中用机枪扫射。”（据我所知，很多时候，他们还开着吊车，用它来吊装猎获的野牦牛；很多时候，他们还用很多的吉普车包围和追赶野牛，而后在峡谷中用机枪扫射。）

这些欠账单，从上世纪50年代末一直开到了80年代初，请想象这些数字背后那血雨腥风的悲惨世界。什么是触目惊心？什么是惨不忍睹？什么是血流漂杵？这已经不是普通和一般意义上的狩猎活动了，整整20余年的大规模杀戮，这已经是一种灭绝性的屠杀。而且，我敢肯定，我们今天所看到的这些数字绝非当年涂炭生灵的全部真相。它只是一部分，而缺失了的那一部分也许比我们所看到这一部分还要悲惨。

藏区一些县城边上原来都建有颇具规模的屠宰场，后来那些屠宰场都废弃不用了，但是当地的藏族同胞都还记得那些血流成河的日子，他们感觉那些亡灵还在那里飘荡，等待着超度。于是，他们就在那屠宰场边的山冈上插满了风马旗，挂满了经幡，以此来为那些亡灵超度。我第一次在果洛草原上看到那幡旗招展的山冈时，还以为那是牧人们祭拜山神的场所，后来才知道，那是用来超度亡灵的，心灵就为之震撼，继而久久地为之感动着。

这震撼与感动来自牧人的那一份悲悯众生的佛家情怀。生命在生命的意义上是平等的，只有在人类社会的世界里才出现了不平等。这种不平等先是人类对其他生灵万物的轻蔑和漠视，而后就逐渐演变成了随意的践踏，甚至在人类社会内部也是如此。千百年来，人类在地球上发动的那些种族战争其实就是原始狩猎活动的遗风。

69

对青藏高原上的野生动物们来说，席卷上世纪后半叶的西部大淘金是有史以来最后的也是最为惨烈的一幕。这场大灾难直接导致了高原野生动物的大灭绝。淘金的目的自然不是捕获猎物，但是淘金的人却发现了野生动物的栖息地，从而

在青藏高原大型陆生野生动物中，野驴是我所见到的数量最多的一个种群了，其真正的名字叫西藏野驴，为野生马属动物青藏高原特有种。

引来了盗猎者。这是一场风暴，它从上世纪80年代初一直持续到本世纪开始的时候。在盗猎者疯狂的杀戮中，一群群的野生动物就从那莽原上消失了。

那头在一片陷阱中宁肯自绝身亡也不愿屈服的野牦牛，只是那个年代野生动物悲惨遭遇的一个前奏。就野牦牛而言，它们最黑暗的日子已经结束了，在过去的20余年间，它们一直是以获取肉食为目的的人类最主要的猎获对象，因而其种群也就遭受了最惨重的打击和损伤。以致当那个年代结束时，青藏高原上的野牦牛群基本上也已经消失了。也就是说，早在20年前，野牦牛就已濒临灭绝。我在昆仑山口看到的那头野牦牛也许就是野牦牛家族最后的守望者。虽然，它不是惟一的幸存者，但是，其种群数量已经下降到十分危险的程度。

现在，有时候，我们偶尔在一些印刷品上还看到成群的野牦牛画面，从时间上来说，我怀疑它的真实性，那可能是以前景象的复制品，在今天已经很难拍到那样的画面了。我听说，在昆仑山和可可西里腹地有时还能见到野牦牛的身影，但超过百头的野牛群已经很难遇见。祖祖辈辈生活在高原腹地的牧人们告诉我，仅从数量上讲，野牦牛种群面临的危险甚至比藏羚羊还要严重。近20年内，我至少有几十次深入高原腹地行走，每次，或远或近、或多或少都会看到一些野生动物，包括藏羚羊、藏野驴、棕熊、狼，甚至雪豹的尸首等等，都曾见到过的，就是很少见到野牦牛，有几次，虽然见到了，但都是孤零零的一头野牦牛立在那里，像一座雕像。

与上一个年代不一样的是，这个时期的中国人因为实行了土地家庭联产承包责任制，绝大部分人不再为吃饭问题发愁了，但是他们依然很穷，很多人穷得手无分文，很多人连做梦都在想着金钱。无论你承认与否，一个金钱至上的时代就这样悄然降临了。像大饥荒的年代里只要是吃的人们没有什么不敢吃一样，在这样一个年代里，人们又坠入了只要能换钱就什么都敢拿去卖的境地。于是，利欲熏心的不肖子孙们开始盗掘祖先的坟墓，将一批批长埋地下的国宝偷运出境，换成了可以流通的纸钱。把所有可以盗卖的死的东西都盗卖一空之后，就将被贪欲烧红了的眼睛盯上了那些活着的生命。惊魂未定的野生动物们一抬头就又看见灾难迎面而来，刚刚获得片刻宁静的荒野上再次响起密集的枪声。

一批批盗猎者就紧随浩浩荡荡的淘金者走进了高原腹地，他们猎杀那些无辜的生灵不是为了获取肉食野味，而是为了获得金钱。他们猎杀麝类动物，只是想从雄性麝类的肚脐上割下麝香；他们猎杀棕熊，只是想从熊的胸腔里取出熊胆；他们猎杀白唇鹿，只是想从鹿的头颅上砍下鹿角或者割下鹿鞭；他们猎杀藏羚羊，只是想从羚羊皮上刮下一点点绒毛……金钱是他们猎杀野生动物的惟一目的。

麝类动物是盗猎者刀枪下最早的受害者，他们用火药枪猎杀，用毒药残害，用陷阱、铁夹和连环套捕获。18 年前，我在玉树和果洛的森林里采访时听到过这样的事，四川一带的一些盗猎者偷偷潜入林区，然后，一条山谷、一条山谷地布满事先准备好的用细钢丝做成的套儿，除了盗猎者本人，没有人知道那些套儿的所在。三五天后，他们去收套时，那整个一条山谷里，都是野生动物的尸首，但凡在那些山谷里出没的生灵无一幸免。而他们所要的只是麝香，他们收了套，从雄麝的肚脐上割下那一小坨香囊之后，便悄无声息地消失了。仅仅两三年时间，那些林区的麝类就销声匿迹了，那森林里再也没有了那美丽精灵散发的奇异香味儿。

除了人，几乎所有的动物在遇到危险时，都没有后退的意识，它们只会往前猛冲，想以此来摆脱危险，而危险往往就在前面等待着你的抵达。青海湖边上有时候会刮很大的风，那大风能将牛羊吹到湖里面淹死。有时候，大风只将一只羊吹进了湖里，但是接下来发生的事情却与大风无关，所有的羊都看见它们中的一个“跑”到湖里面去了，它们不知道那是大风吹进去的——于是，咩咩地叫喊就响成一片，响成一片的喊叫声在大风的怒吼中显得很微弱。停顿，只是几秒钟的停顿之后，一件奇怪的事就发生了，整个的羊群都往湖中鱼贯而入。在跳进湖水的那一刻里，它们依然保持着已有的速度和队形，没有迟疑，没有恍惚，整个过程自始至终都是毅然决然地流畅和完美。顷刻之间，整个的羊群都消失在翻滚的波浪中，好像它们从来没有存在过。而牧羊人却幸免于难，因为，在大风快要把他吹进湖水的那一刻里，他已经退缩到了安全的地带。

误将自己的头颅伸进索套的野生动物们就像青海湖边上的羊群。其实，当它们的头颅伸入那索套的一刹那里，它们敏锐的目光和神经已经看到和感觉到了那发着细碎暗光的致命圈套，如果这个时候，它们只要轻轻地往后退一步，就会

脱离死亡的危险，但是，它们不会，它们从来就没有这样的遗传基因。它们在看到、感觉到那致命圈套的一瞬间里，惟一想做和能做的也就是拼尽全身的力气，奋力一跳，这一跳，就跳进了死亡的陷阱，那圈套一下就嵌进了它们的脖颈，勒断了它们的喉管。一切都以猎人事先的设计演变，一个似乎漫长的生命过程却这样很快就结束了。

70

我在电脑键盘上生硬地敲打这些方块汉字时，这座城市的人们正在为藏羚羊 2008 北京奥运吉祥物申报成功欢呼雀跃，而我的心情却依然沉重。我不知道，韩美林为什么要将藏羚羊设计成一个变了形的布娃娃，那个五颜六色的布娃娃和藏羚羊到底有什么关系呢？藏羚羊绝无仅有，藏羚羊无可替代，藏羚羊是大自然在高寒极地亿万年锤炼而成的精灵，它怎么就变成了布娃娃呢？韩美林可以将大自然所有的造化都做成布娃娃，但是，世上所有的韩美林都不能造出一只真正的藏羚羊。我这样说，并非有意贬损韩美林——而况，韩美林岂是我所能贬损得了的，其实我对韩美林本人满怀敬意，我喜欢他信手拈来的那些作品，他的这类作品放射着痛苦的光芒。但是，藏羚羊不在乎这些，藏羚羊有着比所有美术家和哲人加在一起还要多的痛苦，它们的苦难浸泡在它们自己的鲜血中，它们的鲜血染红了一座高原。

在可可西里，我曾久久地凝望一只藏羚羊，它在孤独地往前行走，步履缓慢而且沉重，好像它自己都不知道它要走向哪里。我一直有一个感觉，藏羚羊就像草原上的游牧民族，所有的藏羚羊都是一个原始部落的成员，它们的转场就像牧人部落的迁徙。整个夏天和秋天，它们都一群群分散在莽原大野之上，逐水草而不断漂泊，每一群藏羚羊似乎都有自己固定的牧场，年复一年，它们都在自己熟悉的路上。而到了冬季，它们都从四面八方又赶往可可西里腹地的太阳湖边去产羔，那是一个雷打不动的选择，千百年不会改变。太阳湖边的沼泽草地是整个藏羚羊部落共同的大产房。它们为什么要这样做？一直是一个不解之谜，至今，人们还在不断猜想。我猜想，那也许跟它们的生存环境有关，青藏高原上曾经到处都有猛兽出没，如果藏羚羊分散产羔，就很难保住种群的繁衍，而集中产羔就能保证其种群不会遭到天敌灭绝性的伤害。

虽然，人们至今还没有对这种猜想给出一个令人信服的答案，但是，它却给了盗猎者一个准确的指引。如果，藏羚羊分散在整个大高原上，短短十几年间，偌大的一个种群也断不会在一群盗猎者的枪下濒临灭绝。不幸的是，盗猎者用不着在整个大高原上到处搜寻藏羚羊的踪影，他们只需要等待冬天来临，然后，就可以上路了。不需要兜圈子，也不需要给任何人打招呼，只要开着车，带着给养和足够的枪支弹药，直奔太阳湖而去就是了。

太阳湖，一个多么美丽的名字。那是一片怎样动人心魄的湖水，以至让人用太阳的名字为它命名。我在第一次听到这个名字时，就做过这样的想象：那可以是一个秋天，可以是一个临近傍晚的时刻，当那个有幸第一个走近这片浩渺的人，终于站在那湖边的草地上，凝神静气，望向那一片梦中的蔚蓝时，他惊呆了，他甚至忘记了自己正站在一片水草地上，他跪伏在地，久久不敢抬眼望去，任凭泪水湿透了衣衫。他跪在那里，失声痛哭时，他甚至怀疑刚刚眼见的一切是幻景，一派横无际涯的碧波荡漾里，荡漾着的是无边的夕阳和夕阳金色沉静的光芒。那也可以是一个冬日的早晨，太阳刚刚升起来，就将厚重的光芒泻落在那一派凝冻的清风涟漪之上。而在湖滨的草地上，一群群成千上万的藏羚羊正在早晨的阳光下伸着懒腰……就在这时，那个人失声喊出了太阳湖的名字。我想，他肯定是受了太阳湖以及藏羚羊神灵共同的启示。

那时候的太阳湖边一片宁静。那宁静延续了千年万年。那宁静是后来才打破的。后来的太阳湖里一年四季都荡漾着藏羚羊的鲜血，那是血色的湖光，那是如血的残阳。湖滨无边的荒原上，到处是藏羚羊的残骸。一批又一批的盗猎者接踵而至，一群又一群的藏羚羊纷纷倒毙。

人们也许还记得索南达杰、扎巴多杰这两个人的名字，他们都为保护藏羚羊而献出了自己的生命——虽然扎巴多杰死在了自己的家里，据说还是自杀，但是，我知道扎巴多杰，他即使是自杀，他的死也与藏羚羊有关。他是为藏羚羊死给活着的人看的。当年他的大舅哥索南达杰曾说过一句话：如果一定要有人为藏羚羊去死，那就让我去吧。我没能见到活着的索南达杰，但是，在他死后，我却是第一个赶往治多草原采访的记者，我感受了他死的分量。那天晚上，我因感冒发烧，在治多县医院打点滴，给我输液的年轻护士一边招呼我，一边却在忙着自己制作小白花。她说，明天，我们的索书记就要上路了，我要戴着自己亲手做的白花去为他送行。她说，她并不认识索南达杰，但是，她认定，一个愿为藏羚羊而死的人即使素不相识也一定要去送送。那些天里，全治多的数百僧侣自发地赶到县城，聚在一起，点燃了千盏佛灯，连续七天七夜专为索南达杰的亡灵诵经超度。那不是一般的规格，那已经是超越了凡人礼遇的顶礼。

我一直铭记着那个季节。那个季节的大地已然封冻，和大地一起凝冻的还有太阳湖的碧波和涟漪。远处的山冈上已落着厚雪。而藏羚羊轻盈的脚步就由远而近了，由远而近时，你的梦想就在比岁月更加久远的地方如岚飘落。那时，天际里的云彩就像是太阳湖夏天的诗行。有歌声便在心灵深处悄然响起：

是谁驱散了你的羊群
留下你守在最后的草原
摸不到亲人的手
喊不出声音
流不出泪水
在哪里？在哪里生长着你的梦
彩色的云，银色的河
青青的山坡上建起的家园
一双小手捧起光明的灯盏
小小的弟弟，满怀深情的弟弟
要走一条认定的路
掩去伤痕的弟弟
让我们手牵手
一起往前走……

扎巴多杰我是见过的，在昆仑山一隅，我曾和他有过一夜的长谈，那一夜我们都在谈他的“野牦牛队”和大家的藏羚羊。有两个人曾在可可西里拍摄过两部影视片，一部是彭辉拍摄的纪录片，片名叫《平衡》，讲的就是扎巴多杰的故事；一部就是陆川的故事片《可可西里》，讲的故事与索南达杰有关。这两部片子中，我还是更喜欢《平衡》，因为，它更为沉静，也更有厚度和深度，我在它没有多少对白的悲怆语境中感受到了一种诉说的魅力和启示。“平衡”两个字一直困扰着扎巴多杰，他因此而常常感到不平衡，他的不平衡缘于他的思想，他至死都在追求一种平衡。

那天，他在巡山的途中大老远就发现了那只刚出生不久的小藏羚，它的母亲倒在血泊中，身上的羊皮像是刚刚剥掉的，上面的鲜血还依然鲜红。那小羊羔还依偎在母亲身边，一声声呼唤着母亲。扎巴多杰在抱起那小羚羊时，一串泪水就滴落在小羚羊的身上。他将它放进自己的怀里，用藏袍宽大的衣襟裹了起来。在之后的那些日子里，他一直在照顾这个已经失去了母亲的孩子，几个月后，又专程前往可可西里将那只小羚羊放还给大自然。

有一次，他还看到过一只更可怜的小羚羊，它还在母亲的肚子里，它还没来得及出生，但它的母亲却已被枪杀，同样是被剥了皮的母亲，所不同的是这个母亲的肚皮也给划开了，于是，还未及降临的小羚羊便提前探出头来，呼吸着凛冽的空气，它不知道世上发生的事情。扎巴多杰他们发现这只小羚羊的时候，它还一息尚存，但是，他们已经无力回天了。他们不忍目睹小羚羊那最后的模样，只好挥泪而去。

这些都是盗猎者造的孽。有人曾给我讲过这样一件事，他曾看到过一只焦黑的藏羚羊，它被盗猎者捕获之后，全身的毛皮给活剥，但是它还活着，它血淋淋的身躯被阳光和风雪打成焦黑了。在那荒原上，它每走一步都要凄惨地哀叫。有人还给我讲过这样的事情，他曾目睹盗猎者活剥藏羚羊皮的情景，他说，那真是惨不忍睹。盗猎者将捕获的藏羚羊摁倒在地，然后，用锋利的刀刃在藏羚羊四只小腿和脖子上划上一个圆圈状的口子，再从四只腿的内侧和肚皮上划开一条条线，将那些伤口连在一起，而后从脖子的刀口将羊皮翻开一角，就用力去拽，等拽到一定时候，就猛地一下放开摁在地上的羚羊，只见那藏羚羊腾空跃起的一刹那里，整张的羚羊皮就已在盗猎者滴血的手上摇荡。而已剥掉了羊皮的藏羚羊却血淋淋地奔跑在寒冷的荒野上。

这是何等惨烈的情景。藏羚羊何辜？人类缘何要用如此残暴的手段来杀害藏羚羊？根源还是人类的贪婪。他们要用藏羚羊绒编织装饰西方贵妇肩膀的披肩——沙图什。据说这三个字是克什米尔方言，通俗的说法就是藏羚羊绒披肩，还有一个高雅的名字叫“指环披肩”。据说，一条长 2 米、宽 1.5 米、重 150 克的沙图什攥在一起就能轻柔地穿过一枚钻戒，“指环披肩”之名由此而来。在国际互联网上对沙图什作过这样的介绍：“在海拔 5000 米的藏北高原，生活着一种名叫藏羚羊的野生动物。每年的换毛季节，一缕缕轻柔细软的羚羊绒从藏羚羊身上脱落下来，当地人历尽艰辛把它们收集起来，编织成了华贵而美丽的披肩沙图什。”

这是一个美丽的谎言。在藏北高原上，从来就没有什么沙图什。屠刀才是沙图什的编织工具。一只藏羚羊身上的原绒最多不超过 150 克，而据印度野生动物保护协会提供的一份资料显示，一条重 100 克的披肩，需要 300 ~ 400 克的藏羚羊原绒。也就是说，每条沙图什的背后是三只藏羚羊的生命。嗡嘛呢叭咪吽。如果人们用这样一种思维方式去思考这个问题，那些喜欢沙图什的西方贵妇们也许再也不会将它披在自己肩膀上，因为那样她们就会想到她们的肩膀上披挂着的是三只藏羚羊的生命，她们的灵魂将因此而浸泡在藏羚羊的鲜血中，永世不得安宁。

据说克什米尔地区是全球最早也是最大的藏羚羊绒披肩的加工地，1992 年这个山地小镇的藏羚羊绒加工量达到 4400 磅，相当于 13000 只藏羚羊身上的绒产量。前几年，有关专家和学者估算，因为加工生产藏羚羊绒披肩，每年大约有 20000 只藏羚羊惨遭杀戮。据青藏高原野生动物专家实地考察后估计，至 1995 年时，藏羚羊种群的总数大约只有 5 万～ 7.5 万只。而自 1990 年以来的近 10 年间，至少已有 3 万只藏羚羊被盗猎者猎杀。期间，仅森林公安机关破获的盗猎藏羚羊案件就有 100 多起，共收缴藏羚羊皮 17000 多张、藏羚羊绒 1100 多公斤、各种枪支 300 余支、子弹 15 万发、各种机动车辆 153 台，共抓获盗猎藏羚羊的犯罪嫌疑人3000多人。曾长期战斗在反盗猎前沿的朋友们告诉我，已破获的盗猎案件顶多只占盗猎案件总数的三分之一左右。事实告诉我们，堪称国宝的藏羚羊已所剩无几，它正面临灭绝的危险。

100年前，瑞典探险家斯文·赫定曾这样描述藏羚羊生活的场景："在山谷中，我们有时惊起大群的羚羊。看看这些温文尔雅的动物，公羊竖着光亮的长角，就像刺刀在阳光中闪烁着——人们简直难以想象出比这更美丽的景致了。"100年后的1999年春天，有位叫李长远的中国男子告诉我，他也曾见过那样美丽的景致，但是都消失了，一切都消失了。那时他的身份是海西蒙古族藏族自治州林业公安科科长，我见到他的时候，他刚从可可西里回来，他到可可西里是去参加一次保护藏羚羊的行动，他和他的队友们走的是北线，也就是说他们刚刚横穿过可可西里北部。但在整整10天的行程中，他们没有看到一只藏羚羊。而就在十几年前，他还看到过大群的藏羚羊在那大草原上的情景，他还清楚地记得那壮观的藏羚羊群。在向我讲述这一切时，他的眼睛一直望向远方。我想，他正在回望那空旷的大草原，那里已经没有了藏羚羊的身影。

我得记住2005年的这个冬天。这个冬天来临时，国家通讯社曾发布过一条令人振奋的消息，说可可西里的藏羚羊种群已恢复到10年以前的规模，还说可可西里已重新成为野生动物的天堂乐园。若果真如此，那再好不过了。但是，我对这条消息的真实性心存怀疑。野生动物种群数量的调查是一项极其复杂和艰难的系统工作，而实际上，近些年我们还从未做过这样的事。那么，我们又是怎样获得这些数据的呢?

直到这个冬天，枪声依然在可可西里响起……

71

在青藏高原大型陆生野生动物中，野驴是我所见到的数量最多的一个种群了，其真正的名字叫西藏野驴，为野生马属动物青藏高原特有种，分布在世界各地的斑马群是它的表亲，它们分别是普通斑马、山斑马、细纹斑马、野驴和非洲野驴，还有野马。在前面的有关章节里，我曾写到过野驴，但未及细说。从昆仑山麓到巴颜喀拉、唐古拉的那些开阔的山谷滩地上，我都曾望见过它们的身影。据我的观察，野驴堪称是大型圆蹄类哺乳动物家族中的智者。恕我不敬——它们具有英国绅士的风度和法兰西贵妇一样强烈的虚荣心。它们有着孩子般争强好胜的顽皮性情，也有着老人般沉静自若的闲淡心态。它们在草地上啃噬青草时安静得就像古代中国的江南淑女，在莽原上争斗和驰骋时刚烈得就像古代罗马和希腊的斗士。它们陷入沉思的样子像哲人般深沉，它们悠然踱步的儒雅风采就如同孔老夫子的学生。而当地藏人对野驴的观察则更为细致，在他们的形象描述中，野驴几乎无所不能：当一头野驴站在山顶上时，它就像一个哨兵；如果一头野驴走在一条山谷里，它就像一个密探；野驴在河边饮水的样子像背水的牧女；如果一头野驴走在你前面，你就会把它当成一个牵着羊行走的老牧人；而当一头野驴迎面而来时，你也许就会把它看成一个骑着马、背着杈子枪的猎人……走近牧人的帐篷时，它像一个小偷；列队前行时，它们俨然就是一支训练有素的军旅；一群聚在一起的野驴仿佛集会的人群；而一群野驴在草原上吃草的样子就是一支驮运茶叶的商队……

野驴，从下腭到屁股，朝向地面的部分是纯白色，全身其他地方的毛色全是棕色。乍一看，那一溜儿白色就像是胸前露出的白衬衫，而那罩在白色之上的棕色就是一件标准的燕尾服了。它们是高原野生动物世界真正的“白领”。在它们相互争斗或偶尔心血来潮时，它们就会用两条后腿将整个身子竖起来，用两条修长的前腿攻击或者只是做做伸展运动。目睹那优雅的风采时，你可能就会想到身着燕尾服的卡拉扬在舞台上的情景。当然，它们有它们自己的舞台，它们从来就没想过要到别的舞台上去表演，更不会想着有一天要去指挥著名的德国爱乐乐团。那样愚蠢的想法只会出现在人类的大脑里。对生命万物而言，人类的大脑里除了生存的智慧外还有愚蠢残忍的坏点子和无限膨胀的贪婪欲望，而在野驴的大脑中除了生存的智慧还是生存的智慧，除了食欲、情欲、爱欲和奔跑的欲望之外似乎就没有什么别的欲望了。饿了就吃，发情了就疯狂地做爱，产了小驹，就刻骨铭心地去爱，剩下的就是无忧无虑地走在沼泽和草原上的日子了。

每年7月底到8月初是野驴集中产驹的时节。每年的这个时间，高原腹地都会有连续七天时间的晴朗天气。牧人们说，这七天时间的天气是由野驴家族在掌管。因为，野驴大都生活在高寒沼泽草地，而刚刚出生的小驴驹儿的蹄子又十分嫩软，如果没有晴朗的天气，它们的小蹄子就很难长得坚硬，而坚硬的蹄子是它们所以能够立足沼泽草地的本钱。野驴的蹄子就是狼的牙齿，就是豹子的尾巴，就是野牛的犄角。有了坚硬的蹄子，它们才能纵横驰骋，才能穿越无边的沼泽地，也才能在遇到危险时保障自己的安全。它们的蹄子常常使草原狼闻风丧胆。当成千上万的野驴在莽原上飞奔而过时，那坚硬的蹄子在大地上敲打出来的声音就像是万钧雷霆。成千上万的野驴在大草原上迁徙时，整个草原就成了棕色的草原，那就是野驴的草原。

包括人类在内的所有动物都不敢轻易涉足沼泽地，惟独野驴将沼泽视为家园。在高原腹地的那些沼泽里，到处都留下过它们迁徙的足迹，那就是野驴走过的路。那是一条弯弯曲曲的细线，那是一条被水草掩盖着的水路。只有特别熟悉野驴生活习性的高原牧人才能发现并辨认野驴走过的路。只要你能准确地辨认野驴走过的路，你就能穿越青藏高原上所有的沼泽地。在不同的季节，野驴会穿越不同的沼泽，去找寻它们梦中的水草。千万年来，那无边的沼泽不仅养育了它们，也是它们得以保全自己的生态屏障。只要那无边的沼泽依然存在，就不会有什么太大的危害降临在它们的头上。

就是这样一种灵物，也难逃人类的魔掌。也是1958年之后的事，许多打猎队开始大规模猎杀野驴，几年之后，许多地方已经见不到野驴群了。我在前面写到过长江源区一条叫君曲的河，这条河因野驴而得名。1958年之前的漫长岁月里，那开阔的河谷沼泽和滩地上，野驴群就像棕色的波浪一样翻滚着。20世纪最后的日子里，当我走进那条河谷时，那里依然还有成群的野驴，但那野驴群显然已经形不成波浪了。据说，那有限的野驴群还是1984年之后才慢慢恢复起来的——从那一年野驴作为野生动物才开始禁猎。君曲草原上的牧人阿嘉介绍说，那时候，他们的打猎队猎杀的野驴，不但要供各牧委会的牧人食用，还被运往城镇，供应城镇居民。当时，他们牧委会就有三个打猎队，每个打猎队由5个人组成，一年四季专门打猎，主要就是猎杀野驴。他不是打猎队的成员，但是，

从 1966 年到 1984 年的近 20 年里，他猎杀的野驴至少也有 100 头以上——现在，100 头以上的野驴群已经很难看到了，而以前，数千头乃至上万头一群的野驴随处可见。

1984 年之后野驴种群数量有所回升，以至有些地方竟传出“野驴成灾”的话，譬如玛多。但是，近十余年，我曾很多次在玛多草原采访，从不曾见到成群的野驴。所到之处，一片凄凉。几乎所有的草原都已经严重退化，很多地方已经变成了荒漠甚至沙漠。那天，我走在扎陵湖西边的玛涌滩上，几乎每走一步脚都要陷进松软的沙土中不能自拔，好像整个草原都已被掏空了。这里曾是水草丰美的牧场，是传说中格萨尔赛马称王的地方，但是，当我站在格萨尔曾经站过的山梁上，茫然四顾时，看到的却是草原破败的惨相。那道山梁之下，就是著名的星宿海，可是，那星罗棋布的高原湖泊而今安在？那无边无际的沼泽草场而今安在？没有了湖泊和沼泽的玛多草原上已经没有了牧草的生长。而那湖泊和沼泽充盈着的草原才是野驴的家园，失去了家园的野驴在哀鸣，在受难，它们又何以成灾？

前些时候，我听说又有盗猎者开始批量猎杀野驴，然后将野驴肉偷偷运往内地销售，以获取金钱。我的国人在“民以食为天”的幌子下，已经没有什么东西是不能吃的了，而且这种大吃特吃的风气演变得日益疯狂，越是稀奇珍贵的东西他们越是要吃。自古就有“天上的龙肉地上的驴肉”之说，野驴自然也就难逃其口了。尽管在一派山吃海喝、暴殄天物的风暴中，“非典”、禽流感向我们汹涌而来——大自然已经开始对人类进行报复和惩罚了，但是，人们依然在寻找着新的吃法和不曾尝试的新鲜东西，而且总会有那么一些丧心病狂的人只要他们能想到的就没有什么是不可以吃的。何况，近百年来，地球上几乎所有的东西都在迅速减少，只有人类在急剧膨胀，如果把全人类的嘴都加在一起，大有吃掉整个地球的危险。

我有一种预感，人类迟早要吃掉自己。否则，他们就会统统饿死在被吃得空无一物的地球上。但愿青藏高原上的野驴们能听到我说话的声音，而后就向梦中的天堂牧场飞奔而去，永远不要出现在人类的视野中，因为，一张血盆大口正在向它们逼近。

72

我感谢我的祖先，他们让我懂得了忌口的意义。自幼我就被告知自然界有很多东西是你永远不可以吃的。长大成人后，我虽然也吃过很多我的祖先们从不曾吃过的东西——我为此感到羞耻，但是，我感到欣慰的是，我毕竟遵循了他们的训诫，他们从来不吃的东西我也从来不曾吃过，譬如驴肉和狗肉。一种对万物生灵的悲悯情怀是人类心灵必需的品质。青海湖的湟鱼曾经达到过几乎饱和的程度，但是，才过了大半个世纪，那几千平方公里水域中的湟鱼却已经所剩不多了，它们都被人吃光了。青海湖西北角曾有个岛屿，是个鸟儿的王国，有鸟岛的美名，每年至少有数十万之众的鸟儿栖息在那里。因湖面水位下降，而今那岛屿已经变成了半岛，加之，因湖中湟鱼资源量的锐减，使得以食鱼为生的鸟儿大量飞走，再也不肯回家了。

青海湖是藏民族心里的神灵，湖中的生命万物都是具有神性的灵物。千百年来，藏民族就像保护自己的眼睛一样呵护着青海湖。每年都有很多人向它跋涉而来，向它顶礼膜拜，青海湖边上每年都会举行盛大的祭海活动。尤其是马年，四面八方前来朝湖的人流就像是在参加一个盛会——其实，那就是一个盛会，一个心灵的盛会。2002 年是马年，这一年的春天和夏天，我曾两次环绕青海湖一周，但我并不是一个纯粹的朝圣者，我只是一个匆匆的过客。当我和每一条路上的朝圣者不期而遇时，我却想到了那些同样向它汹涌而来的偷捕者，神圣和邪恶有时候就在同一条路上，所不同的只是心灵的朝向，一个向善，一个向恶。我知道，那些朝圣的人永远不会吃湟鱼，而湟鱼却是被吃掉了的，而且，我也知道，那些偷捕者和吃掉湟鱼的人是永远不会去朝圣的。

多年来，有一个故事一直铭刻在我心里，每次想到这个故事，我便会禁不住热泪盈眶。那是一个老牧人和湟鱼的故事，故事发生在布哈河边上。布哈河是青海湖最主要的补给河，是青海湖湟鱼集中产卵的地方。以前的布哈河没有任何阻拦，它从祁连山麓、从天峻草原一路奔来，舒缓、宁静、清澈、欢快、酣畅淋漓。但是，从上世纪五六十年代以后，布哈河上就有了一些水坝，而且越来越多。这些水坝不仅拦截了河流，也破坏了河流原本的生态。每年的湟鱼产卵季节，往布哈河回游的湟鱼就遇到重重障碍，这还是其次，最要命的是，很多的湟鱼趁河水暴涨的时机拼命涌向了河水，而且拼命地向上游翻滚，但是，就在这时，灾难降临了。因为水坝蓄水或其他原因导致的枯水，使布哈河几近断流。于是，满河床急于产卵的湟鱼就憋死在那里。

是那个老牧人最先发现了这个惨状，因为每年的这个季节他都会来河边上看望那些鱼儿。他被眼前的情景给惊呆了，他已经来不及细想到底发生了什么，他脱下自己新做的藏袍，把它平铺在河床上，然后，小心地将那些鱼儿捧到皮袍上，再把它们送到下游的水深的河中放生，一次、两次……十次、百次……整整一天他都在忙着救那些鱼儿，皮袍毁了，但他却救活了无数的鱼儿。接下来的几天里，他一直在那河边上抢救那些鱼儿，接下来，每年的这个季节，他都到河边上来抢救那些鱼儿，年复一年从不曾间断，直到他去世时还叮嘱后人们一定要去救那些鱼儿，否则，他将死不瞑目。后来，每年的湟鱼产卵季节，布哈河边上就有一些牧人专门抢救那些滞留河床危在旦夕的鱼儿。

这是一个真实的故事。在一片“救救湟鱼”的呼唤中，我尤其珍视这个故事所具有的人性力量和精神品质。它让我懂得了一个简单的道理，要保护万物生灵，仅有呼唤和打击是不够的，关键是得让充满了爱心的良知又重新回到人们的心里。要是那样，我们就不再需要呼唤和打击。但是，人的爱心和良知又到哪儿去了呢？是谁放逐了我们原本的良心？又怎样才能让它重新回到我们的心里呢？一种普遍生命意义上的道德伦理体系是一朝一夕就能构架得了的吗？我们所缺失的已经不仅仅是普遍的爱心和良知，也许还有能让爱心和良知滋长衍生的土壤，我们心灵的水土已经大面积流失，我们灵魂深处的精神生态可能已遭到比自然生态更为严重的破坏。

最糟糕的是，心灵世界生态的缺失成为大自然生态遭受更严重破坏的源头祸水，而大自然生态环境的严重失衡也为心灵生态的修复增加了难度，大自然最终将会对人类的心灵施加致命的影响。我还不能断定，那时人类还有没有力

量承受那最后的压力，但是，我能断定，如果人类物质世界的外表继续越来越强大，那么，它心灵世界的生态就会越来越脆弱。现代社会的许多弊病就是其前兆。

嗡嘛呢叭咪吽。在高原所有的生命万物中，我对鱼类的认识尤其有限，从科学的意义上讲，我对它们几乎一无所知。生养了我的那个小山村里，有很多人至今没见过真正的鱼类动物。村庄附近的小河沟里，有一种很小的鱼，比小蝌蚪大不了多少。我在很小的时候曾看见过它们，后来它们就从那小河沟里突然消失了，没有人留意过它们消失的具体时间，更没有人会知道它们为什么会消失或者去了哪里。虽然，后来我在青藏高原的每一条河、每一片湖水中都曾看到过很多的鱼，甚至有一次，在高原腹地，我还蹲在一片只有几十平方米的小湖泊前，在一簇簇金黄的水草之间，看到过一种虾米大小的金鱼——也许它们根本就不是鱼，但我还是把它们当成鱼类进行了差不多有一个小时的观察。甚至亲眼目睹过有人用炸药捕鱼的情景——他们在一个装满了炸药的玻璃瓶里装上雷管，然后点燃导火索将瓶子扔向河水，听到一声轰响之后，等候在下游河边的人们就纷纷跳进河中，就在这时，一大群肚皮朝天的鱼便已漂至眼前——这也许就是竭泽而渔，那情景真是惨不忍睹——但是，我从不曾有机会和条件对鱼类的生活进行过深入的观察和了解。它们都生活在水的世界里，而水的世界对我就是一个遥不可及的地方，哪怕我就站在一条河边上，我都能感觉到它和我之间的遥远距离。我自幼还被告知，水是神圣的，泉水中不可以洗脏东西，不可以直接用手从泉眼中取水饮用，不可以直接用嘴对着泉眼喝水，不可以在河水中撒尿或往河水中抛弃脏东西……所以，我对水的世界一直满怀敬畏，即使长大以后，我也从不敢轻易涉足一条河流——哪怕它是一条很小的河流。

在所有的水生物中，我只对小蝌蚪进行过仔细的观察。我们村庄后面的山坡上有一眼山泉，有一间屋子那么大，泉水微苦，村里的牲口都在那里饮水。它有一个很怪的名字，叫“荷布洛”，没有人知道它准确的含义，我猜想它与那泉边的黑土和泉水中的小蝌蚪有关。小蝌蚪像鱼，但不是鱼，它是蛙类的幼体。小时候，至少有六个夏天，我几乎每天都有几次从“荷布洛”身边走过，有时还在那里逗留很长时间。那时，我牧放的牛羊就在泉边的山坡上啃着青草，而我就蹲在泉边的石头上，一边欣赏着蜻蜓点水的优雅风采，一边就观察那些小蝌蚪的变化——我之所以耐心地观察它们并不是出于兴趣和爱好，而是因为我在那山坡上有足够的时间没地方去打发。于是，我就看到了一只小蝌蚪的整个生命过程。

那泉水中有不少青蛙，有一天，我突然发现被我们称之为胰子的那些软体漂浮物实际上就是青蛙所产的卵，我看到了它从青蛙身体里一点点诞生的样子，它们一大片连在一起，一头还连着青蛙的屁股，一头就已浮在水面上，一只青蛙所产的卵看上去比那只青蛙本身还要大。那些青蛙卵是一个个黑褐色的小泡泡，每个小泡泡有一粒豌豆那么大，它们连缀在一起就成了一串小泡泡，在夏日高原灿烂的阳光下闪耀着幽暗的光芒。记不大清楚了，可能只过了三两天时间，我就看见一只只小蝌蚪就从那一串小泡泡中滑了出来，从每一个小泡泡里都钻出一只小蝌蚪，于是，那泉里到处都是小蝌蚪了。大约又过了三五天时间，那些小蝌蚪的前身就长出了两只翅膀样的东西，后来的几天里那两只翅膀就变成了两条前腿，头部和眼睛开始变大，这时它的两条后腿也已长成翅膀的样子了。等两条后腿也完全生成的时候，小蝌蚪身后原来长长的尾巴也就一天天地消失了，等那尾巴完全消失之后，那些小蝌蚪也就变成了一只地道的青蛙。

73

当我正在搜索那些小蝌蚪留给我的记忆时，一条狗便跑进了我的视野。小蝌蚪与狗类没有直接的关系，至少在最近的十几亿年中，它们的生活轨迹从不曾有过交叉。但是人的意识是个奇妙的东西，就在你凝眸回望小蝌蚪的时候，一条狗就会大摇大摆地走进你的记忆，于是你就不得不让你的意识跟着那条狗而去。于是，我就决定在写有关野生动物的这一章里给那些狗们也留下一席之地。虽然，狗并非野生动物，但是，它们和野生动物有着相似的遭遇。我的记忆里到处都有成群结队的狗，我和狗类之间甚至还发生过很多的故事。甚至有一次，我还因为狗而险些招来灾难。

那是十几年前的事，我在西藏的哲蚌寺拍到一张很有意思的照片，照片的背景是寺院的高墙，墙根里蹲着一个女人，她在专心地念经，她的前面有一条狗，专注地望着她，像是在听她念经。其实，她并没有念出声音，如果那条狗真的在听经，那么，它肯定是在听她心里的声音。后来我就把这张照片给了我们报社的一位编辑，给的时候，我为这张照片写了一句话作说明："念经的女人和听经的狗。"照片没有及时得以编发，照片发出来的时候已经是半年之后了，而此时我生活的这座城市里，一些穆斯林同胞正在为一件类似的事情而大为光火。于是，我的一些同胞在看到这张照片后也大动肝火。

而那时，我正利用休假的时间在南方的海边流浪和漂泊。有朋友打电话给我讲这件事时显得很激动，像是大祸临头的样子，我就匆匆忙忙地跑回来了，但是等我回到西宁时，事情已经过去，一切都已平静下来。后来，我听到的一些事情令我至今感动莫名。我听说，就在我的一些同胞为这件事大动肝火的时候，佛教界的一些高僧大德却站出来为我开脱罪名，我一介书生，何德何能？竟让他们以佛的名义为我开脱？他们说，这张照片以及放在照片旁边的文字说明都符合佛教教义精神，它并没有违背或者伤害佛教教义的地方，既然佛教倡导众生平等，那么，一条狗去聆听一个女人念经就应该是很正常的事情了。

其实，我在拍摄这张照片的时候就知道它所暗含的宗教意义，好像就是在哲蚌寺，我曾听到过一个关于狗的故事。说那些寺院上的普通僧人去世后就会转世成一条狗，寺院上的那些狗前世就是这个寺院上的僧人。所以那些寺院上有很多的狗，它们像是无家可归的样子，但它们却同样得到供奉，一般情况下，寺院上的僧众吃什么它们就能吃到什么，也就是说，仅仅从吃饭的角度讲，它们和寺院上的僧人是平等的，所有的僧人对它们都很友好。有些藏传佛教的寺庙至今还保留着一个古老的传统，每年举行盛大的讲经法会时，让那些寺院上的狗就以普通僧人的身份呆在会场上。我想，那些能够参加法会的狗是具有神性的灵物，在我们所不能知晓的世界里，它们肯定受到了神灵更多的启示，就一种情怀而言，它们可能有着比我们这些凡夫俗子更加圣洁因而也更加宁静渺远的虔诚和皈依追随。

在这里，我要向那些曾为这件事而大动肝火的同胞们表示由衷的歉意。我

想说的是，即使我从不曾听说有关狗与佛教情缘的这些事，我也断不会用这种方式来伤害我自己的民族和他们虔诚的信仰。从情理上讲，照片上的那个女人就如同我的母亲，我爱我的母亲。而那条听经的狗则具有象征的意义。虽然，人们一直都把这件事当做笑谈的内容，但在我，它一直是神圣的，我至今都珍藏着这张照片。

也不知道为什么，我对狗有一种与生俱来的恐惧。为了改变自己对狗的恐惧心理，小时候和长大以后，我甚至试着养过两条狗。小时候养的那条狗很小，跟猫似的。但是，一开始我还是很害怕，我总是与它保持着相当的距离。这种距离却增强了它的好奇心，它总是要想办法与我亲热，而我曾以为那就是所谓的狗性了。后来它误食毒药死于非命，我就厚葬了它，还在它的墓前站了许久，那是我与它离得最近、在一起时间最长的一次相处。长大后养的那条狗是条真正的狼狗，我在成为它的主人之前它温饱无虑，而且还有城市户口。我把它弄到老家的山村后，自己却跑回城里呆着。从此聚少离多。后来它也死了，听说是我父亲埋葬的。

也因为那张照片，我才开始关注那些狗们的命运，而且彻底改变了我对狗类的态度。我在拍摄这张照片的时候，雪域藏区有很多的狗，有些县城的狗甚至比人还要多，一个小县城的狗大大小小加起来，少说也有千儿八百的庞大队伍，而且大多无家可归。我曾不厌其烦地思考过一个问题，那就是它们靠什么维持生计。它们不同于寺院上的狗，难道也有人专门为它们提供布施和给养？但是，后来它们突然就从我们的视野中消失了，像是被神灵秘密派遣到了一个不为人知的地方，我们再也看不到它们的身影了，我想念它们，就像想念久别的知心朋友。后来才得知，这个疯狂的年代曾有食狗者盛行。那就是了。除此，那么多的狗是无法一下子从那么多地方消失殆尽的。

那天黄昏，当我从曲麻莱县城边那座海拔近5000米的山冈下走过时，有几十条体型高大的狗正列队走在我的身后。它们不紧不慢不远不近地随我前行，我们就像一支从远方的征战凯旋的队伍。我本应该为它们的存在感到自豪和骄傲的，但是，我没有，所以，我就注定了要为我自己的行为而感到羞耻并向它们不断忏悔。

我谢过朋友的酒和手抓肉与他告别，而后就从那扇柴门里出来。一抬头就望见了西面的天际里燃亮着的彩霞，就一直望着那彩霞仰着头颅走在那山坡上。一不留神脚被什么东西绊了一下，才低头看路，才发现自己正误入歧途走在一堆垃圾上，就借着酒劲儿恶狠狠地骂了一句什么。这垃圾都已堆到地球的头顶上了，你还能指望其他地方没有垃圾吗？也就在这时，我不经意间眯着一只眼向身后斜斜地瞪了一眼，就发现了那些狗。起初，我还以为我是醉眼昏花了。及至看真切了，心中不由得一惊，那点烈酒便从脑腔深处夺路而逃四散而去。于是就留下一片几秒钟的空白，狗们就乘虚而入，占据了我所有的思维空间，我很清楚，那就是恐惧。

当我发现那些狗一字排开跟在身后时，先是一阵慌乱，后才定了定神，但还是不知该怎么做。我当时可能假装镇定，做了个手势或者扮了个鬼脸，但是很显然，狗们不为所动。我曾听说过群狗尾随并伺机疯咬醉汉寻开心的故事，就断定是我身上的酒气招惹了它们。但我已经无路可逃，我只能面对。这时，我看见垃圾堆上有半截毛绳，便心生一计，顺手捡起了那半截毛绳，像是抓住了救命的稻草。狗们好像被我的这一举动着实吓了一跳，但它们很快就看透了我的那点狗胆力。后来，我自己也觉得我是在虚张声势。不过那半截毛绳确实壮了我的行色。我晃动着它，就像晃动着摩西的手杖，它护送着我，直到住地。我进了门，回过头看那些狗时，它们就站在门外的路边上静静地望着我，眼睛里闪射着一层细碎的光芒，像是泪。我灵魂深处的某个地方好像被那光芒灼了一下，我感觉到了疼痛，便有一丝诸如感动之类的东西在心胸涌动。便问自己，它们难道是在护送我吗？那么，是谁让它们来护送我的？难道我所走过的路上曾潜藏着没有被我觉察的危险，而它们却已被事先告知了？于是，我就呆呆地站在那里，用感激的目光去抚摩它们的心灵，然后，向它们挥了挥手，说道：兄弟们，晚安。

74

那是我第一次去曲麻莱草原，我去的时候是夏天，也许是因为那些狗的原因，我在那个迷人的夏天，在曲麻莱一住就住了将近一个月时间，回来的时候就已经是秋天了，而曲麻莱已经在大雪纷飞了。在前面我曾写到过那个迷人的夏天、那个灿烂的山冈和山冈上的白唇鹿。其实那山冈上还有鹰的飞翔，很多个日子里，我就躺在那山坡上静静地看着那鹰的飞翔。后来我为那些鹰写过一篇散文，叫《黑色圆舞曲》，原文如下：

每一次看见鹰都是在白天，它不是独独地蹲在那里，就是高高地翱翔在天空。

独独蹲在那里时，它总是歪着脑袋，两眼发光，就像一个陷入沉思的哲人；而在飞翔时，它又总是一开始飞得很低很低，就像一支低低吹奏的乐曲，然后才一圈一圈地盘旋着越飞越高，越飞越远，渐渐地就只剩下一只黑点，随后好像就那么融入了天空。望着它那么一点点滑入天空时，我便有一种梦中跌入无底深渊的感觉。可是在夜里，在有月光或者没有星月的夜里，它又身居何处呢？那无边无际的黑暗与那张开的翅膀连在一起时，它的飞翔是个什么样子？那黑色的夜是它的翅膀呢，还是那翅膀就是那黑色的夜？

想象中的鹰来自遥远的唐古特海边，它从那久远的过去里翩翩而来，大海就在它身后渐渐退隐，渐渐远去。随之出现的就是这无比辽远而宽厚的高原。它苦苦寻找了千年万年也没能找到那曾守望已久的港湾，那高耸的礁石和山岬……一切都留在记忆中了，包括那海之尽头如血的夕阳和那夕阳的光辉里轻柔滑翔的同类——那是否就是它的恋人？思念的感觉就从那一刻起在日复一日的跋涉中与日俱增，爱就从那一刻起变成了一次没有尽头的苦旅，憎恨与愤怒也就从那一刻起变成了一支永远无法射出但却一直搭在弦上的箭。但是一切都无所谓了，绝望就在弦上随一阵震颤将它的涟漪随意吹奏成了惬意欢乐的颂歌了。

那天，它偶尔发现了那匹黑色的骏马飞越那片旷野的情景，黑骏马纵情奔腾时在大地之上敲响的那种声音使它感动不已。于是它便心血来潮，腾空而起，展开它的巨翅，在那马的上空亦驰骋如斯。阳光下泛着黑色光焰的马背如梦中鱼令它心荡神摇，它便以它的翅翼在那马背上飘下一片身影如一盘坐鞍。于是在天地之间两匹黑色的精灵便勾勒出一支生命的绝唱。

有一幅名叫《拿破仑在圣·海伦娜岛上》的油画，它是我所看到过的油画

中最具震撼力的作品了。拿破仑双手叉腰，两腿略略分开，披头散发地站在那海岛边的悬崖上，天空压得很低，夕阳下的大海波浪翻滚，远远地，在光影交汇处，一只鹰正低低地飞。那人与鹰在孤苦之中遥遥相望相伴的情景会使你听见《命运交响曲》开始时那悲壮有力的敲门声。其实拿破仑就是那只鹰，那只鹰就是拿破仑。

我第一次那么专注地凝望一只鹰，是在巴颜喀拉山麓的一个山坡上。夏天的阳光下，我躺在那里望着蓝天和白云。突然，一只鹰盘旋着进入我的视野。或许它一直就在那里盘旋着，只是飞得太高太远，我没有发现而已。它那么一圈一圈地用整个身子在天空里划出一个又一个黑色的圆，一个圆划完了划另一个圆时，前面的那个圆就已经看不见了。它越飞越低了，甚至我已感觉到它的翅膀带起的风声了。它肯定以为我已经死了。我便暗自窃笑，便闭上眼睛，想象它会猛地扑将下来，用那利爪撕裂我的胸口，用那巨嘴啄食我的血肉。而它飞舞着划成的一个个黑色的圆好像已布满了整个天空，如天网般一点点挨近地面，一种恐惧便随之而来。我猛地睁开眼睛，而此时它却已经远去，已经盘旋着高高地飞入苍穹，几乎已经看不见了。它肯定在飞近我的胸口的一瞬里，听见了我的心跳，窥见了我的阴谋。它被一种阴谋激怒之后就径自而去了。

我捡到了一根鹰的羽毛。那羽毛根粗如指，毛长若鬃，举在手中便如一面猎猎飘展的旗帜。在离捡到那根羽毛不远的地方，有一堆鹰的羽毛和残骸，骨头上留有血迹。这是一只鹰的死亡之地。不知道它怎么会死，但我能想见那死亡的场面一定非常悲壮。它肯定是在被什么东西击伤坠地之后，又遇到了别的什么猛禽异兽，而后就是一场血肉飞溅、惊心动魄的搏斗……直到死亡它肯定都在做着振翅欲飞的努力。在死亡来临的那一刻，它肯定梦见了一对如天巨翅笼罩了整个大地，成为天地间惟一的主宰。

其实，没有人真正见过鹰之死亡。鹰之死始终是天地间的一个谜。一位苦行僧曾这样告诉我，鹰是不会死的，当它老了，飞不动了，快要死了，就会飞到天上。不几天，在它曾经翱翔过的那一片天空里又会有一只鹰在飞翔。你分不清那是原来的那只鹰呢，还是它的化身？好像冥冥之中有一个鹰的永生地，每一只行将死亡的鹰，只要一飞进那片领地，便会脱胎换骨，便会新生，便会重新展翅高飞。那也许就是生的最高境界吧。

我总觉着信佛的藏民族之所以对亡人举行天葬是受了鹰的启示。生即死，死即生。鹰的生命过程就是一句暗藏禅机的佛语，就是超脱了生死轮回的灵魂漫步。

那年夏天，我参加过一个陌生人的葬礼。我是去膜拜那些鹰的。它们是草原牧人心中的天使。一座白塔耸立山冈，在一道道经幡的簇拥下，状若含苞欲放的白莲。塔边，几个僧侣用柏枝煨放的桑烟已袅袅飘远，用鹰笛吹奏的一支嘹亮的曲子好像穿过了层层岩石和悠悠岁月，已鸣响成惟一的声音了。古老悲怆的葬礼已经开始。循声遥望，天际里已有几只鹰款款而来。笛声便戛然而止。鹰便缓缓飘落。一个人的尸骨与灵魂便随鹰的翅膀渐渐飘远。飘远之后，鹰又在另一片天空里高旋着聆听又一次灵魂的召唤。

它总是那么独自飞翔，让大地永远在它的脚下无边无际地延伸，让天空永远在它的翅膀上无始无终地浩荡。倘若你看见几只或翔集的群鹰，那肯定是在赶赴一次生命的盛宴。小时候，每次望见几只鹰缓缓高旋时，老人们总说，那里肯定有生命得到了解脱。它们总是这样跳着黑色的舞蹈，为每一个凶残或者悲伤的故事画上一个美丽的句号。让一切就此结束又就此开始，而后又结束，而后又开始。无休无止的结束和开始便就是生命的繁衍与轮回。一切的追逐与膜拜也因此而无始无终，只有因果，而没有谜底。无边无际的牵挂都随风而去又随双翅而至。

75

故乡山野上空的那些鹰早已经看不到了，它们好像是突然消失的，它们消失了之后，那片天空里再也没有了鹰的飞翔。它们去了哪里？是梦中的天堂吗？它们还能飞进我们眼中的天空吗？也许永远不会了。那样我们就再也看不到鹰的飞翔了。而看不到鹰的飞翔之后，我们心灵的天空里也就肯定会缺失一些什么东西，那会是什么呢？是心灵飞翔的梦还是梦一样自由飞翔的精神追随？在所有的生灵中，马和鹰是我最爱的两种动物，在我它们已然是心灵神圣的图腾和膜拜。我为它们的存在而感到安慰，它们消失了之后，我的心灵将会感到永久的寂寞和孤独。

鹰的大量消失与那些无处不在的毒药有关。我老家山村的乡亲们为了保住庄稼的收成，在庄稼地里施放大量高浓度的农药，几年下来，地里有害的和有益的小虫子们都不见了，随之消失的就是那些鸟儿，还有鹰。早在十几年以前鹰就看不到了，之后连麻雀也看不到了。而整个青藏高原上鹰的急剧减少却和老鼠药有关，各级政府部门为了保住草原不受老鼠的危害，曾组织大规模的人力在广袤的草原上一遍遍地投放毒药，结果老鼠没有被灭掉，鹰等鼠类的天敌却在日益减少。等我们意识这个问题的严重性时已经为时已晚，后来，我们在一些草原上，为了招来曾经的鹰群还专门为它们竖起了一株株电线杆样的鹰架，也无济于事，鹰已经无法飞回昔日的草原了。

我曾救助过一只鹰。那天下午，我从黄南回西宁，刚走出隆务峡谷，就在路边上看到几个人正守着一只鹰向过路的行人兜售，我们就停车询问究竟。那是一只黑色的草原雕，它的年龄当处在鹰的少年。据卖鹰的人讲，那是一只受伤的鹰，他们是在对面的山崖上放羊时逮住它的。我们看到那只鹰时，它被一根细细的绳索捆绑着，已经奄奄一息了。我想把它买下来放生，却担心它会重新落入那些人手中，就作罢了，但又不能坐视，就开始打电话求救。每打一个电话，我都得通过当地电信部门查找所需的电话号码。我先将电话打到最近的一个森林公安部门，他们在听说了事发地点之后明确表示那里不是他们所管辖的地界，就挂断了电话。我又将电话打到另一个森林公安部门，那里的电话却无人接听。就又打到那个县所在的地区森林公安局，才终于找到一个负责任的人。他说，他一定会尽快过问，并实施救助。我还不放心，一再嘱咐，事后让对方一定将救助的结果打电话告诉我。第二天，我果然接到了他的电话，他说，那只鹰已经受伤，他们已将它送往西宁的野生动物救助中心进行救治。之后的很多个日子里，我一直在牵挂着那只鹰的安危。

这件事却触动了我，它促使我思考一个问题，那就是那些人为何要卖那只

鹰？并开始关注这类事情。结果却让我大为惊讶，原来这类事情并不是偶然发生的，它在整个青藏高原上已经相当普遍的存在着，而且大有愈演愈烈的迹象。这恐怕是继老鼠药之后那些鹰们所面临的又一次空前大灾难。只要那个看不见的市场一直存在，迟早有一天，青藏高原乃至整个地球上的鹰都将变成一具具僵硬的标本。

一个大雪纷飞的夜晚，有朋友从高原腹地远道而来，我便请他小酌，他说有一个东西要送给我。后来，我才知道，那是一只死了的鹰，是一只草原雕，它被冻在一个冰柜里，上面结着厚厚的霜。在见到那只鹰的那一刻里，我的心灵就受到了一种伤害。多少年了，我一直以为我是一个坚定的野生动物保护主义者，我对用野生动物制作标本的事深恶痛绝，而我的朋友们则应该知道我的好恶。然而，鹰已经死亡，我已经无法让它重新飞翔。可是，我能拒绝。我说，我不能将一架鹰的标本放在自己的屋子里，那样我就会做噩梦。但是，朋友的理由则更加强硬。他说，他看见这只鹰时它就已经死亡，即使你不要，它也不能复生，而且很可能还会成为鹰贩子手中的抢手货。何况，你是爱它们的，放在你那里比放在别的地方要好得多。这时我才发现，原来拒绝是那样地艰难。但是，我仍然可以选择另一种方式来处理这件事，譬如，我将这只鹰秘密地送到一个山坡上，将它安葬，然后，在它的坟头做一个标记，有空闲的时候，就到它的坟头上坐坐，和它说说话，听听那山坡上清风吹过的声音，那样，我就会感到无比的安宁。可是，我没有这样做，我把它留了下来，据为己有。于是，在刚刚诅咒过制作野生动物标本的行为之后，我自己也开始制作标本了——这是今生我所犯下的一个不可饶恕的罪过。于是，我才知道，就在我生活的这座城市里，有很多专门以制作野生动物标本为生的人，而且还有一个看不见的大市场。现在，那只鹰就放在我的家里。我为我的行为而感到羞耻，我的灵魂将因此而永远不得安宁。每天一回到家里，我就会看到那只不能再飞翔的鹰紧紧地盯着我，我的心灵就会受到了一种伤害，我就得为自己的罪过忏悔。

有人告诉我，在西宁制作一个鹰的标本的价格从800元到5000元人民币不等，而一只鹰在制作成标本之后的售价从几千元到几万元。以金雕为最，一架金雕标本的要价都在5万元之上，据说，如果能偷运到广州的话，还会往上翻上

10倍。金雕为国家一类保护动物，青藏高原上的金雕数量已经急剧减少，平日里已经很难望见它们的身影了。我想，它们很可能都变成了标本。

据我所知，这些年青藏高原上的很多人都拿这些珍稀野生动物的标本当贵重的礼品送人，这些人大凡都有一些权力或有某种能耐和手段，他们大凡要用那些野生动物的生命换取自己想要的东西，譬如地位和权力，譬如项目和资金。一次，在北京西客站，我就看到有人从西宁开来的火车上将两只猎隼带出了车站。据说，他们持有野生动物管理部门的相关证明，所以，就不会有任何风险。有个复员军人告诉我，他们曾经往外面偷运过鹰的标本，为了逃避安检，他们先将标本装到一个纸箱子里，而后密封，而后，在纸箱子上贴上盖有军内公章的“机密文件”字样，就堂而皇之地运走了。

鹰是翱翔蓝天的精灵，鹰的飞翔是我们的视野中最令人着迷的景致。但是，它们正在消失，它们的翅膀正在远去。我仿佛已经看到它们远去的翅膀正融入天际，而那天际里，亚东苍凉嘶哑的歌声正在飘落：

默默地向你挥挥手
告别我们轮回的缘分
应召而来天的神鹰
请你带走我一生的荣耀
轻轻走过曾经的家
记住千年不变的誓言
应召而来天的神鹰
请你打开我阳光的天路
如此安宁如此安详
多么美妙神奇的时光
死亡在消失生命已经飞翔
远去的翅膀上
——歌曲《天葬》

76

嗡嘛呢叭咪吽，让我再一次念诵这大慈大悲的咒语。本章节行文至此，本来我是要打算结尾了的，但是，就在这天夜里，我却做了一个特别的梦，我梦见了大鹏鸟。这个梦使我想到了天才多雷的铜版画《梦中的金鹰》，它是我最欣赏的宗教题材画之一，那只金鹰从熊熊燃烧的烈火中救出了人的灵魂。就以为我的梦也是神灵的启示，又改变初衷，想就这个梦和由此想到的一些事，再写上一段文字。也许，聪明的读者会以为我这是在画蛇添足，但我不这样想。在梦里，我好像经历了一次长途跋涉，而后就来到一座高峻巍峨的山前，就开始向上攀登。那座山峰尽管险峻无比，但是，在梦里我好像没费多大劲儿，就已经快爬到山顶了。我已经看到山顶的那个垭口了，这时，我正走在一条斜斜的山路上，刚走了几步，就又看到一座俊美的山峰在上面。再次抬头望它的那一刻里，我已是满怀感激，感谢上苍让我看到了如此美景。

就在这时，从那座精美绝伦的山峰后面，露出一只美轮美奂的巨鸟——不，好像是两只，它们好像是连体的，又仿佛是一只鸟长了两个头——先是它们的巨喙，而后是头，而后是整个身子——那整个的身子就是一座山峰。我在看到它们的那一刹那里就失声惊呼："这就是昆仑之神了！"它们的眼睛放射出宝石般耀眼的光芒，它们的羽毛色彩斑斓，那种和谐的美妙和美妙的和谐如果不曾亲眼目睹永远无法想象。而我已经双膝跪地，号啕大哭。妻子被惊醒，她大叫："醒醒。"我就醒了。我醒了之后，好半天，我都不知道，我为什么被唤醒。慢慢地我想起来点什么，回忆逐渐清晰，那只大鸟由虚幻变为真实。我就开始回忆那大鸟的样子，最先想起来的是那羽毛的颜色，金黄色、翠绿色、淡蓝色、青紫色、灰褐色、赭红色、乳白色的羽毛镶嵌在一起，既相互烘托，又互为陪衬，我想，那就是人们所说的美的极致了。美到极致就会令人感动，我为美的极致而热泪横流。那鸟的样子像金雕，青藏高原上鹰的种类很多，金雕是其中的一种。如果真有大

鹏鸟，它也当是鹰的一种了。

也许，这世上真的有过大鹏鸟。我的朋友、赛巴活佛仁青才仁上师在他寺院的博物馆内珍藏着一件宝贝，他说，那是大鹏鸟的指甲。它长约一米二三，是个管状的物件，根粗若碗口，尖梢如利刃，通体呈月牙状，仿佛象牙，一面基本上是平整的，而另一面却又是半圆形的，而且整个表面都有鳞甲状的纹络。如果它不是大鹏鸟的指甲，那它又是什么呢？如果我梦中的鸟是真实的存在，那么，它就应该有这样神奇威武的指甲。难道鲲鹏展翅九万里的传说是一种真实的记载吗？藏民族从来不怀疑传说的真实性，而且越加神奇的传说他们越是坚信不疑。近些年，不断有朋友告诉我，有人在青藏高原腹地又看到大鸟了，他们说，那可能就是传说中的大鹏鸟。也许，大鹏鸟一直就存在，只是一般凡夫俗子不可以亲眼目睹而已。因为，它绝对不会是凡鸟，它要是真的存在，不是神灵，至少也是精灵了，如果肉眼就能随意看到，那岂不是要亵渎神灵？既然是神鸟，就是吉祥的鸟，吉祥鸟的存在当视为稀世之宝，当视为大慈大悲。嗡嘛呢叭咪吽，就让我消失在那远去的翅膀上，让一生的荣耀和不幸都随风而去又随双翅而至。

2005 年底，我所栖居的这座城市突然飞来了一群乌鸦，它们只出现在夜晚，白天却不知去向。在这之前，我从没有在夜晚看到过乌鸦，我一直以为乌鸦只属于白天。有天夜里，我在回家的路上经过一个街角，那里有几棵树，我听见树上有动静，便抬头望去，这一望，把我着实吓了一跳。那几棵树上都落满了乌鸦，黑压压地罩住了整个树冠，看上去，就像是硕大的黑色果实缀满了枝头。它们在这个城市只停留了半个月左右，而后，又神秘地消失了。它们从哪里来，又去了哪里，不得而知。但是，我总感觉，那是一个不祥之兆，其中一定暗含玄机。

咪

寻访河流故乡的笔记

咪能消除饿鬼饥渴苦

——萨迦·索南坚赞

生我的那天晚上是1962年农历8月30日。那是个没有月光的夜晚，天上只有星星。母亲在我们家的那个低矮的羊圈里——那个小山村的母亲们都是在这样的羊圈里生养孩子的风俗——我在羊圈里冒着热气，把第一声嘹亮的哭声带给这个世界时，想必一定把那几只羊儿吓了一跳。等到我长大以后开始记事时，那几只羊儿还在那羊圈里呆着，它们总是在好奇地注视着我。我想，它们一定记得我出生的那一刻。那时候，村里的人们都依旧过着那没完没了的苦日子。所有的院墙上都写着大大的标语，像一道道咒语。很多人都在饥饿中死去了。还有很多的人在我出生之前就已经死去，人们常常在回忆中提到他们的名字，那是些陌生的名字。祖上有位奶奶，她在过世前，她留给我们的印象只是她那总是高高隆起着的肚子，那肚子几乎已经到了透明的程度，有几天我甚至看到了在那肚子里面的野菜叶子。又过了一两年，那些院墙上的标语又换成新的了，但院墙依旧。

从一条条干涸的河床循源而去时，其实我就在寻找那些曾经的河流，那些或壮阔或舒缓的河流。那满河床硕大的石头或许还记得有河在上面汹涌流淌的历史。

77

河流于我的生命，就像外婆额头上的皱纹于我的记忆，曾经是一种暗示和铭记，而后来就成了一种牵挂和思念。外婆家门前的那条小河是最早流进我生命中的河。小时候，我曾有一段时间是住在外婆家里的，也常常往返于从外婆家到我家的路上，于是，那条小河就成了我必须一次次穿涉而过的渡口，每次都是有大人陪伴我才能涉它而过。它虽然只是一条小河，但在我，它就是一条大河。那时候，我甚至相信，它可能是世界上最大的一条河，因为，在我所见过的几条小河中间它就是最大的一条。而那几条小河淌过的地方，对我来说就几乎是地球的全部了。那小河的尽头也就是我想象的尽头，我觉得，那是我长大后所能抵达的最遥远的地方了。

近40年过去了，我还记得那小河上那些翻滚的浪花，还记得将小脚丫伸到那小河里时那些洁白的浪花像一群可爱的小狗在小腿肚上舔来拱去的样子。后来，我见过许多真正的大河，也知道了曾经流淌在故乡山野间的那条小河甚至算不上一条河流，但它留在我心里的那一份感觉却一直那么清澈碧透，很多时候，我甚至希望我的心里除了那一泓碧水再没有盛装过别的东西。要是那样，我的心灵深处也就全是清澈碧透了。世上再没有什么比一颗清澈的心灵更加美好的东西了。几乎所有的人都有过这样的体会，小的时候，都盼着早点长大，等自己真的长大了，上了岁数，却又都希望自己要是一直没有长大该有多好。我想，人们多

半是在想念那一份心灵的清澈。因为，在长大的同时，人的心灵也渐渐地变得不清澈了，以致越来越浑浊，甚至会变得污浊不堪。每个人，或忙忙碌碌，或蝇营狗苟，或高贵显达，或低贱卑微，到头来，都要殊途同归，落得个撒手而去。那时，惟一让人铭心刻骨的恐怕就是那一份清澈了。

那条小河有一个很大的名字，大河。大河两岸有开阔的滩地，叫大河滩。大河滩上曾经长满了白杨林，林间有岔河流过，岔河上下，每隔一段便有一盘水磨，那时候，大河流域的人都在那水磨上磨面。我有一个舅舅曾看守一盘水磨，我家的青稞和麦子打下来之后，几乎都是在那盘磨上磨的。从上游数，那盘磨是第二盘，人们就叫它二水磨。现在，那些水磨早已被拆除，那些岔河上也早已没有水流淌了。大河滩上曾经的白杨林也已经不在，甚至那大河上下也已没有多少水流了，一年四季只有细细的一股儿水，时断时续地浅吟低唱。每次回家，我都会去看外婆，每次从那大河滩上走过时，看到那面目全非的河滩，心里便会隐隐作痛。就在那一切迅速消失了之后，外婆也突然一下子就老了。在这之前的几十年里，她的形象在我的记忆中几乎没有什么变化，额上的皱纹，头上的白发都没有变化。但从那以后，她整个的身子好像是缩小了一般，松弛下来的皮肤就全变作了皱纹，所剩无几的一缕头发也全白了。也就在这时，我发现我的母亲正变成记忆中外婆的模样了。

那条小河有两条源流，到了源头之上又分成若干个更小的源头。其中的一条源流就绕过我那个小山村背后的青山，溯源而上，到了一个叫鸣琶的地方，又有两条源流向它汇集而来。它们的源头都在一个叫花崖的山峰之下，那山峰之前是一道陡直的山梁，山梁向下直抵鸣琶那个三岔谷底。那源流就从那山峰之下，一左一右，从那道山梁的两侧奔流而来，在鸣琶形成了一个巨大的深涧，夏天到山上来的人就常进到那涧水里冲洗满身的污垢和疲乏。当我一次次来到那条叫做大河的小河边，又涉它而过时，我其实还并不知道它的源流在什么地方，或者说，我还从来没想过这个问题。

后来，我之所以走进那源流，也并不是去寻找那小河的源头，就像那小山村的所有人走进那源流并不是去寻找源头一样。对我们来说，知道有一条小河就那么流淌着已经足够了，我们谁也不会去专门寻找那小河的源头。那对我们山村的人，毫无意义。我和我们山村的人之所以走进那大山深处，只是因为生活所迫，不是去砍柴就是去采药。我们山村的每一个人都无数次地从那源流、从那源头上走过，但谁也没有因为它是那条小河的源流或源头而多看它一眼。有时候，我们也会俯身那源头之上的那些泉眼，掬一捧水，喝到肚里，当那甘甜的琼浆从焦渴的喉咙流进胸腔，并浸入心脾，让人顿觉凉爽、顿觉心旷神怡甚至有点飘飘欲仙时，我们也会发出些类似“真他妈舒坦”的赞美和感叹，但那只是因为自己的焦渴，它与类似神圣的字眼无关。对普通的生命而言，许多神圣的东西就是那样的朴素。

78

这是我生命中的第一条河，有关它的记忆是我对河流最初的全部印象。即使到后来，等我见到一些真正的大河之后，我也总喜欢把那些大河还原成故乡的那条小河。我自觉地去认识和亲近一些河流是很多年以后的事，因为职业的缘故，因为我所生活的青藏高原的缘故，我开始注视那些河流。一开始，可能只是不经意间的一次打量，也可能只是偶然之间的一次遭遇，但就是这一次打量和这一次遭遇，却把我牢牢地拴在那些河流上了。在青藏高原，如果你有机会沿着一条河流走去，你就会被眼见的一切所震撼。接着，你就会走向更多的河流，因而也就会受到更大的震撼。于是，你就会不断地追问，是谁决定了这些河流的走向？又是谁将如此众多的大江大河置于这同一片高地之上的？那纵横流淌的万千气象中分明暗藏玄机，那涓涓潺潺的流溢弥漫中分明透着灵魂的光芒。那时，你就会感觉到神圣。

黄河注定了要第一个流进我的记忆。生养我的那个小山村离黄河只有十几公里的距离。在走近它之前，我就从村子后面的山顶上望见过它的身影。那个山村的人都从那山顶上眺望过黄河。我第一次望见它的那一刻里，我就感觉自己受到了一种深深的牵引。那是一条蓝色的细线，弯弯的像一张弓，在天地之间，在茫茫群山的夹缝里，它只露出那一段弯曲，后不见归途，前不见去路。它从何而来？到哪里去？在我都是一个疑问。那时，我就有过这样的担心，一路上，它将遭遇怎样的艰险。后来，我曾在那河畔的一所中学里读高中，整整两年的时光，几乎每天我都能听见它的呼啸，都能感受到它波涛汹涌的情景。很多个日子里，我就走在那河边的沙滩上，吟诵“黄河之水天上来，奔流到海不复回”的诗句。而后，就躺在那沙滩上，枕黄河以听波涛。再后来，我到北京上大学，便有机会一次次沿着黄河古道来回奔走。我总是喜欢乘坐傍晚时分开出的火车，总是喜欢夜色苍茫中，一座座村庄和城池的灯火向你扑面而来的那一份感觉。每次望见那些灯火，我就格外地想念母亲。那灯火飘摇的背后就是黄河的流淌。黄河的流淌是苦难中国的背影。

遥远的地质记忆告诉我们，黄河从最初的流淌到现在的样子已经有过很多次大的改观。最初的流淌也许只是一条小河，也许是一条虽然壮阔但却流不了多远的内陆河。也许，现在的湟水就是最初的黄河，甚至它只是古湟水的一条支流。随着一次次沧海桑田的变迁，古老的黄河也在一次次地改道。桀骜不驯、随意挥洒似乎是它与生俱来的秉性，于是，伴随着它的流淌，古老的东方大地上就纵横切割出了一道道永远无法抹去的河谷，它们都是黄河的谷地。那谷地里无一例外地生长过人类童年的梦想，无一例外地流淌过华夏祖先们最初的歌谣。

早在人类出现之前，一条条大江大河就已经在地球上纵横流淌。纵观人类文明的历史长河，最早的人类文明几乎都出现在那些大江大河的流域，每一条大江大河都曾浇灌过人类文明。从尼罗河流域的古埃及到两河流域的古巴比伦，从恒河、印度河流域的古印度到黄河、长江流域的古中国，人类文明就一直与那些大河相伴。很多古老的文明早已经消失，而那些大河却还依然奔流不息。与一条真正的大河相比，人类文明的长河不过是它身边潺潺流淌的一条小溪。而与这样的一条小溪相比，一个人的一生充其量也不过是那溪流中的一滴水珠。人类就在那河边迎来了它的第一轮朝阳、第一个傍晚和第一次对河流的打量。从那一刻起，人类对河流的探索和认识就从不曾间断过，但是，直到今天这种探索和认识还在继续。即使我们把整个人类文明史上所有对河流的探索和认识加在一起，也无法说清楚一条河流的全部。我们对一条河流的认识总是停留在某个

空间和时间的片段上，而河流却在那个片段之外一直肆意奔流。正所谓逝者已矣，此河非彼河也。

79

直到现在，我还从不曾走完一条河流的全部流程，我所看到的只是它们的局部。即使是外婆家门前的那条小河，我所看到的也只是它在某个季节流淌的样子，在此前它已经流过了一个又一个千年，而在十年之前它就已经完全干涸，不再流淌。所以，我即使毕其一生去了解和认识一条河流，也不能详尽其一二。所以，我从没奢望过要去了解和认识一条河流的全部，我所能做到的也只是不断地去看望它们，并记住它们在某一时刻流淌的样子。

那天，我在电脑上不停地转动着地球——那是从太空拍摄的全息图片，突然心血来潮，要去穿越整个雅鲁藏布江大峡谷，那真是一次惊心动魄的长旅。虽然，我从骨子里就恨透了现代科学技术对人类心灵的极度摧残，但我还是要感谢现代科技为我们提供的方便，如果没有它，我就不可能将整个地球把玩于孤掌之上，也不可能在自己的案头仅凭一个小小的鼠标就去穿越那个举世闻名的大峡谷。我先把地球转到青藏高原，然后找到雅鲁藏布江，然后逆流而上，找到它的源头，再从那里一点点顺流而下，一点点仔细地观察大峡谷两岸的景色，并尽力去想象它们原本的样子。一个又一个大大小小的拐弯，一座又一座高峻的雪山和苍凉的莽原，一条又一条湍急或舒缓的支流，都抛在脑后了。我用了整整两个小时终于走出那条大峡谷，来到印度平原上，前方不远处就是蔚蓝的印度洋了。

那时，我就想，从前的那些印度圣哲们是用了怎样的脚力和心力才让自己的想象穿越过那条峡谷，向它源头的皑皑雪山顶礼，并为古老的印度文明注入不竭的精神源泉？我们的双脚永远不可能穿越那样一条大峡谷。就在鼠标一点点移动时，我在心里就盘算着那每一点移动要是转换成一次现实的跋涉，可能就得耗费

那天的玛多草原阳光灿烂，在蓝天白云的映衬下，鄂陵湖简直美极了。

我们一年甚至几年的时间，如此推算下来，一个人即使用一生的时间去穿越那样一条大峡谷，也无法抵达其真正的源头。而且，这还仅仅是在一般的时间和空间意义上而言，要从历史的意义上讲，我们就永远不可能穿越一条河流的峡谷，这就是为什么一个人永远不可能两次同时涉过一条河流的缘故。这是一个哲学命题，但从科学的意义上讲也是如此。

多少年来，我一直在做一种努力，那就是去探寻河流。我一次一次地走向那些河流，但是，我最终看到的还是河流的某些河段，甚至只是一些支岔，甚至只是没有了流水的河床。上个世纪，黄河上游龙羊峡水电站和李家峡水电站截流的时候，我就正在黄河谷地里穿行，于是，我就看见了古老黄河千万年流淌不已的河床，看见了一条大河流淌的力量。河流不仅在一片片莽原和一座座高山之间切割出了一条纵深的谷地深涧，而且还将河底那些坚硬无比的巨石用它柔软的肌体镂刻成了千姿百态的艺术品，那便是大河不朽的创造。但那是一个怎样漫长的创造过程呢？乱石穿孔，惊涛拍岸，说的就是那种创造的样子。

我曾小心地从那河床上走过，那些河底的石头们在我脚下温柔体贴，但我却感觉到了它们内在的刚烈和暴戾。从某种意义上说，正是有了它们的存在，才造就了一条大河波涛汹涌的卓越。如果河流是流淌的音乐，那么河床就是让音乐流淌的琴弦，而它们就是那发出铿锵之声的琴键。我的脚板踩在上面时，我就听见了它们发出的声音。我们在河边听到的天籁其实就是它们与流水、河床以及两岸青山的合奏。但是，我们每一次在一条大河边听到的声音仍然只是大河乐章的一个片段，我们只能在想象中去聆听一部完整的大河之乐，从源头涓涓淙淙的序曲，到上游纵横弥漫的柔板，再到中游舒缓开阔的行板，然后是下游气势磅礴的主题变奏，最后才是一派浩渺之中的余音袅袅。峨峨兮若泰山！洋洋乎若江河！想当年，在俞伯牙的一曲高山流水中，钟子期所听到的正是这样一种感觉，所以它就成为了千古绝唱。

而在现实生活当中，我们却永远无法去聆听一部完整的大河之乐，也永远无法将一条大河的全部尽收眼底。记得是两年前的事，青海省贵德县举行一年一度的梨花节，有人为这个节日精心策划了一个活动，用 100 架钢琴在黄河岸边演奏《黄河大合唱》。贵德地处黄河岸边，其时正值梨花盛开的季节，想来这的确是个好主意，但是，结果却并不尽如人意。那场面可谓宏大，那气势也可谓恢弘，但是，那100架钢琴弹奏的《黄河大合唱》与黄河本身的歌唱相比就显得有点微弱了，在真正的黄河面前，任何有关黄河的歌唱都会露出自己的缺陷，即使是《黄河大合唱》那样的磅礴大气之作也不会例外。所以，苏东坡在面对滚滚东流的长江时就吟唱道："大江东去，浪淘尽、千古风流人物。"在岁月的长河里，芸芸众生都不过是大浪淘沙，过眼烟云。

作为一条流贯千古的大河，黄河有它自己的绝唱。在黄河的记忆里，不仅有麦浪翻滚的绵绵沃野，也还有赤地千里、饿殍遍野的苦难经历。黄河是希望也是噩梦，是孩子的母亲也是母亲的孩子。

我从白头的巴颜喀拉走下。
白头的雪豹默默卧在鹰的城堡，目送我走向远方。
但我更是值得骄傲的一个。
我老远就听到了唐古特人的那些马车。
我轻轻地笑着，并不出声。
我让那些早早上路的马车，沿着我的堤坡，鱼贯而行。
那些马车响着刮木，像奏着迎神的喇叭，登上了我的胸脯。
轮子跳动在我鼓囊囊的肌块。
那些裹着冬装的唐古特车夫也伴着他们的马谨小慎微地举步。
随时准备拽紧握在他们手心的刹绳。

他们说我是巨人般躺倒的河床。
他们说我是巨人般屹立的河床。

是的，我从白头的巴颜喀拉走下。我是滋润的河床。
我是枯干的河床。我是浩荡的河床。
我的令名如雷贯耳。
我坚实宽厚、壮阔。我是发育完备的雄性美。

我创造。我须臾不停地
向东方大海排泄我不竭的精力。
我刺肤文身，让精心显示的那些图形可被仰视而不可近狎。
我喜欢向霜风透露我体魄之多毛。
我让万山洞开，好叫钟情的众水投入我博爱的襟怀。

我是父亲。
我爱听几鹰长唳。他有少年的声带。他的目光有少女的
媚眼。他的翼轮双展之舞可让血流沸腾。
我称誉在我隘口的深雪潜伏达旦的那个猎人。
也同等地欣赏那头三条腿的母狼。
她在长夏的每一次黄昏都要从我的阴影跛向天边的彤云。
也永远怀念你们——消逝了的黄河象。

我在每一个瞬间同时看到你们。
我在每一个瞬间都表现为大千众相。
我是屈曲的峰峦。是下陷的断层。是切开的地峡。
是眩晕的飓风。
是纵的河床。是横的河床。是总谱的主旋律。
我一身织锦，一身珠宝，一身黄金。
我张弛如弓。我拓荒千里。
我是时间，是古迹。是宇宙洪荒的一片骨化石。是始皇帝。
我是排列成阵的帆樯。是广场。是通都大邑。
是展开的景观。是不可测度的深渊。
是结构力，是驰道。是不可克的球门。
我把龙的形象重新推上世界的前台。

而现在我仍转向你白头的巴颜喀拉。

你们的马车已满载昆山之玉，走向归程。

你们的麦种在农妇的胝掌准时地亮了。

你们的团圆月正从我的脐蒂升起。

我答应过你们，我说潮汛即刻到来，

而潮汛已经到来……

——昌耀的诗《河床》

80

有那么些时候，当我站在一条大河的旁边时，我就想，它是怎样汇集了一点一滴的源头之水和涓涓潺潺的无数源流？它在成为一条大河的路上经历了怎样的曲折和磨难？世上没有哪一条河从源头就是波澜壮阔的大河，每一条大河的源头都是山泉溪流的点滴汇集。站在一条大河的源头上看着那山泉溪流的样子时，你无法想象它在中下游波澜壮阔的样子。同样，在一条大河的中下游，你也很难想象它源头的样子。

多年以前，我曾写过一篇小散文，叫《源》，写的就是江河的源头。那时，我其实还不曾在真正的意义上走近江河的源头，只能说到过源区。但是，我已经感觉到大河之源的神圣了，现在就让我把这篇短文抄录在这里吧：

油灯飘摇成不朽的相思。眸子温柔如宁静的港湾。留下了一片思念，走向高原时才知道带上的也是一片思念。

站在唐古拉、巴颜喀拉的白头上，俯视脚下的苍茫大地。心想，悠悠岁月就是那一支自天地相接处款款飘来的古歌吗？

天空里有一只鹰在高高地飞，它似乎在苍天之下成为一种启示，一种思考。那是生命永恒的风景，还是苦难人生的诠注？

那是一处朝北面敞开着胸怀的小山洼，三面的山坡上直到山顶的草原植被已经完全消失，沙砾地上只残留着几株开着碎花的草本植物和一些地衣类的生物。

那时，江河正从你脚下的土地上一点一滴、涓涓潺潺地涌出，慢慢地汇聚成一泓碧水，一条小溪，又慢慢地汇聚着另一泓碧水，另一条小溪。慢慢地留下一片湖泊，一汪清泉，成为一条大江，一条大河。披着阳光，披着风雨，从草地，从雪原，从森林，从十万大山之间，奔腾着，咆哮着，向远方奔流而去。茫茫苍苍，宛如这块高大陆的面颊上滚落的行行清泪，又仿佛是她高傲的头颅上披散的长发。

哦，让那只鹰伴随我吧。

让那支古歌伴随我吧。

我惟一的愿望是也变作一粒水珠，随那洪流一同奔向远方，去追寻它一路失落的梦，去聆听它千万年吟唱不已的歌。便觉着自己的生命也像一条河，也从那里发源，也从那里开始人生的旅程。其实，源于斯者，又何止是我的生命，站在那源头之上，就有一种站在万物之源上的感觉。

那是个美丽的黄昏。我看见一个藏女穿着拖地的袍子，披着长发，弓着身背一桶源头之水，缓缓走向一座山冈，脚边跟着一条牧犬。当她站在那山冈上时，夕阳最后的一抹余晖就从她身上辉煌地泻落了。

远远望去，那整个一座山冈内在的全部力量好像都凝聚到了她的背上。那硕大的木桶就在她背上高高耸立，直抵苍穹，好像整个天空都是靠她支撑着。离她不远处，一顶牛毛帐篷里已飘着炊烟，她背了那水回去后，就会用它烧成饭，烧成奶茶。然后，那水就会变成血液，变成生命之源。

我看着她站在那山冈上，和天地连为一体，阳光自她身上泻落，江河自她脚下流出，便觉得我好像不是在看一个普通的背水藏女，而是在捧读一页真实的神话。她站在那里，好像是万物的中心，她背上那个硕大的木桶里满装着的源头之水好像就是万物之源，天地、岁月、光明、江河，好像都从那桶里开始。而我则好像是从那桶里不慎滴落的一粒水珠。

闭目遐想，仿佛已步入幻境。冥冥之中，我已置身我之外，看着我自己。看着我自己时，真好像看着一粒水珠。只见它渺小的身躯晶莹剔透，映着天地日月，映着宇宙万物，映着那女人背上高耸的木桶。

81

也就从那个时候，我才开始走向真正的江河之源，一走就是十几年。这十几年里，我每年至少去一次江河源头，有些年，去过两次、三次，总的行程加起来，少说也有五六万公里吧。但是，即使如此，我也只到过很有限的一些地方，譬如，黄河、长江、澜沧江中国三大江河的源头中，我只有一次到过黄河的源头——而在此前，我至少有三次曾选择不同的路线努力地走向黄河源头，但结果都因心力脚力的不及和路途的艰险半途而废。有一天早晨，我们准备从玛多县城出发前往黄河源头，坐到车上，等待启程的那一刻里，我突然对自己的身体格外地担心，多少次的江河源之行中，我第一次对自己身体的承受能力产生了怀疑。在海拔超过 4000 米的高寒地带，一个人的生命是那样的脆弱，有很多人，在这样的地方，走着走着，就倒下了，而后就再也没有起来。还有的人，好好的就躺下睡觉了，但是，从此就永远没有醒来。车还没有开动，我们还在等人。我就用这段时间在采访本上写下了一些文字，看上去就像是遗言："昨天一天都在路上。前天晚上我感冒了。昨天早上吃了很多药，感觉好了一点。昨天夜里一直在咳嗽。昨天从达日—大武—玛多，一路上好像经历了五六场大雨。现在我们正准备去黄河源头，能不能到达源头还说不上，就尽力往前走了。我们的车就剩一辆面包车了，县上为我们解决了两辆北京吉普。除了车况，我对自己的身体也很担心。感冒还没过……"

但是，那天我们只走到了鄂陵湖边上。那天的玛多草原阳光灿烂，在蓝天白云的映衬下，鄂陵湖简直美极了。鄂陵湖的水域面积超过 600 平方公里，是黄河源头最大的湖泊，千万年来，它和紧邻的姊妹湖扎陵湖，一起守护着母亲黄河的摇篮。"鄂陵"，在藏语中是青色长湖的意思，鄂陵湖水，颜色发青，水面开阔，四面环山，站在湖边望向彼岸，远山含水，水光接天，雪山在水中荡漾，碧波在天空飘展。在一派水天一色的湖光山影之中，鄂陵湖向我们的眼睛尽情地飘荡着

它的美妙和圣洁。我们在湖的北岸逗留了很长时间用来拍照和陶醉，所有的尘埃都已经远去，所有的梦想都朝湖中流淌，心灵就安静下来，变成了一条小鱼，在湖中游来游去。湖水就向眼睛里倾泻，而后又在眼眶中弥漫流溢，在脸颊上纵横，在衣衫上跌宕，在心灵深处摇晃。于是，人就有了醉的感觉，有了逍遥的姿态，我想，那可能就是一种忘我无我的境界。

湖东北角有山，曰：措洼尕则。但凡来这里的人都会到那山顶上感受一番六百里鄂陵奔来眼底的豪迈与磅礴。我曾多次登上那山顶，在令人窒息的寒风中，让自己和那山顶的经幡一起飘展，那时，我曾听见我的衣衫和着我的骨骼血肉和灵魂在那浩荡的风中猎猎呼啸的声音，那是灵魂出窍的声音吗？

从那山顶上望向西北，扎陵湖就在眼前，扎陵湖的水域面积也超过500平方公里，是黄河源头的第二大湖泊。“扎陵”两个字，在藏语中是白色长湖的意思，因湖面水色和水域之广而得名。传说，它和它青色的姐姐是黄河母亲的一双儿女，是黄河的乳汁成就了它们的丽质清纯。

措洼尕则山顶上矗立有大大小小的石碑，立在最高处山巅之上也是最具代表性的一块石碑就是那块名扬天下的牛头碑了，其上镌写着由胡耀邦和十世班禅大师用汉藏两种文字题写的碑名：黄河源头。就是因为这块著名的石头，很多人也就把这里当成了黄河的源头。虽然，这里也肯定可以说成是黄河的源头，但如果要从几千年来人们对源头进行苦苦探索和寻觅的意义上讲，黄河真正的源头此去尚远，这里只是源流路过的地方。

那天，我们就是想路经此地去寻访黄河的源头，但是，我们却只走到了这里，我们没能抵达黄河真正的源头。从措洼尕则下来后，我们就发现，我们一辆车的大灯已经被颠坏了，而我们原来是想赶夜路的，在苍茫的荒原之夜，如果没有了灯光，我们将怎样寻找通往源头和回家的路？而且，去往源头的路上，河流纵横，多险滩沼泽，一旦误入歧途，将会陷入进退两难的困境。我们都很清楚，在这种地方，即使是白天，一不小心，也会走错路，也会常常将车开到泥沼之中，前途未卜，何况是夜里。

我们一行九人，单个的说，谁也不是贪生怕死之辈，但要拿整个的团队去冒险，谁都会有些顾虑，尤其是为我们担当向导和驾车任务的玛多县的朋友们，更多的是为我们的安全着想。在他们看来，源头会一直存在，这次去不了，还有下次。但是，我的同伴们都知道，我们很可能就没有下次。有些事，你一旦错过了，就可能是永远的失去。擦肩而过的其实就是机缘。在青藏高原生活工作了一辈子的人，有几个到过那些大江大河的源头呢？他们不是没有机会和时间，而是，没有装备自己的条件和能力。而要走这样的路是需要装备的，而且需要精良的装备。我的很多次源头之行之所以半途而废就是因为车况太差，这次也不例外。每当看到和听到很多人开着性能良好的越野车队向源头进发的消息时，我就艳羡不已。

不得已，我们只好撤退，还要赶在天黑之前，回到玛多县城，否则，我们将会在漆黑的莽原上度过那个夜晚。回返的路上，伤感一路延伸，比我们要走的路，还要漫长。我的情绪已经非常的低落，一次次在心里回望黄河的源头时，我仿佛就在和它作最后的告别。

那时，我就感觉，真正的源头是那样地难以抵达。

82

半个月之后，我从玉树藏族自治州的曲麻莱县城出发，再次走向黄河源头。那是2003年的7月28日，我在那天的采访日记中写道："早上6点多起床，准备出发。现在已经是中午了，我们才走出不到100公里的路。眼前的这座山，叫智西山，山顶海拔超过5000米。这时，我们就在这座山下的一块草地上啃着干粮。这里还是长江水系，离黄河水系已经不远，翻过这座山，就要进入黄河流域了。这里的生态环境已经严重退化，山坡上已经看不到牧草的生长。这一路走来，因为天气晴好，还算顺当。今天，我有严重的高山反应，早上一起床，就恶心，就头痛欲裂，上车时，感觉差极了。但还是硬撑着出来了。在车上，我一直在犯迷糊，连眼睛都懒得睁开，但我还是强忍着尽量的在看车窗以外的世界。沿途走来，昔日牧草丰美的草原已经变成一片片不毛之地，石头、沙子铺天盖地，很多地方已经是寸草不生了。我们的车出了点故障，听说是掉了一颗螺丝。司机修车的时间，我们就聊着这片草原上的事。据曲麻莱的朋友们讲，50 年前，这里还没有人居住。这里现在的这些牧人是后来从四川和省内的果洛一带草原上迁徙而来的，他们曾属于很多个原始部落，到这里后才开始在同一片草原上生活。他们刚来的时候，这里的草原美极了，牧草茂盛得能盖住羊群，逐水草而居，当初，他们就是冲着那草原来的……”

车终于可以发动了。我们就开始翻越光秃秃的智西山，这座看上去并不起眼的山梁却是长江和黄河的分水岭。上得那山顶，向山下望去，就是一片开阔的谷地，那谷地里就是连绵起伏的水草地，有翠绿的牧草生长。有河就从西北面的山坡上流下，在那开阔的滩地上蜿蜒逶迤，在阳光下泛着银色的光芒，像乳汁。我被告知，那就是著名的卡日曲。它之所以著名是因为，它曾一度被确认为是黄河的正源。黄河何其伟大，卡日曲不能不著名。后来黄河的正源又改定为约古宗列曲了，但是，黄河全长 5464 公里的长度却还是以卡日曲的源头算起。其实，卡日曲被当做黄河正源也有其理由。它的源区各姿各雅山麓与约古宗列曲隔山相望，除却流域面积等其他一些因素之外，它和现在的黄河正源约古宗列曲不相上下。而且，随着黄河源区生态环境的急剧恶化，约古宗列曲所面临的灾难比之卡日曲更加严重，因而流程正在缩短，流量正在减少。相比之下，卡日曲的遭遇至少目前要稍稍好些。我担心在好多年之后，约古宗列曲又可能被卡日曲取而代之，再次成为黄河的正源。我更担心的是，在这种交替变更中黄河的源头将不知去向，从那片莽原上永远消失。在望见卡日曲的那一刻里，我才确信，我真的已经走近黄河的源头了。于是，就在心里对神圣的卡日曲默念：我终于来看你了。眼泪就从脸颊上悄然滚落。

和长江一样，黄河在它的源头也有三条源流，约古宗列曲、卡日曲和多曲分别是它的西源、中源和南源。自上世纪 60 年代以来，科学界有关何为黄河正源的争论就一直没有停止过，争论的焦点就是约古宗列曲和卡日曲。而且，那时候的一些文献资料给人的感觉是，在我们的科学家抵达源头之前，那里好像从未留下过人类的足迹。因为，他们总是以谁谁第一个或第二个到达源头的口吻在讲述那里的一切。其实，那里一直就有人类的活动。相传格萨尔赛马称王的终点就在

离黄河源头不远的地方，在玛曲河畔的一面山坡上有一处历史遗迹，据说就是格萨尔王的登基台。由此可见，那里不但一直就有人类繁衍生息，而且还曾经是青藏高原人类活动的一个中心。而且，黄河自源头至甘肃境内，一直被当地藏民族称之为玛曲，至今还有两个县是以黄河的名字来命名的，它们是青海的玛多县和甘肃的玛曲县，玛多在藏语中就是黄河源头的意思，玛曲就是黄河。我要去的麻多乡的名字就是玛多县名的来源。现在的行政区划把它们划在了两个县，而在以前，它们就是一个地方，它们的名字就是玛多草原。既然玛曲就是黄河，那么，它的源头自古就有定论，又何苦另寻烦恼。不过，这是科学家们的事，我是一个普通的人，我所要做的就是去看看源头的样子。我没有罗盘，也没有地面卫星定位仪，但只要有一个当地牧人引领，我就能找到它的所在。我就是专程来看黄河源头的，只是看看而已，看完了，就回去。

那天下午 5 点多，我们终于赶到麻多乡政府所在地，从县城到麻多乡的 210 公里路，我们整整走了 10 个小时。稍事休息之后，已经日近黄昏。原本设想，当日就赶往约古宗列曲的。但是，从那里到约古宗列曲还有 50 多公里路，而且极为难走，通常都是骑马才能进去，但骑马至少要用一整天的时间。于是，我们不得不打消当天就赶往约古宗列曲的念头，决定先在麻多乡住上一夜，次日再做打算。于是，就在彭措达哇乡长的小屋里一边喝着奶茶，一边商量第二天的行程，我的高山反应也已经减轻了许多。当晚，我和摄影记者安青就睡在乡上为我们腾出来的两张床上。临睡时，天气突变，下起了大雨。躺在那里，听着那雨声时，我们对第二天的行程无比担心。如果那雨一直不停地下，我们就只有待在乡上干着急了。第二天醒来时，雨还没停，而且风声大作，我们的心情也就阴沉了下来。这样的天气，去源头是不大可能了。一早就去黄河源头的念头不得不再次打消时，我就想，难道我又要和约古宗列曲擦肩而过吗？便在雨停之后的浓云迷雾中穿过玛涌滩，去看黄河的源流和格萨尔赛马称王的登基台遗址。

一个小时后，我们就已在黄河边上了。黄河流过玛涌滩上的样子就像一条小溪水，我们在那伟大的溪水边停了许久，看它涓涓流淌的样子。而后才从那溪水涉水而过，约上午 11 点到达加改贡玛处的格萨尔登基台。登基台在一道山梁上，山梁上有白塔耸立，塔边，牧人用一面面经幡搭建而成的宝塔错落有致，清风

嗡嘛呢叭咪吽。感谢地球成就了这些高原，要是没有了它的存在，要是没有了这些大江大河，人类文明的火种有可能早就已经熄灭。

拂过，经幡飘摇，宝塔起伏，像停泊港湾的帆船。站在那山梁上东望，扎陵湖就在天地相接处闪耀着金色的光芒。凝神聆听时，那久远的马蹄声就在我的耳边敲响。格萨尔王赛马的起点在果洛草原的爱迪，终点就是星宿海边的那道山梁。那是何等漫长的赛程？那是何等遥远的跋涉？我曾在长江边的克右日则神山寻访过格萨尔坐骑的踪迹，那时，我就想过，它是一匹怎样的神骏？在那高寒奇崛的莽原上千百年一路飞奔而来，到处都留下过它纵横驰骋的身影。

那天，在黄河以北的玛涌滩上，我们看到了一两片小小的湖泊。据介绍，那就是名传千古的星宿海的一角。以前，站在北面的山梁上望去，这片辽阔草原的众多湖泊就像夜空的繁星。如今，那灿烂星河中的许多星星已经黯淡消失。那片曾缀满星星的草原已成为不毛之地，沙砾遍野，生机尽失。我们仍然看到了两只黑颈鹤，我试图想靠近它，给它们拍照，但是，我的计谋早被它们识破了，它们虽然没有飞走，却一点一点地离我远去。我跟着它们走了将近 1 公里，几乎每走一步，脚都要陷进老鼠洞里，难以自拔。这时，前方就出现了一片湖泊，那鹤就径直走向了湖对岸，我想，这里就是它们的家了。

83

7 月 29 日下午两点半，天开始放晴，我们便乘麻多乡那辆丰田越野车直奔约古宗列。彭措达哇乡长凭借自己丰富的驾驶经验和对约古宗列地形路线的熟悉，亲自为我们驾车并作向导。如果那天没有他，我们肯定是无法顺利抵达黄河源头的。就连他自己，在把车开到约古宗列腹地之前，对能否真正抵达源头也并无充分把握。

下午 4 点，我们翻越雅郭拉泽山顶，约古宗列就在这座高山和另一座更有名的高山雅拉达泽之间，是一片高原盆地，藏语中的意思是“炒青稞的锅”，位于盆地西北角的雅拉达泽，传说是阿尼玛卿之子，山名大概的意思可译为像野牛角一样的山峰。它与盆地西南角的雅郭拉泽一左一右，护佑着黄河源泉约古宗列曲，也守护着整个约古宗列草原。从这两座高山之名和昔日的约古宗列俯拾即是的巨大的野牛头颅，我们便不难想象这片草原上曾经野牦牛成群的壮观景象。而今野牦牛已经四散而去，被岁月风干的那些野牦牛的头颅也被人们悉数捡拾而去，挂在城里人的墙上了。但愿人们能从那头骨的纹络里读出母亲河之源的故事，进而时时地牵挂着母亲河的源头。

下午5点多，我们穿过盆地东部草原，一路向西，拐上一道山梁，远远地就望见有几排小瓦房，围着那几排小瓦房的院门前已站着一群人。走近一看才发现他们是在列队欢迎我们。这便是黄河源头的第一所小学，几十名学生和他们的老师还举着一条横幅，上面写着“黄河源人民欢迎您”的几个大字。盛情难却，我们不能不走进这所学校。前一天晚上，我们在乡政府见过学校校长子美老人，这个仪式是他特意安排的。这个时间，大江南北的学校都在放暑假，黄河源头因为太寒冷，冬天无法照常上课，就把暑假挪到冬天和寒假一起放，而在暑假继续上下学期的课。这所没有暑假的学校当时只有4年的历史，最高的年级也就三年级了。三个年级两个教室的学生总共只有43名，有4名老师为他们上课。因为所有学生都需要寄宿，老师们还得照顾他们的饮食起居。这些孩子最远的家在200公里以外。43名学生中有8名是孤儿，还有七八名只有父亲或母亲，绝大多数家境困难。这给学校带来了无法想象的沉重负担。子美老人说，这个学校对他们很重要，还因为这是黄河源头的一所学校，有着特殊的意义，他们很想把它办好。

这时太阳已经西沉，天色已经不早，我们在学校就没敢停留太长的时间，就出门继续往前。下午6点多，我们很顺利地抵达黄河正源的那几眼山泉处。站在黄河源泉的近旁，俯身那几股潺潺涓涓的细流时，我们只想嚎啕大哭。那是一处朝北面敞开着胸怀的小山洼，三面的山坡上直到山顶的草原植被已经完全消失，沙砾地上只残留着几株开着碎花的草本植物和一些地衣类的生物。江泽民题写的“黄河源”标志碑就立在那里，稍下方是胡耀邦题写的“黄河源头”碑，周围还有许多来自天南海北的黄河儿女们自发立在那里的小石碑。从那里顺着那几条细流望下去，约古宗列就从山脚下一直绵延开去，远处的滩地上一泓泓、一汪汪在夕阳下闪着银光的就是诸源流汇集而成的约古宗列曲了。平生第一次站在黄河之

源的尽头，想起向它一路跋涉而来的艰辛和黄河流过中华大地的万里壮阔，想起黄河千万年奔流不息的历史和它今天所面临的灾难和危机，心中便涌流出万般滋味。我不愿相信但却不能不面对脚下那一片荒山秃岭就是黄河的源头。听说，很多人到此之后便情难自禁，嚎啕不止，更有痛不欲生者，想必他们曾经想象和魂牵梦绕的黄河源头一定是一片水汪汪、绿莹莹的世界。黄河之于中国是何等的神圣，黄河的源头怎能如此不堪。

一步一回头。当我们叩别黄河源头之后一路往回时，又好几次停下来回望那一片山野。从那一刻起，黄河源头就长成了心上的一个伤口。

快晚上 8 点时，我们再次回到那所小学与那些孩子们告别，但老师们已经为我们准备了晚饭。炒了三盘菜，煮了米饭。那三盘菜全是洋葱炒羊肉，分别盛在一个小碟子、一个小塑料盆和一个小瓷盆里，在一张破旧的课桌上一溜儿高低起伏着。我们一边吃饭，一边跟老师们聊着学校的事，心里还牵挂着黄河的源头，心情格外沉重。在告别那些孩子时，他们一声声地喊着“叔叔，再见”，但却久久地握住你的手不放，他们的小手像一只只鸟儿在我们的眼前此起彼伏。从学校出来，走了很远，孩子们稚嫩的声音还在耳边回响。

走出约古宗列时，我们再次停下来，回望那片神奇的土地。此时，太阳已落在雅拉达泽神山的山顶上了，一片长云横贯西面的天际，遮住了半轮夕阳，使整个天空都被晚霞映衬出一道道金色的光芒，雅拉达泽尖尖的峰顶在那圣洁的霞光中熠熠生辉。于是，我们又再次停下，让自己的心灵沐浴在那一派光辉当中，流连不已。直到那光芒一点点退隐到雅拉达泽的身后时，我们还在痴痴地凝望着那金色的山峰。

晚上 9 点 15 分，我们最后一次跨过黄河源流约古宗列曲。此时，夜幕已经全然降临，天空中已有星光闪烁，四周已是一片黑暗。我们在黑暗中摸索着寻找回去的路。夜里 11 点多，我们终于又回到麻多乡政府。

乡政府前面有一排小平房，住着一些五保户老人，其中就有 80 岁高龄的藏族老阿妈王洛。次日晨，她在那间只能供一个外人坐着的小土屋里接受我的采访，陪我的乡干部和随我们走进去的两个牧人就一直站着，听我们说话。她告诉我，她年轻的时候，玛涌滩、约古宗列一带的牧草高得能打到马肚子，现在连地

这是一个冰川、雪山、沼泽和高寒草甸组成的莽原，这是一个滋长牧歌、神话和自由的神奇世界，这是一个万物生灵共存共荣的殿堂，这是我心灵的祖坟和精神的家园。

皮都盖不住了。野生动物们已经看不到了，很多的小河流也已经干涸了。而且，风越来越大，雨水越来越少。草山一片片从眼前消失了。老鼠和毛毛虫却一天天向人们逼近，让人感到恐惧和不安。王洛老阿妈缩在她的炕头上给我讲述着一切时，那扇小窗户里漏进来的一缕亮光照在她的身上。她是这一带岁数最大的老人，头发已经全白了，额上和脸上是一道道纵横密布的皱纹，粗糙的双手上血管暴突。她凝神回忆着往昔的岁月，讲述有关黄河源头的事情时，就仿佛在讲自己的故事，伤感而专注。

84

约古宗列、格拉丹冬，黄河的源头、长江的源头。这些重要的地理坐标，现在已经广为人知，但是，在曾经的岁月里，人们历尽艰辛一直在苦苦寻找。自古以来，人类对大江大河源头的追寻和探索一直就没有停止过，即使在今天，世界上也把一些著名大河源头的确定视为重大的地理发现。据史书记载，中国人对江河源头的探寻最早可以追溯到2200多年以前的春秋战国时代，在《尚书·禹贡》中就有“岷山导江，东别为沱”的记载。可别小看了这八个字的一句短语，在那之后的整整一千年里，它一直是一个神圣的指向，它所指向的长江源头却是岷江。虽然，其间人们对金沙江流域也有过考察和记载，但是，却还是把金沙江作为岷江的支流来考证的。至唐代以后，因为唐王朝和吐蕃的战事不断，很多人才得以往返于中原内地和江河源头地区，史书上对江河源头地区的记述也才渐渐多了起来，而且一些记载和描述也越来越接近真实。尤其是自文成公主进藏之后，江河源地区的很多地方才开始被内地人有所了解。相传松赞干布迎娶文成公主的地方就是今天黄河源区的星宿海一带，于是《旧唐书·吐蕃传》里就有了“弄赞率其部兵次柏海，亲迎于河源”的记述。

史书上的记载总是这样，即便是经天纬地的事，在史书上都能归于平静，轻描淡写，尤其是古代中国的史书，尤其是古代中国汉语世界的史书，无论是多么波澜壮阔的历史画面，只要到了史书上就只剩下寥寥数语。我有一种感觉，汉语世界里之所以没有史诗，就是因为它奇特的文字语言表达方式所致。每一位有点文化的希腊人都肯定能熟读《荷马史诗》，但是，每一位有文化的中国人未必都能读懂屈原的《天问》和《离骚》。

古人对江河源头的探寻还有一大障碍，就是受当时交通和自然环境等历史条件的制约。所以，直到明代，寻讨江河源头的历史才终于翻开新的一页，它要归功于伟大的地理学家徐霞客。徐霞客一生都漂泊跋涉在祖国的山川河流之间，他在漂泊跋涉的路上写下的那些日记成为后世不朽的地理学典籍。他用双脚游历了大半个中国，中国人对很多名山大川的原始记忆就源于著名的《徐霞客游记》。他在长江流域游历的时间最为长久，他的足迹从长江入海口直逼金沙江，这在他所生活的那个年代是难以想象的，尤其是当我们把这样一次远行的壮举和一介书生纯粹的个人行为相联系时，它就显得更加的难能可贵。他甚至还将足迹印在了滇西高原的澜沧江谷地，但是，不知何故，他对这条被后世称之为东南亚第一巨川的大河本身却没有留下任何的文字——也许，他也写下过日记——他应该写下过——只是它散失在了岁月的长河里，许许多多本该传之后世的不朽典籍不就是散失在岁月的长河里了吗？就是今天我们有幸所能读到的他那篇《江源考》也是已经缺失了不少内容的残缺之作。就在这部充满激情的作品里，他第一次为我们指出了长江真正的源头应该在哪里。

他写道："余按岷江经成都至叙（今宜宾）不及千里，金沙江经丽江云南乌蒙（今昭通）至叙共二千余里；舍远而宗近，岂其源独与河异乎？非也！河源屡经寻讨，故始得其远；江源从无问津，故仅宗其近。其实岷之入江，与渭之入河，皆中国支流。而岷江为舟楫所通，金沙江盘折蛮僚溪涧间，水陆俱莫能溯。既不悉其孰远孰近，第见《禹贡》'岷山导江'之文，遂以江源归之，而不知禹之导，乃其为害于中国之始，非其滥觞发脉之始也。导河自积石，而河源不始于积石；导江自岷山，而江源亦不出于岷山，岷流入江，而未始为江源，正如渭流入河，而未始为河源也。""故推江源者，必当以金沙为首。"

不仅如此，徐霞客还断定黄河发源于昆仑之北，长江发源于昆仑之南。这无疑是一个重大的地理发现。其实他从未到过黄河、长江的源流地区，他是怎样

做出这一判断的呢？肯定是根据自己对中国山脉走势与江河源流关系的分析。如果是这样，他本该有更加惊人的发现，因为，在那之后的日子里，他一直在澜沧江上游做最后的跋涉。他为什么就没有对身边的那条大江也给出一个同样惊人的判断？澜沧江之于徐霞客是一个谜，徐霞客之于澜沧江对后世的人来说也是一个谜。公元 1640 年，因为长时间的行走，他的双脚发病，再也无法行走了。他是一个靠双脚来实现远大志向的人，不能行走就等于夺走他的生命。不得已，他才半途而废，回到久别的故里，不久就在江阴老家病故，享年 55 岁。在仔细地捧读他的生平时，我就想，如果他还有时间继续他的跋涉，他也许就会给我们留下黄河、长江、澜沧江同源于一片高地的不朽见识。但是，他没能走完他要走的路，所以，历史就给我们留下了悬念。要知其究竟，就得沿着他的足迹继续往前行走。

自那以后，尤其是清代以来，人们对江河源头的探寻就更加深入。为绘制全国舆图，1708 年至 1718 年间，康熙皇帝曾多次派人到青藏高原实地考察和测量，所绘制的《清内府一统舆地秘图》上已经能看到通天河上游水系和黄河源流水系的大致位置，这是中国应用近代三角测量法经过实地测量后绘制的第一本地图集。但是，由于路途艰险、气候恶劣，江河源流地区的实地考察和测量实际上还是留下了太多的空白点。当我们把这本地图册上的河源图和江源图与今天的卫星照片进行比较时，就会发现那些空白点。当然，我们不能因此而苛求历史，相反，我们应该感谢历史，正是有了那么多前人先辈的前赴后继，我们的目光才可以穿越历史，才能看到比历史更远的地方。

到清代中后期时，国外一些地理探险家和旅行家也开始进入青藏高原探寻江河源头。他们中的绝大部分人没有走到真正的江河源区，只有很少的几个人在源区留下过他们的足迹。譬如美国的洛克西和英国的韦尔伯，洛克西到过尕尔曲河畔，韦尔伯到过长江北源楚玛尔河上游的叶鲁苏湖。在这些来自西方的探险家中，我们尤其得铭记一群法国人的探险壮举。那是 1866 年的事，有 6 名法国人组成的一个探险队，从越南的热带丛林出发，沿澜沧江一路溯源而上，进行了一次长达两年之久的艰难跋涉，行程近 4000 公里。这是人类历史上对这条大江全流域进行的第一次考察。虽然，是一个戏剧性的意外事件结束了这次悲壮的远行

阴柯河沟口上有座寺庙，寺庙后面的山坡上，刻满经文和佛像的石片垒成了一道高墙，那道石经墙的大部分石片上都刻着同一句话：嗡嘛呢叭咪吽。

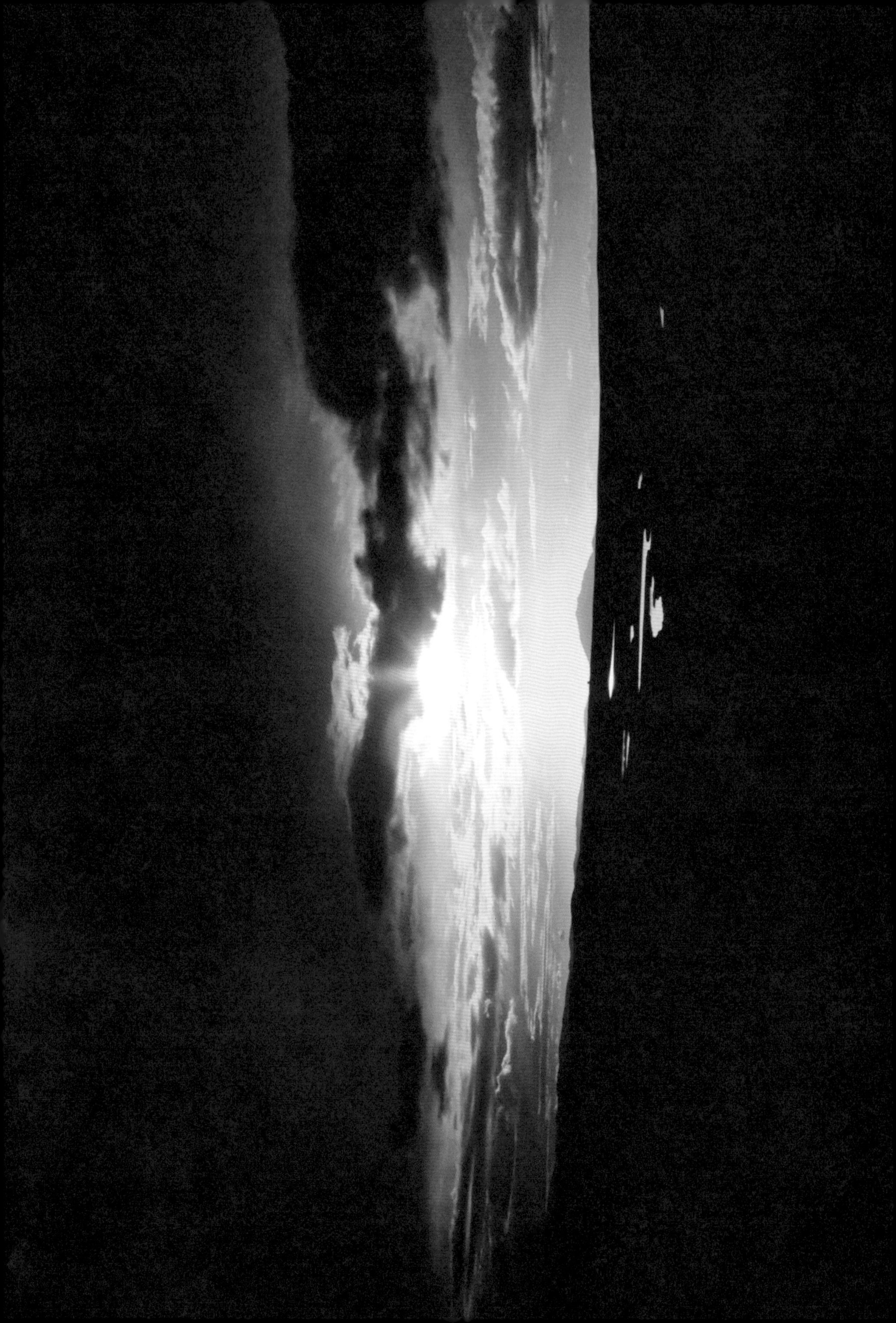

——由于被怀疑偷盗了当地牧人的马匹，在与当地牧人的枪战中，探险队的队长不幸中弹身亡——但是，他们到达的地方距离澜沧江的源头已经非常的近了。在他们之前，对这条大江我们几乎一无所知。

虽然，直到清代后期我们仍不能确定黄河、长江、澜沧江这样一些大江大河源头的准确位置，但是，所有的迹象都已表明，它们都源于同一片高地。在那之后的 100 多年里，我们一直在寻找这些大河的源头之所在。

85

现在我们已经知道，青藏高原哺育了中国乃至东南亚几乎所有最重要的河流，所以人们给这座世界上海拔最高的高原还冠以许多的称号，譬如“世界屋脊”“中华水塔”“地球第三极”等等。有人还把青藏高原比作地球女神高昂的头颅，把从那高原上奔流而下的河流比作是女神的发辫。在这片苍茫的土地上，流淌着无数的江河。它们依次是：黄河，长江，雅鲁藏布江——它在流出国境后称布拉马普特拉河，澜沧江——它在流出国境后称湄公河，怒江——它在流出国境后称萨尔温江，森格藏布江——它在流出国境后就成了印度河，甲扎岗噶河——它在流出国境后就成了著名的恒河，独龙江——它就是流出国境后的伊洛瓦底江，塔里木河……这么多的大江大河都发源于一个地方，在整个地球上绝无仅有。它们从这里冰川雪山上的点滴水珠开始成长，而后流经万里河山，分别从青藏高原的东西南北流向太平洋、印度洋和北面的塔克拉玛干大沙漠，一路浇灌出地球人类历史上最辉煌灿烂的文明奇观。

青藏高原就像一座宝塔，上面缀满了风铃，清风拂过，梵音飘落，飘落成了文明的火种。站在那塔顶上俯瞰脚下的苍茫大地，它的四周便是人类文明的此起彼落。

除了古埃及和古巴比伦，人类最古老的文明都依偎在这座高原的怀抱里，而浇灌出美索布达平原上古巴比伦文明的两条大河——底格里斯河和幼发拉底河则西去不远，虽然它们都源于今天的土耳其高原，但是，最早的时候，那里也是古特提斯大洋的海底，青藏高原隆起之后，海水才渐渐远去。虽然，今天的埃及此去尚远，但是，浇灌了古埃及文明的尼罗河却是流向地中海的，地中海就是古特提斯大洋最后的海湾，就是青藏高原最初的脸庞。远去的古特提斯一路留下了里海、咸海、黑海、爱琴海之后，就退缩成了地中海，用它连绵的海岸线和浩渺的蔚蓝成就了古希腊、古罗马的辉煌灿烂。我不觉得这是一种牵强，大自然乃至宇宙万物在它形成和演化的过程中已然昭示的很多精妙神奇之处，至少现在我们还不甚明了。我以为它们原本就有着内在的神奇联系和呼应。从这个意义上，说青藏高原是整个人类文明的摇篮也不为过。有人类史学家就猜测，青藏高原有可能还是人类最主要的起源地。

那么，古特提斯远去之后，给青藏高原留下了什么样的印记呢？是眷恋和怀想的前定，是回归的路，是魂萦梦绕的故里情结，是对大海深深地吸引。青藏高原在一天天远离大海的同时，却在一天天的耸入天空，接近了太阳。太阳的照射驱动了整个生态系统的新陈代谢、生息繁衍和进化发展。在太阳巨大的能量推动下，水分不断蒸发，乘着季风和暖湿气流源源不断地登上青藏高原。水汽遇到冷空气后，便在海拔4600米雪线以上的地方形成大量降水，并以冰雪的形式存留下来，而后千万年慢慢融化成了养育江河的乳汁，成为江河源头最初的那一滴水珠。其他降水则直接被湿地、湖泊接纳形成径流，汇入江河的源流。正南方的孟加拉海湾，是巨大的暖湿气团生成地。当西伯利亚南下的冷空气以较大的密度和较高的速度通过高原时，在高原南部产生强大的负压区，把孟加拉湾的暖湿气团吸附到了高原上。那水汽流，便浩浩荡荡地涌入了雅鲁藏布江大峡谷这个举世无双的水汽大通道，其景象蔚为壮观。它使这个大通道中心区域的年降水量超过10000毫米，即使水汽通道中心区外围的降水量也比一般地区大得多。据王方辰先生的描述，在雅鲁藏布江大峡谷还常常出现天降悬河的雄伟奇观。他说，那就像是一个个大瀑布，把来自天上的圣水喷涌成滚滚的水雾，那水雾像雪一样白。水雾的边缘镶嵌着道道彩虹，绚丽之极。一条条大江大河就在这一派云蒸霞蔚的旷世苍茫中横空出世，一泻千里。

这是一个怎样神奇的世界？

86

嗡嘛呢叭咪吽。感谢地球成就了这座高原，要是没有了它的存在，要是没有了这些大江大河，人类文明的火种有可能早就已经熄灭。对这样一个地方，我们也许应该有更加宏观的打量和更为微观精细的描述。也许，我们还应该做这样一种想象，假如地球表面都是同一海拔高度的平原，没有高原和山脉，那么，地球上还会有江河的流淌吗？毫无疑问，是高原和山脉成就了江河的流淌。毫无疑问，地球上要是没有了大江大河的奔流不息，就不会有人类文明的绵延流长，那么，地球上要是没有了高原和山脉呢？我们可以在更加开阔的视野上打量被我们视为家园的地球。假如，美洲没有安第斯山脉，就不会有亚马逊河，而没有了亚马逊河，就不会有那片热带雨林，也不会有古老的印加文明；假如，欧洲没有了阿尔卑斯山，就不会有蓝色的多瑙河，而没有了多瑙河的欧洲还会有欧洲的文明吗？

当我一次次走向这座世界上最高的高原，走向长江、黄河、澜沧江这些大江大河的源区大野时，我感觉自己就像是一个朝圣的行僧，心灵的虔诚与生命的渴求都随自己的脚步一路跪拜而来。我想，即使人们的麻木和冷漠到了极点，也不能无视这片土地的存在。这是一个冰川、雪山、沼泽和高寒草甸组成的莽原，这是一个滋长牧歌、神话和自由的神奇世界，这是一个万物生灵共存共荣的殿堂。这是我心灵的祖坟和精神的家园。

从我第一次走近她的那一刻里，我就知道此生今世再也无法离她而去。我得时时地走进她的怀抱才能感觉到自己灵魂的安顿和熨帖，才能像一个生命一样的活着。是的，在面对源区大野的那些万物生灵时，我常常提醒自己，人也不过是万物之一。而且在很多方面，人比之其他万物生灵要更加丑陋和肮脏，也更加残忍和冷酷。地球用近十亿年的时间成就了青藏高原，又用几亿年的时间成就了高原上的生命万物，而人在高原上开始大范围行走才是最后几万年的事。就是这最后的几万年里，大自然依然延续着和谐平衡的伦理秩序和生命序列。人类还远没

有对大自然构成威胁，它依然是大自然怀抱中乖巧的孩子，对大自然满怀敬畏。直到最后的一个世纪，人与大自然的关系才开始慢慢恶化——而在世界其他地方，上一个世纪就已经开始了。

即便如此，青藏高原也以它的高寒奇崛保全了大自然最后的尊严。亿万年悠悠岁月随风而去，这片土地一直被一种神秘的氛围所笼罩。直到最近的二十余年间，一切才开始改变。我恰巧有幸或者不幸就在这个时候成为了一名记者，因而就有了一次次的高原之行，就眼见了那里正在发生的一切。一个记者的责任和使命就是记录。我记录了我所能记录和可以记录的东西。当你不得不承认这是一个冷硬的世界而又不得不面对许许多多的无奈时，这些记录就显得不仅需要而且珍贵。我把它视为我精神家园的挽歌。

87

山是青藏高原地貌的基本骨架，南部的喜马拉雅山和冈底斯山，西部的昆仑山和阿尔金山，北部的祁连山，东部的横断山和阿尼玛卿山，中部的巴颜喀拉山和唐古拉山，这些纵横几千里的山脉托举着这座高原。高山仰止。这些巨大的山系纵横错落，在高原面上耸立起万余座海拔超过 5000 米的高峰，峰接着峰，山连着山，在相互的烘托和映衬中成就了一幅大山的旷世群像，成就了“天下众山皆由此起”的万千气象和一统中华龙脉的深厚气韵。那每一座高峰之上便是终年不化的积雪和亿万年凝冻的冰川，以青藏高原为核心的高亚洲地区冰川，总计 46298 条，冰川面积达 59406 平方公里，冰川储量 5590 立方公里，每年可融化水量为 446.6 亿立方米。而那浩浩荡荡的蓝天白云之下，茫茫苍苍、无边无际的亘古莽原之上，便是一片片广袤的草原。

这些高大连绵的山脉和高原冰川、湿地、草原、森林、湖泊和河流共同构成了青藏高原的主体环境和不同类型的生态系统。无数的溪流山泉就从那些冰峰雪山的周身充盈流溢，涓涓汇集，留下一泓泓碧水、一片片湖泊。那数不清的源

流河溪像东方女神高昂的头颅上披落的发辫，那数以万计的大小湖泊则是那发辫上熠熠生辉的头饰。青藏高原上有 1091 个面积大于 1 平方公里的湖泊，合计总面积达 44993 平方公里，约占全国湖泊总面积的 49.5%，是地球上海拔最高、数量最多、面积最大的湖群区。在全国面积超过 500 平方公里的 27 个大型湖泊中，有 10 个分布在青藏高原。青藏高原湖泊水资源总储量约 6080 亿立方米，占全国湖水储量的 70% 以上。由于青藏高原高山谷地的存在，使得湖泊之间存在巨大的落差，从而产生了巨大的水能资源。它们和一片片沼泽以及那地表之下的永冻层共同孕育了大江大河的生命之源。及至它们汇集了更多的溪流源泉，得天地之精血，聚日月之光华，从青藏高原上奔流而下时，已是滚滚的江河了。

这是一条极为普通的小河，它的名字叫阴柯河，站在它的源头上看它时，它的样子甚至算不上一条河流，充其量也不过是一条小溪，但它的神奇之处就在于，它以自己的弱小和纤细最终成就了一条大河的滚滚波涛。正因为有了无数条这样普通细小的溪流，大江大河才得以千万年奔流不息。阴柯河发源于神圣的阿尼玛卿雪山，走到它的源头，阿尼玛卿就在眼前放射着令人目眩的光芒。那小河先是一眼山泉，而后是一股细流，而后才从那雪山脚下涓涓流淌。它的整个流程只有几十公里，但就在这短短的几十公里之内，那雪山脚下几乎每一寸土地上都会有山泉涌流，每一条小山沟里都会有小溪流向它汇集而来，它从那山壁上只走了不到一公里的路程，它就已经是一条名副其实的河流了，及至当它在山下与迎面而来的阳柯河汇合向黄河奔流而去时，就已是惊涛骇浪了。

长江正是因为有了它这等的支流才显得无比神奇。

88

我在前面的草原之章里写到过长江源头一条叫“琼果阿妈”的小溪水，那无疑是一个神圣的起点。在那条小溪边深情凝望时，我就感觉到了一种寻找的渴望。在走向众多的江河，找寻它们的源头时，我其实在走向一个个更加神奇的“琼果阿妈”。

让我们就从这个地方走向更多的溪流源泉，走向格拉丹冬雪峰、走向雅拉达则和各姿各雅山麓、走向扎纳日根山脉吧。与这里众多誉满全球的那些高大山系相比，它们只是这些山体上的一个支脉，但是，它们却是长江、黄河、澜沧江的正源。它们是我们整个民族的“琼果阿妈”。阴柯河也是。

唐古拉山脉山体宽在150千米以上，平均海拔超过5400米。主峰格拉丹冬堪称江源雪山之首，海拔6621米，33座6000米以上的雪峰和59条冰川簇拥着晶莹剔透的格拉丹冬。姜根迪如是格拉丹冬群峰中的一座，它的南北两侧各有一条冰川蜿蜒而下，如一位白发老翁手捧洁白的哈达。南侧冰川长12.5千米，为唐古拉冰川之最，长江正是从这里开始它的万里跋涉的。看着从那冰乳尖上一滴滴滑落的水珠，看着从那冰缝和冰塔林间潺潺而出的最初的源流，看着那一份绝世的美丽和轻盈、仙姿和美态，进而想及万里长江滚滚东去、惊涛拍岸的磅礴之势，想及巴蜀之殷实、江浙之富庶，想及它千万年的流淌中沉淀的故事和秉承的神韵，你便会有一种望见万物起源的感觉。

较之璀璨的格拉丹冬，各姿各雅似乎就逊色得多了。它恐怕是山的王国中最不起眼的一座了，它的相对高度尚不足20米，但因为有了青藏高原这个巨人肩膀的支撑，也使它有了4980米的海拔高度。在东经90度50分与北纬34度55分相交处，各姿各雅东麓顺着山沟流出了5条小溪，5条小溪流出山谷后便汇集成了这条宽约3米的小河——卡日曲，这就是黄河的源区干流之一。各姿各雅以北，就是雅拉达则山麓，雅拉达则山下就是约古宗列盆地，盆地西南角的雅郭拉则山坡上有一个泉眼，有一股很细的泉水就从那山坡上流向盆地，像是母亲脸颊上的眼泪。山下的滩地上还有一泓一泓的碧水连缀在一起，那流向山下的泉水和它们汇集之后就成了约古宗列曲了。

看着古老黄河从这高寒草甸上缓缓起步的样子时，我们仿佛望见了母亲苦难的童年。黄河从这高寒奇绝的青藏高原上呼啸而出之后，便一头扎进了黄土高原，流进了历史。黄河流过的岁月其实就是一部中华民族辉煌与苦难共存的历史。从商周时期郁郁葱葱的绿色大野到高度发达的汉代农耕文明，从盛唐气象到晚清时期的衰败不堪，我们都能从黄河的历史脉络中读出文明兴衰的故事。

而缓坡漫岭的扎纳日根山脉，从莫云滩深处将澜沧江的源流杂曲河挤出体外，并用一层冰雪将它护送到那开阔的滩地时，一种自信与从容便也随之款款而来了。东南亚第一巨川告别它摇篮时的样子，会使你想起远行游子的不尽牵挂，思念的尽头永远是白发母亲的驻望。

1999年夏日，我从澜沧江下游那片仅存的热带雨林中出来，站在江边码头上望着满江流淌的滚滚泥沙，回望横断山脉和那大山的褶皱里曾经茂密的针叶林，回望扎纳日根山脉时，我对那片冰雪莽原的思念已变成深深的焦虑了。

同样，我曾站在武汉长江大桥上望着满江污浊不堪的情景，回望三峡，回望川西高原上一片片曾经绿荫欲滴的林莽，回望格拉丹冬寒彻九霄的冰骨玉肌时，我满腹的凛冽与清澈已化作一身的污垢。长江啊，长江，在杜甫、李白、苏东坡的千古绝唱里满江碧透的长江，你是怎样地流过了一个又一个千年啊？格拉丹冬女神为你吟唱了千万年的摇篮曲正变成一声声哭泣。

有源才有流，有因才有果。

1998年夏天发生在长江流域的那场大洪水，使整个南中国都遭受了一场严重的灾难。这场灾难不仅牵动了全中国人的心，也震惊了世界。

面对那滔滔洪水，面对那抗洪抢险的严峻形势，我们对长江的依恋和赞美好像已变成一声声诅咒。其实，我们诅咒的是洪水带来的灾难，其实长江无辜。长江哺育了亿万中华儿女，长江依旧是我们伟大的母亲河。那么，是谁酿造了这场史无前例的灾难呢？是我们自己。假如长江流域那茂密的森林植被还完好如初；假如我们早些年就对全流域的森林实行禁伐或者从没有砍伐；假如我们从没有进行大规模的围湖造田而长江流域那成千上万的大小湖泊依旧碧波荡漾；假如长江流域的水土从没有流失，没有那年以6亿吨计的泥沙滚滚而下，使一江清流从没有变混变浊；假如长江中下游地区的河床没有日益抬升，依旧保持着原初的模样……那么，那场洪水又从何而来？

我也曾站在中原腹地的黄河岸边，回望过黄土高原、回望过河套平原，回望过千里陇原。在我一遍遍回望时，大河之源就在视野的尽头守望着神州大地，守望着黄河儿女渐远的背影和回归的良心。

走近一条大江大河之源的感觉就是走近自己生命之源的感觉。在一步步靠近那江河之源时，那源头的一切，在你心里已是恩德齐天了。人类文明缘何与一条条江河结伴而行？一个人的生命里缘何总有一条河的流淌？其中肯定有与生俱来的情结在。当面对这江河之源的山川万物时，我们的心里只有敬畏和感恩，继而就是对自己忘恩负义的检讨和愧疚，继而，就是对江河乃至地球未来的深深忧患。

89

从这种感恩的情怀中，我们深深地懂得了江源牧人何以对大地山川这般的虔敬。走遍江河源的山山水水，几乎每一个山口或山头上都撒满了一种印有“风马”图案藏语称“龙达”的纸片。这是大大小小的朝山会上必用的吉祥物，用它来祝祷人与自然的太平吉祥。

看那阿尼玛卿山下朝山的人流，他们不远千里，从四面八方一步步跪拜而来，而后又顶风雪，冒严寒，爬山越涧，风餐露宿，用七八天时间才能绕山一周。他们不仅仅是为了给自己消灾避凶，更重要的还是向这雪域神山表达自己的敬畏感恩之情。

阿尼玛卿主峰坐落在玛沁县境内，高 6282 米，终年积雪不化。传说是雪域藏区 21 座神圣雪山之一，排行第四，专司东部藏区高原的山河沉浮和沧桑之变。传说中的阿尼玛卿山神不仅有琼楼玉宇，还有一个庞大兴旺的家族，共有九男九女 18 个儿女，还有亲族 360 位、忠勇卫士和侍从 1500 多个。当地藏族老人能指着雪山主峰周围的大小山冈，一一说出其名字与亲属关系。从中我们不难体会雪山在江河源牧人心中的地位。

那年保页什则仙女湖畔煨桑祭拜的情景，那袅袅飘远的桑烟和顺着桑烟升腾而去的风马，是在向大自然表达着一种怎样的感恩情怀呢？传说，年保页什则有峰 3600 座、有湖 360 个，仙女湖是其中的一个，为山神幼女三姑娘。据说今天果洛地区的藏族牧人就是这三姑娘和一位勇敢猎人的后裔。那么，这美丽的传说又在向人类昭示着一种怎样的情怀呢？这里，山水已成为人类的祖先，人类已成为山水的余脉。如果说，山水为江河之源赋予了雄峻飘逸的魂，那么，江河源的

牧人就为这里的山水乃至自然万物注入了圣洁崇高的精神，从而使江河源成为天人合一的大美景致。亿万年悠悠岁月随风而去。从青藏高原最初的隆升到今天的样子，至少也有上亿年的历史了，而人类在这高原上行走的历史最早也已是5万年前的事了。

青藏高原的隆起最终改变了欧亚大陆和全球的地理面貌，改变了亚洲乃至北半球的大气环流、气候以及生态环境格局，也影响了整个世界。千万年来，它像一道巨大的屏障挡住了西亚大沙漠的东进。如果没有这道屏障，中国大江南北的千里沃野已是一片大沙漠了。世界上北纬25度以南地区大都是大沙漠，惟独中国的这一地区却是鱼米之乡。而江源牧人却在与大自然的和谐相处中为人类的今天和未来积累了良知。

长江、黄河、澜沧江是中华民族的三大母亲河，她们共同哺育了亿万中华儿女，孕育和浇灌了上下五千年东方文明。她们像三条巨龙，盘踞东方大地，在民族文化心理上具有不可替代的象征意义，成为中华大文化的精魂血脉。在千万年的付出和流淌中，三江源大地给中华文明的出现，以及敷衍和发展补给了无尽的营养和能量，直到今天，长江、黄河、澜沧江产自青海的水量仍占全流域水量的25%、49.2%和15%。如果没有三江源，黄河就会全线断流，长江也会出现断流，澜沧江下游的滚滚泥沙就会从上游开始翻腾。可以毫不夸张地说，中国80%以上的人口得到了三江源冰雪女神的养育和赐福，他们的血管里流淌着的其实就是冰雪女神的乳汁。

山是传说中的神仙，使大地充满了庄严与豪迈；水是神话中的仙女，使大地洋溢着圣洁与浪漫。

90

如前所述，其实，我并没有走到过长江和澜沧江真正的源头，至少我所走到的地方离它们的正源还有一定的距离。

我只从很远的地方遥望过格拉丹冬的身影，虽然，在我与格拉丹冬之间只有一片草原阻隔，但是，我却一直没能跨越那片草原。巍巍唐古拉在海拔5000米以上的地方依然舒缓开阔着，即使行走在山顶之上也仿佛置身于一片草原。每次走向唐古拉山麓时，我的双眼一直在注视着格拉丹冬的方向，心也随之而去。我有一个感觉，有一天我肯定能在很近的地方仰望格拉丹冬容颜的高贵，以至能用我的双手去触摸它冰清玉洁的肌肤，用我的心灵去膜拜它的崇高和圣洁。它是我藏民族心中最初和最后的白塔，能在它的脚下匍匐，就是一种造化。是的，我在等待一个机缘，一个格拉丹冬神灵所赐予的机缘。也许，它正在考验我。我想，在它看来我的身上还沾满了污垢，我的心灵深处还不全是虔诚和圣洁，它拒绝接近一切肮脏龌龊的东西。

格拉丹冬以下的沱沱河一直被当成长江的正源，但是，很多人一直对此心存疑虑，我也是。直到现在，有关长江源头的权威数据至少有5种，几乎所有的数据都将长江的源头指向了当曲。当曲的水量是沱沱河的五六倍，流域面积是沱沱河的1.8倍，当曲的流长在其中的4种数据中要长于沱沱河。我不知道，我们为什么会坚持认定沱沱河是长江的正源？也并不想就这个问题作进一步的探究，这是需要科学界去解决的问题。对这些神圣河流的源头，我只是一个过客，我走向它们只是在作一种人文的甚至是纯粹心灵的跋涉。我对沱沱河的敬畏感不会因为它比当曲短出几公里而有所减少，因为它的确不同凡响，的确无比神奇。

翻过昆仑山，一直往前向西，沱沱河就会在前面等你。在海拔5000米左右的那片无边的莽原之上，那条河就那么横空流淌着，一边是唐古拉圣洁的额头，一边是昆仑高耸的脊梁。在两列旷世雄峰的呵护追随中，它就流淌成了万古不变的肃穆和庄严。每次穿越那片莽原，我都会肃然起敬，都会双膝瘫软，禁不住要跪伏在地。但是，在沱沱河广阔的流域内，我只到过一个地方，或者说，只在那一个地方留下过清晰的记忆。在那个地方，我曾度过两个难忘的夜晚。在那两个夜晚，我从一个山坡上第一次望见天上的星星就在脚下，是可以俯瞰的，而身边的河流却是淌在天上的，满河都是星斗。那个地方就是青藏公路经过沱沱河的地方。有很多次，我曾站在沱沱河大桥上凝望过那条河流，那条状若发辫纵横弥漫的河流，那条雄浑壮阔挥洒自如的河流，那条骨子里透着野性、魂魄中飘着豪气的河流，当它从你的眼前奔流而去时，就有万马奔腾的气势和景象。这样的河流，你只要见过一次就永远无法忘怀。

沱沱河与当曲河汇合之后就是长江的源区干流通天河了，通天河流域有很多地方我都去过。从两河交汇处的囊极巴陇往下，直到通天河流出青海，我的足迹基本上能贯通它所有的河段。有一天，我坐在治多和曲麻莱交界处的一个山坡上，望着山下那个马蹄形的大河谷，望着通天河从那里劈山而去的情景时，我就在心里对自己说，它是河流中真正的王者。自古但凡走近过它的人，无论是圣哲还是先贤，无不为之摧眉折腰。在我所见到过的河流中，这段河流是最富传奇色彩的河流了。我在前面的草原之章里曾写到过那满河流淌的经文，那只是这条河流诸多神奇景象中的一个侧影。最神奇的也是一个夜晚，那个雷打不动的高原春夜。每年开春，冰雪消融的季节，通天河上就会有那么一个神奇的夜晚，一个可遇而不可求的夜晚，一个很多人曾亲眼目睹而又有很多人曾苦苦守候几年都不曾见到的夜晚。那天夜里，整个通天河上，那厚厚的冰层就像是被远方的格拉丹冬女神猛推了一把，会从上游的某个地方突然断裂，而后一点点堆积起来，开始向下游慢慢移动、倾泻，慢慢加速，等到那速度达到极限时，它就开始爆发，以雷霆万钧之力、排山倒海之势，轰鸣着、呼啸着冲出通天河谷地，扬长而去。第二天清晨，那整个的河谷里便看不到半点冰碴冰屑，像是那河从不曾凝冻。嗡嘛呢叭咪吽，那是何等壮阔的自然奇观啊！

北源楚玛尔河流域对我基本上是一个陌生的世界，我虽然曾多次站在楚玛尔河畔静静地凝望过它流淌的样子，有一次我甚至还沿着河岸向它源头的方向走了几公里远的路。但是，每次我都是路过那里，我只是一个过客，我从来没有专程去看望过这条河流。在我的印象里，它就是沉默和孤独的写照。如果是在早晨，如果这个早晨的朝阳才刚刚升起，而你恰巧就在这个时刻站在楚玛尔河大桥上看着它毅然东流的样子，那么，你就会有一种感觉，它好像不是在流淌，而是在飞翔，向着太阳升起的地方腾空而去。它分明是在往下流淌，但我们所看到的样子却是它越走越高，以致走到天尽处时，它竟然就流进了太阳。

在长江的三大源流中，我只对南源当曲河流域做过一次走马观花式的考察。虽然只有短短十几天时间，但在我江源之行的经历中，它却占据着非常重要的位

置。我曾在前面的草原之章里写到过 2000 年 8 月的那次艰难旅程，但那只是这次长旅的部分片段，有关河流的记忆和印象尚不曾提及。从长江源第一县治多县城往西，过多采、扎河之后，那两万多平方公里的土地对外界一直是一个神秘的地方。据说，在我们之前还从未有记者踏访过这片土地，我们是首次造访这片土地的记者。当时，我正在青海日报主持一个叫《家园守望者》的绿色专栏，所以，我们称这次江源之行为《家园守望者江源行》。

西出治多县城之后，我们就随时在一条河上，过了多少条河，见了多少条河，数也数不清。但是，我们知道，我们所遇到的那些河都是同一条河——长江的源区支流。8 月 23 日，我们在一条叫察曲的河上至少来回过了 50 次。在近两个小时的时间里，那条河一直伴随着我们。顺着那河谷不断向左向右向着察邦拉山顶爬行时，我们有一种总也摆脱不了那条河的感觉。我们越是急着走出那河谷，那河却越显得从容不迫，越往山顶上走，它就越变得舒缓。我们想是已经摆脱它的纠缠了，刚在那里庆幸时，它却又在前面神秘地出现了。

好不容易走出了那河谷，过了扎河之后牙曲又横在前面。虽然牙曲比之察曲要平直得多，但也远比察曲要壮阔几十倍。它不愧为长江南源的四大支流之一，无论向上游仰望那薄雾深处孕育了它的雪山冰川——虽然那上面的冰雪已几近消失，还是向下游眺望那茫茫群山和开阔的河谷滩地，你都会坚信，作为一条河，它无可挑剔。那一份从容与豪迈，那一份深沉与宁静，以及在那河床漫滩之上以它的淡泊之魂留下的如同泼墨写意般的优雅苍劲之风令人倾倒。长江正是因为有了它这等的支流才显得无比神奇。但它对我们这些不速之客丝毫也没有客气，当我们的车一次次陷进那河里不能前行，当我的同伴们光着脚感受它的冰冷时，它的流淌好像越发地舒缓从容了。

但是，当地牧人告诉我们，以前的牙曲河要比现在壮阔得多，与他们记忆中的牙曲河相比，现在的牙曲河就算不上一条真正的河流。而且，从 1996 年开始，每年的春夏季节，这条河都会出现断流，断流的时间也越来越长，这是以前从来没有过的事情。他们说，牙曲河源头的雪山上曾经都是千年冰川，那冰川从山顶一直流泻到山脚下，现在只剩下山顶阴坡的那一小片了。传说，那冰川曾经是雪山狮子的家园，那冰川消失之后，那里还发现过冰封的野牦牛尸骸。那冰川的消

我敢自信地说，我们几乎寻访过这三大江河最主要的源区支流。

失是 1997 年之后突然发生的，以后，这一带许多的山泉、溪流和小河就开始干涸。牧人们说，与人们对河流的污染有关。

君曲，这条野驴之河是最善待我们的河流。它也是万里长江的南源四大支流之一，河水流量曾经在牙曲之上，但是这些年却一年比一年小。整个君曲流域那数千平方公里的沼泽草场而今已荡然无存，50% 的草场已严重沙化。源头卓玛依则曾经的冰峰上已见不到往日的皑皑冰雪。地处大江之源，却有上百户牧人找不到水源，不得不饮用仅存的那一片片零星沼泽地上的积水。从 8 月 25 日到 27 日的几天里，我们所到之处，都是一眼望不到边的荒漠沙砾地。据说，君曲下游几年前就已经出现断流，现在只有在雨季时才有一股水流入长江。君曲的上游河道里也没有多少水流，我们的车几次在那河上穿行，就如同行驶在干沙滩上。那条叫“琼果阿妈”的小溪水就在君曲身边。

莫曲要比君曲深厚得多，但远没有牙曲壮阔。在莫曲河流域的那几天里，我们其实离真正的莫曲很远，而且大部分时间里一直在翻越一座座大山。我们从一座山顶上眺望过莫曲在那莽原上款款而过的样子，它蜿蜒逶迤的风姿如同袅袅升腾的炊烟，它会使你想起帐篷锅台前忙碌的牧女。只有一次，我们从莫曲河上涉水而过。那是一个平缓开阔的滩地，莫曲在那滩地上的流淌悄无声息，它几乎被那滩地淹没了，离开河边，就看不到河水的流淌。这里曾经是长江源区最肥美的牧场，而今已是沙砾遍野，一派沉沦。从那滩地上过了河，翻过一座山就是才仁谷，那谷地里有牧人的帐篷，那些牧人就是从这里迁徙而去的。我们曾从那谷地里启程，骑着马走过万里长江的源区大野，一道道山梁上已落着厚厚的黄沙，山下的滩地上也已堆满了沙丘，长江之水就在那无边黄沙的围追堵截中仓皇东流。

当曲是长江南源四大支流中的长子。我们曾试着走近它，并深入当曲河流域探寻过传说和想象中那迷人的草原，但终究还是没有勇气涉它而过。它是神圣的，在当地牧人的眼中，它是古老长江的真正源头。长江被他们称为母牛河，相传母牛河流过的地方曾经是一片天堂一样吉祥美丽的金色牧场，那里的人曾经过着神仙一样逍遥自在的生活。后来，天上的神仙发现了这个地方，觉得人间不可以有和天堂一样的地方，就派一头神牛降到人间，限它在三天之内，啃光那里所有的牧草，踏平那里所有的山冈，喝干那里所有的水源，使它变成一片生机尽失的不毛之地。但是，这头神牛刚降临人间，热情好客的藏族人民就用最隆重的方式欢迎了它，仿佛它的降临就是他们的福祉。他们的善良和虔诚感动了它，于是，它不但没有毁坏那片草原，而且还走上一座山冈，从鼻孔里喷出两股清泉，向山下流淌，泉水流过的地方，一路飘着奶香，人们亲切地称它为“奶水河”。天神知道这事后，非常恼怒，就把它变成了一块巨石。后来，那两股清泉就流成了当曲，流成了长江。而那块巨石就永远矗立在它们的源头上，守望着它们远去的背影。我在当曲河流域行走的几天里，有很多次从或远或近的地方望见过当曲的身影，甚至有好几次从它的一些支流上涉水而过，但我们最终还是没能下决心跨越当曲，走近它的源头。

这便是我对长江源头的全部记忆，我为之庆幸，因为，我虽然没有真正走近它最初的源流，但我毕竟走进了它的源区大野。从长江源往回的路上，我曾写下过这样一句话：从此，在我们眼里，再大的江河也会失去它的魅力，从这里走出之后，普天之下就再不会有过不去的河流。

91

在前面，我已经写到了牙曲，其实从牙曲的源头翻过那座雪山就是澜沧江的源头了。从地图上看，它们离得很近，几乎连在一起了。但是，我没能从牙曲的源头走向澜沧江的源头，我没有翻越过那座雪山。我从牙曲身边走过时，那里正下着雪，源头的雪山被厚厚的云雾遮盖着。我们是从它的上游进入牙曲流域的，而后就沿着河岸向下游走去，它自东南流向西北，我们从它西南的河岸上一路向前，河流东北岸的一道山梁上都是花白色的岩石，而靠近我们这边的山梁上却是绿油油的牧草，河岸山坡上有牧人的牛羊和帐篷。我从牙曲河边驻望过那座雪山，并想象过山那边开阔的澜沧江源区大野。我想，有一天，我会走向那里。在人们的描述中，那是一片梦一样美丽的草原。

2003 年 6 月至 8 月，我策划实施了一次寻访河流的大行动，我们一行十几人从青海省东部的黄河岸边启程，历时一个多月，行程上万公里，先后到过黄南、果洛、玉树三个藏族自治州的16个县和海南藏族自治州的两个县。我们所走过的这18个县几乎是三江源自然保护区的全部。所到之处，我们最主要的一个目的就是寻访河流，寻访黄河、长江和澜沧江那不计其数的源流。我不敢说，我们寻访过三江源区所有的大小河流，但是，我敢自信地说，我们几乎寻访过这三大江河最主要的源区支流。那些日子里，我们一直走在河边，几乎每时每刻都和一条大河相伴而行，有时候，在一两个时辰之内我们就会跨越好几条河流。那一个多月的时间里，我们所见到的河流，很多人在他们的一生当中都是很难想象的。那么多河流集中在那么短的时间里流进我们的生命，这使河流成为那个夏天我们记忆的主宰，每到一个地方我们首先打听的就是河流的方向，而后就找到那条河流，去看它流淌的样子。当一条河流远远出现在我们的视野当中时，我们就会欣喜和感动。在平缓开阔的草原上，一条大河的流淌就像是牧帐前袅袅升腾的炊烟；在一片森林中，河流就是一道彩虹，就是一片祥云；而在狭长险峻的河谷中，一条大河的奔流就是飘荡而过的长风。在每一条河边，我们都能轻易地找到一些生活在河边的老人，他们总是很愿意和我们一同回忆那条河流的过去。在他们的回忆中，几乎所有的河流都在日益干涸。他们的回忆本身却也像一条河一样缓缓流淌着，我们感受到了那种流淌。那流淌中，河流在我们就像是一个亲人，我们听到的就是亲人的诉说。

给山川万物赋予人格化的力量是草原游牧民族文化的一个显著标志。在那些河流的身边听那些牧人讲述河流的故事时，我深切地感受到，那些流淌的江河就像一个个鲜活的生命。从最初的汹涌到最后的流淌，它们的经历就如同一个饱经沧桑的老人所走过的路，一路走来，到处是坎坷和险滩，到处是苦难和挣扎，当然，也就充满了梦想和拼搏。

杰出的传记作家路德维希在《尼罗河的传奇》一书中就已经表达了这样的感受。他说：

河的特性孕育着它们，犹如伟大人物的生命。它表明这条河就像一个孩子，从幼年时代的处女丛林诞生，在战争中成长、晕厥、摔倒、再爬起来直到成功；

它表明这条河遥远的、勇武的兄弟如何匆忙地向她赶来，他们如何在一起穿越沙漠，在她长大成人之后如何同人类斗争，她怎样被打败、被征服，为人类创造财富，而到最终，她如何酿成了比她早期的不毛之地更大的悲剧。

如同每一种生物一样，自然和环境决定她的童年到青年期。自然力在开始时的确起到了根本性的作用，但到后来，在与人类的斗争中，生命带来了许多诱惑。没有了荒芜的混乱和单纯，尼罗河流入了五彩缤纷的愚蠢的现代文明。她看到了征服者宏大计划的危害性，她厌倦了人类对黄金的贪婪，没入大海，等待重新开始，等待那永恒的复活。

所以，他说，每当他撰写人物传记时，总有一条大河的形象在他的心灵里回旋。这使他决心要写一部尼罗河的史诗，如同写一些伟大人物的传记一样。他告诉我们，虽然是在写一条河流，但是，他并不想写一本旅游书，而是要讲述一个伟大的有关生命的故事。在读他的书时，我们和他不是在河上旅行，而是河本身在旅行。是河的历险故事在牵引着我们。

所以，在我精心策划和筹备的那次寻访河流的大行动中，我一直有一个坚持，那就是尽量地用自己的心灵去靠近那些河流，而不是用双脚和身体。每当走到一条河边时，我总是在用心倾听河流本身的诉说和表达，而不是用自己的眼睛去解读河流。对一条流经千古的河流而言，你看到的东西永远都是表面的，永远都是肤浅的，真正内在的东西，得由河流自己来告诉我们。那些生活在河流身边与河流朝夕与共、相濡以沫的牧人显然听到了河流自己讲述的故事。我不敢说，我也听到过那样的故事，我所听到的充其量也只是整个故事的一个片段、一个情节。在我它已经是弥足珍贵了。

也就在这次大行动中，我想，我一定能走向澜沧江的源头。随着行程的推进，澜沧江离我们越来越近，一个月之后，我们就已经在澜沧江边上了。我们先到了江边的囊谦县城，之后的几天里，我们就一直在囊谦的那些大峡谷里穿行，我在前面的森林之章中，已经描述过那些大峡谷。

7 月 22 日上午，我们从囊谦赶往杂多，从澜沧江源区的下游走向上游。约 4 个小时的车程之后，我们就已在杂多境内了。下午 3 点，我们抵达澜沧江边，那

里阳面的山坡上生长着柏树林，那是澜沧江流域海拔最高的一片乔木林，由此往西往北，再没有乔木分布了。像治多是长江之源、玛多是黄河之源的意思一样，杂多在藏语中的意思也可译为澜沧江之源，即杂曲源头。这三个县均以举世闻名的大河之源来命名，把三江之源置于同一片高地之上，这种纯属地理范畴的神奇安排，却为中华文明安顿了一个神圣的精神高地和灵魂家园。杂多的牧人显然意识到了这一点，他们把自己的故乡亲切地称作格吉杂多，把祝福和热爱都融进了呼唤。

7 月 23 日一大早，我们乘一辆破旧的北京吉普走向澜沧江源区，翻过县城附近的那座山，一拐向阿多方向，路就极为难走。远远看上去，确有一条路通向莽原深处，但那路上几乎没有平坦之处，一路的深坑和泥泞，有时还得在河滩便道上左突右拐才能通过，加上车况的原因，我们还得时时停下来，给它浇水冷却，前行的速度十分地缓慢。快中午 1 点了，我们才走出不到 30 公里路，我们就停在路边的草地上用午餐。那里的鼠害十分猖獗，我们吃东西的那一会儿里，就看见很多的老鼠盯着我们。我们放干粮的地方就有好几个鼠洞，还有好大一堆老鼠的粪便。从那里北望，有一座高山，山上几乎没有植被覆盖，整个山坡都是红红的，听说在夕阳西下时，那山峰便会被晚霞涂上一层金黄色，使那巍峨的山架通体透亮。我已记不清这座山的名字，只记得它是那一带最高的一座山。出杂多县城不远，它就已出现在视野中了，但直走到下午半途而返时，它仍在我们的一侧沉默而立，我们好像一直在它的手心里爬行。从那山顶的地貌看，冰蚀痕迹历历在目，想必那高山之上也曾覆盖厚厚的冰雪。可而今却荡然无存了。阿曲及其几条不大不小的支流就在那山的前面静静流淌。

我们原计划当日要走到阿多的，然后在那里住上一夜，次日再继续往西，抵达旦荣、莫云一带的开阔滩地。那里不仅是杂多最好的牧场，也是澜沧江真正的源头。此前的很多年里，我一直梦想着能走近那一片草原，也一直以为这条路已经畅通无阻了。1987 年，我第一次去杂多时，时任杂多县县长的扎喜旺章先生，就在组织修筑通往旦荣、莫云的路。至 1988 年底时，他就告诉我，那条路已基本贯通。之后的 10 多年里，我再没有来过杂多，没曾想，这条路还是这么难走。到下午两点多时，我们才走出 40 余公里。这时，路边不远处的山坡上才出现了

下午 3 点，我们抵达澜沧江边，那里阳面的山坡上生长着柏树林，那是澜沧江流域海拔最高的一片乔木林。

几顶帐篷，车还没有停住就听见帐篷前的牧犬在叫，还有袅袅飘送的炊烟。县上陪同采访的人就带我们到那帐篷里喝奶茶。那是阿多乡牧民的夏季牧场，我们走访的那顶帐篷的主人是一个支部书记，他本人不在家，他的妻子正忙着打酥油，他的侄女为我们端上了奶茶和风干肉。帐篷里面的四周放满了一家人生活之需的物品，甚至还有一台很大的收音机。县上的同志讲，这样的人家条件已是很好的了。从这一家人脸上那灿烂的笑容里你也能看出他们对自己生活的满意。除了牛羊，他们的主要收入来源就是采挖虫草。从那帐篷里出来时已是下午 4 点了，大家对继续往前已没有信心，尤其，那旦荣、莫云肯定是去不了了，就折回，往县城走了。在一路颠簸中往回走时，澜沧江的源头在我们身后越来越远，我再一次与澜沧江的源头擦肩而过，便感觉一种无法了却的遗憾。看着路旁四野之内已经严重退化的草原，我们对澜沧江的源头深感忧虑。从那一带放眼望去，已望不到雪山的踪影，雪山已经远去。在一片干枯萎缩和退化中，澜沧江的源流将怎样流淌在未来的岁月里？格吉杂多的后裔们又将怎样面对自己家园的沉沦呢？

92

一条河流就像一棵树，一条大河就是一棵参天大树，河流密布的土地就是流淌的森林。

站在一条大河的入海口驻足凝望时，我们其实就在那树底下凝视着它遮天蔽日的蔚蓝色树冠。我曾在长江、黄河的入海口驻足凝望，曾在澜沧江出境的地方回望过它来时的路，那时，我就感觉自己就像大树底下的一只蝼蚁。无边的绿荫就从我的上空覆盖着苍茫大地。

从长江、黄河、澜沧江下游逆流而上，越过中原千里沃野，掠过江南水乡，穿过云贵高原的十万大山，向西向北，走向青藏高原，走向江河的源头时，我们其实一直就在一棵大树上爬行，越往上，枝杈越多，那些枝杈其实就是江河的根。

我就栖身在靠近树冠的某一个枝杈一侧。这个枝杈叫湟水，湟水流贯青海东部，出青海后，于兰州河口入黄河。湟水有三条源流，正源在海晏县境内，源头是祁连山支脉，南源药水河源自日月山，北源宝库河源于达坂山。除此之外，它还有很多的支流，但是，大都早已经干涸，惟大通河奔流至今。有一年夏天，我曾寻访湟水的源头，海晏县城往北，那片平坦开阔的草原上有一条纤细的小河在静静地流淌，那就是湟水的源区干流。时值枯水季节，湟水的源流已几近断流。我沿着那河流往上游行走了约七八公里，那河水在地表之上的径流几乎已经看不到了。虽然，其真正的源头此去尚远，但河流却已经在消失。站在那里望向源头时，源头的山正被云雾所遮盖。心想，只要那云雾一直遮盖着湟水的源头，湟水的源流就不会消失。但是，那云雾会永远遮盖着那座山峰吗？湟水每天都从我的身边流过，我感觉它已经十分的疲惫。它在流经我生活的这座城市时，已是满河的垃圾和污垢。原本的河岸已经不复存在，河岸上原本的花草树木也已经不复存在。河的两岸已经变成混凝土结构的高墙，河流更像是一条人工的水渠，而没完没了的治河工程还在继续。也许，当所有的工程都结束了之后，我们再也看不到真正意义上的河流了。其实，所谓的治理，治理的只是人们对河流已经造成的破坏，譬如河流水体的污染和对河道的破坏侵占，假如没有了这些破坏，又哪来的治理呢？从根源上讲，我们所要治理的不是河流本身，而是人类对河流的破坏行为。环顾当今天下，几乎所有的河流都已遭到不同程度的破坏，河流原本的样子已无从寻觅。每一条河流都被一座座水泥大坝所拦截，河流因此转化成了能源和其他的能量，哺育着日益强大的现代文明。

大通河被说成是湟水的一级支流，其实，无论从它的流域面积上讲，还是就它的长度和流量而言，它都胜过湟水。它发源于天峻北部的祁连山支脉岗格尔肖合力雪山，源头与祁连山及其支脉托来南山、疏勒南山的主峰遥遥相望。这里还有一些高山也叫某某南山，也因河而得名，譬如党河南山。虽然，这些大山因河而得名，但是，它们却孕育了众多的河流，而正是这些河流浇灌出了商贾喧嚣的古丝绸之路和今日河西走廊的那一片繁华。由东往西，自武威至敦煌，由石羊河而党河，每一座城池都对应着一条河流。

祁连山和疏勒南山是青海北部最高的山峰，主峰海拔都超过 5800 米，山峰之上便是祁连山冰川的主体。这里所呈现的地理大势与发源于青藏高原的那些大

江大河的源区惊人的相似。大通河具有一条大河所有的气度和底蕴。它在作别那些高山之后，一路往东，先是流经青海湖北部的大草原，而后从大坂山和祁连山主脉冷龙岭之间流进大森林地带，穿过甘青交接处的那片大森林之后注入湟水，流程是湟水的两倍。

从20世纪80年代中期开始，我曾很多次从它下游的河谷地带穿过，河岸山坡上是郁郁葱葱的林莽，河谷滩地上是稀稀落落的村寨和农田，紧挨着村寨和农田的就是大通河静静地流淌。那是何等的恬静和惬意？河流因此而美丽，因此而风姿绰约。从那河谷里走过时，身心的愉悦无法言表，仿佛每一根神经都能感受到那一份清澈的流淌，婀娜婆娑的绿树青山倒影其间，而那水流的声音就在心胸之间涓涓潺潺。

但是，后来的情况就大不一样了，先是甘肃省引大济秦工程开工建设，而后，那河谷里就不断有水电站建成发电，自门源以下百余公里的河段上已经建成和正在建设的水电站已有十余座，计划建设的水电站还有好几座。青海省引大济湟工程也已启动，届时，在上游石头峡河段又将耸立起一座水泥大坝，把一部分河水引到湟水流域，以解湟水流域日益干旱的危机。也许还有很多的“引大”工程要上马，早些年，甘肃就提出要“引大济金”“引大济黑”，青海也曾设想要“引大济湖”，总的引水量超过31亿立方米，而这个数字却是20世纪70年代初大通河全年的总流量，现在，这条河的来水量顶多不超过27亿立方米。如果这些工程都要上马，将整个大通河的水都抽干了还不够用，那么，到那个时候，我们还会拥有这条河流吗？一条河流就在这种轰轰烈烈的大开发中迎来了一场场浩劫，那机声隆隆的场景背后其实就是河流疼痛的呻吟。据生态伦理学家的观点，自然万物皆有疼痛，河流也不例外。那么，我们有谁倾听过大通河撕心裂肺的声音呢？河流无疑是地球母亲的血脉，而人类却正在变成一群依附在母亲身上的吸血鬼。

93

一条河流的源头靠近的山峰越高，与山峰的距离越近，它也就越具有磅礴之气势，越能显示出源远而流长的大景象。从这层意义上说，源自祁连山的诸多河流中，黑河堪称一条真正的大河。它有两个源头，正源在西，海拔 5547 米的祁连山主峰冰川就是它的摇篮；另一个源头在东，海拔 5254 米的祁连山第三高峰冷龙岭冰川当是它真正的源泉。西源在源区就称黑河，东源在源区却叫额济纳河——它在蒙古语中更准确一点的发音应该是爱尔济纳，是主人的意思——黑河流域的蒙古族牧人将它视为自己的主人，并以这样的呼唤世代铭感它满河流淌的无量功德。但是，无论叫黑河还是额济纳河，这个满怀敬畏的名字注定了要贯穿整条河流。世界上几乎所有的河流在不同的河段甚至每一条小支流都有不同的名字，黑河不是，这是一条从一而终因而也独一无二的河流，它在源头叫什么，在下游也叫什么。以前的黑河注入居延海，以前的居延海边有座城池叫黑水城。现在，以前的居延海已然干涸，现在的那个地方叫额济纳，现在的那个地方有片古老的胡杨林。

无论从哪个角度看，这都是一条美丽的河流。它虽然是一条内陆河，但这丝毫没有影响它流贯千古的风采。它的两条源流汇合之后，巍巍莽莽的祁连山就为它让开了一条千折百回而又峰回路转的去路。它就在走廊南山和冷龙岭两列海拔超过 5000 米的大山并肩对峙的大峡谷中一路跌宕，一路泻落。虽然，在世界著名大河的行列里，它甚至还排不上名次，但是，这条峡谷却紧随雅鲁藏布江大峡谷和科罗拉多大峡谷之后，义不容辞地跻身世界大峡谷的前列。大峡谷全长 866 千米，其中约 800 千米的峡段平均谷深超过 4000 米，有近百公里的峡段至今都是无人区。峡谷内的巉岩峭壁牵挂着云彩的衣袖，河畔上的奇花异草掩映着浪花的歌谣。动植物群落的奇特分布和峡谷内变幻莫测的万千气象都在昭示大自然无穷无尽的魅力和秘密。直到现在，我们对这条大峡谷依然所知甚少，人类对这条大峡谷还不曾进行详尽的科学探险和考察，甚至还很少有人穿越过它的全境，对世人来说，它依然是一个神秘的世界。多少次，我曾奢望能有机会徒步穿越这条大峡谷，去领略那万仞高峰之下黑河奔腾咆哮的惊涛骇浪，但是，我一直没有等到这个机会。我当然知道，这样的机会只有自己去创造，而且，我还知道，假如有一天，我真的只身走进了那条大峡谷，那么，我能走多远或者能否走出那条大峡谷，就不是我所能决定得了的。那大峡谷将左右我的一切，就我生命的走向而言，它就是我命运的大峡谷。

但是，我曾去探访过黑河的源头。那一天是 2003 年 4 月 16 日，我从祁连县城出发前往黑河源头，出了县城往西北不远，穿过那狭窄陡峻的谷口，过了扎麻什乡，就开始进入走廊南山和托来山两列大山之间的开阔谷地，黑河就在那谷地里时而左突右奔，时而舒缓沉静。沿着那河谷一路溯源而上时，我依次记住了这样一些地名：高大坂、野马嘴、大泉、沙龙滩、野牛沟。那个时候，这里还是冰天雪地的世界，山上的积雪还没有融化，河里还结着厚厚的冰，只在河水之上化开了一条弯弯曲曲的冰缝，从远处看，两岸厚厚的冰坎洁白晶莹，就像是镶嵌在河流上的两道银边。站在那高高的冰岸上看那河水清澈地流淌时，就能看到从冰岸下面向四野浩荡而去的天空和流云，就感觉那河水就好像是流在天上。冰岸齐刷刷的像断崖，我从此岸的断崖上为彼岸的断崖拍照时，此岸的断崖下就是我的倒影。

那天，我只走到了沙龙滩，从那里北望，祁连山八一冰川就在山影叠嶂的尽头熠熠生辉。那里是黑河真正的源头，但是，现在从沙龙滩以上就看不到河水的流淌，在沙龙滩，我们所看到的也只是一股小小的泉水。冰川融水从冰川脚下就已渗入地下，就已经断流。虽然，今天我们还认定八一冰川是黑河的源头，但是那源头上其实已经没有水流，黑河的源头已经下移至沙龙滩。据马富贵介绍，黑河源头的消失与淘金有关，黑河源头淘金的历史可上溯到 100 年以前。我们是在野牛沟乡扁麻牧委会境内的黑河岸边遇到正在牧羊的牧人马富贵的，他是一个淘金人的后人，他的祖先是湟水谷地的农民。他父亲解放前就来这里淘金了，他来这里生活也已有 50 年的历史了。他说，他刚到这里的时候，河水很大，骑着马过河都很难，现在人都可以随便走过去。尤其是近一二十年里，河水几乎小了一

大半，河流的水位就下降了一尺多。他还清晰地记得，以前对面的黄鹿滩上，野生动物几乎盖住了整个草原，野牛粪多得让人无法想象。自从上世纪80年代初大规模的淘金者来到这里之后，一切都改变了。先是淘金者把上游河谷滩地翻了个底朝天，而后，沙龙滩以上的河道里，那河流就不见了。

我一直在思考一个问题，为什么那些金矿的矿脉都会分布在大河流域。如果从地质学的角度去考虑，它也许就不成为一个问题，但我却喜欢从人文的角度上思考这个问题，于是，它就会显出超越科学层面的一种神秘意义。大浪淘沙，是河流在亿万年的奔流不息中将金子埋在了自己的身下，在亿万年之后，那些金子的矿带却成了河流的坟墓。河流不仅储藏了金子，也养育了人类，而人类在发现金子之后却忘记了河流的养育之恩，淘走了金子，葬送了河流。这就像一个黑暗的旋涡，如果，人类最终将埋葬掉所有的河流，那么，会有谁来替河流埋葬人类呢？一切仿佛都早已注定，好像是冥冥之中有人先让人类在河边上繁衍，事先他已将金子埋在了河边的沙子里，他料定，有一天，人类如果控制不了自己的贪婪就会去淘挖那些金子，那样，河流就会断送，最后断送的却是人类自己。很多时候，我感觉人类已经到了目空一切的地步，它似乎觉得自己能够创造一切，但是，它能创造一条河流吗？世界上有不少民族对亡人施行水葬，我惊异于他们将河流视为最后归宿的选择，是什么给了他们如此神圣的启示？是河流自己，还是上苍神灵？我觉得他们受到了上苍特别的眷顾，就像最初上帝对诺亚的眷顾一样。因为，对最后归宿的这个选择就会使他们永远珍惜河流，因而也能永远保全自己。

那天，当我走过沙龙滩的那片沙砾地，去寻找那条我一路溯源而来的河流时，它却突然从我的眼前消失了。那时，我其实正走在一片河流的墓地上，河流的魂魄已变成滚滚黄沙和猎猎黑风，正向我们的头顶逼近，我们得时刻小心提防，稍不留神，就有遭受灭顶之灾的危险。

这些年的每年春天，整个北中国都会受到沙尘暴的袭击，有一年，那沙尘竟然飘到了长江流域。每想起那飞沙走石、黑风阵阵的情景就会令人心悸。那场面，以前我们只在古典小说里读到过，譬如《西游记》，当读到这种场景的描述时我们都能感觉到魔鬼的气息，那是一种先兆，那是一种暗示。后来，我看到一则消息说，黑河流域是中国主要的沙尘暴起源地，那就是了，黑河要是不将滚滚的沙尘吹向人们的眼睛和心灵，他们就不会记住他们在黑河流域曾经种下的恶果。

于是，他听到了。
听到了土伯特人沉默的彼岸
大经轮在大慈大悲中转动叶片。
他听到破裂的木筏划出最后一声
长泣。

当横扫一切的暴风
将灯塔沉入海底，
旋涡与贪婪达成默契，
彼方醒着的一片良知
是他惟一的生之涯岸。
——摘自昌耀《慈航》

吽

凝望人类文明史上的大拐弯

吽能消除冷热地狱苦

——萨迦·索南坚赞

我们就无法返回。我决定往回走了，而他在后面跟着，一直把我们送出了那条山谷。当走出那山谷之后，再回望阿尼玛卿时，它已隐去面目，山顶之上已是茫茫的云雾，阳光也模糊。像说的告别。但它依然就是缘分终了。

一直以来，我都有一种思想，觉得人类绝对不可以对每一座雪山。人类应该尊重它，给大自然留有一些尊严的神秘性和敬畏。以往人类的征服者把攀登作为征服一雪峰，去登雪山面前，人类的这是渺小的胜利的。从某种意义上说，去登雪山时实际也就意而是不不征服的。它的山的征服就在于人类一种心灵价值的体现，也许正在于在世界的这些奇观，雪山，具有的神圣和尊严。也许有一天，因为人类征服者的大胆地会最终彻底推掉去登雪山，而那时山的冰冰川都消隐没落，但它的心的山峰也是不不会消失。人类更应学会与自然和谐相处，不绝不会去毁掉一座山峰。我相信冰川自然生植物，雪山冰川是大自然的恩惠，是人类最珍贵地球用数十亿年的时间成就了生命万物，而人在地球上开始大范围走来走去才是近几万年的事，但它却用后面的一两个世纪就改变了一切。

94

假如你正在观看两只蚂蚁或别的什么昆虫之间的一场战斗——全世界的每片树叶一样大小的地方几乎每时每刻都在发生这种悲壮惨烈的战斗——假定一只是黑色的，一只是褐色的，你可以把那只黑色的想象成阿伽门侬，把那只褐色的想象成一位同样伟大的英雄。它们撕咬在一起，不知道谁会战死沙场，谁又会赢得这场战斗凯旋，一切还没见分晓。就在一只快要支撑不住就要被另一只杀死的一瞬间里，你突然心血来潮想改变这场战斗的结局。你实在按捺不住了，于是，你拿起一根细细的草棍儿，只轻轻一挑就把它们分开了。然后意犹未尽，就把那草棍儿当成堂吉诃德的长矛直接刺向那位英勇无比即将取得最后胜利的英雄，它即刻倒地身亡，死得十分惨烈悲壮。但是，你知道这不是那场战斗本来的结局，是你一时的心血来潮改变了一切。而那只幸存的胜利者却不知道为什么会是这样，它以为是上帝助了它一臂之力，它为此感谢上帝。于是，你就成了上帝。在捧读古希腊和古罗马悲剧时，我们总是会有这样的感觉。

这就是我要告诉你的事。上帝就是可以改变一切也可以主宰一切的存在。我们只是那些拼命冲杀的斗士或虫子。如果你理解了我为你写的这则寓言所暗示的真理，我想进一步完善这则寓言的叙述。现在我们假设，你并没有拿起那根草棍儿把它当成堂吉诃德的长矛刺向那个英勇的斗士，那场战斗就会以它本来的样子结束。胜利归于真正的胜利者。那么，从战场上凯旋的胜利者也会感谢上帝，但

它是出于上帝对它们的公平。这时的上帝未必是你，你只是上帝的见证者。这才是我想告诉你的事。

两个上帝，一个是以人的意志而创造的上帝，它的元点是人类中心主义思想，它衍生了整个的西方文明乃至现代文明。另一个则是自然意志力的象征，它强调的是大自然原本的秩序，它必将衍生全新的人文主义思想，它的核心是自然万物平等的道德伦理体系和价值取向。或许我们真该在这样一个思想基点和精神空间中怀着一种虔诚而朴素的情怀，重新构架真正生命意义上的地球文明秩序，将人放归于大自然的怀抱，在充分尊重所有生命万物的基础上，安顿我们的灵魂。人性能否具有更广泛的生命意义是新人文主义思想者应努力去探索的一个深刻主题。如何把自然万物均纳入人性思考的范畴，赋予一切生命以普遍的伦理观照和人性关怀，是新人文主义思想的崇高使命。自然万物的生命性与人性的高度统一是地球人类文明向更高文明形式迈进的必然选择。这或许就是未来地球文明新生的开始。这就要求我们必须怀着一种批判的精神，重新审视和打量整个人类文明的历史，彻底矫正人与自然的关系，把人置于大自然的约束之下，把地球文明放在宇宙空间当中，而后做出理性的选择。

不能因为人类只有几百万年的历史而认为此前地球数十亿年的演化过程对人类没有意义。如果没有那数十亿年的演化，人类也断不会在那个时候出现。那是一个漫长孕育过程。人类应时时地回望那个遥远的过去。只有这样，它才会认识自己究竟是什么。

95

2002 年 8 月 30 日（夏历）是我 40 岁的生日，这一天我写过一封信给已有近 50 亿年历史的地球，并给这封信安了一个很怪的题目，曰《一只三叶虫的后裔写给地球的情书》，不妨摘录如下：

亲爱的地球，尽管我还不能确定，我的遗传基因初始的样子，或者，它在亿万年前怎样的一个瞬间里成为必然的偶然，但我仍旧愿意相信，十几亿年前从你的怀抱中倏然而逝的那只三叶虫可能就是我最早的祖先。

在浩瀚的宇宙当中，你虽然十分渺小，甚至小得经不住哪怕是一粒宇宙尘埃的撞击——因为你自己也不过是一粒微尘——但你是独一无二的，因为你拥有生命。虽然，我们至今仍然不能确定，宇宙中其他的星球上有没有生命的存在，但即使有，也绝不可能与你相出无二，你的存在永远是无法替代的。

当45亿年前，随着太阳系深处的一声巨响，可能有一两块很小的东西被分裂了出来，那就是金星和你——地球。也就从那一刻起，我就一直在悄悄地打量你，注意你，倾心于你。你先是在一片虚空中，如一片烟尘飘浮着旋转，而后就旋转成了一个圆球。但那时你被高浓度的二氧化碳所笼罩。我真替你担心，你将怎样忍受那高温烈火的撕扯。可你是幸运的，那烈焰在燃烧了大约好几亿年之后竟然轰然熄灭了。我看到你遍体鳞伤、伤口上吱吱冒着青烟的样子时，心中的灼疼也无以复加。但是，你简直太神奇了，烧成那样了，你还能运动，还能维持你自己的生命，而且居然在慢慢痊愈。

是的，你断不能就此死去。有更伟大的使命在等待你去完成。你要耐心地等待那一刻的来临。为了那一刻的来临，你已经苦苦等待了十几亿年。看着茫茫宇宙中的星河变迁，看着那些巨大的星系瞬间变为一个大旋涡的样子，你害怕极了。望着四周万劫不复的深渊，感受着至寒至热的宇宙天气，你受尽了磨难和浩劫，但你却以柔弱纤细的身躯挺住了，你总也不肯灰心的信念就是你的使命。你得完成这项使命。在你还是一片飘浮的尘云时，你就领受了聚拢而后孕育的天机使命。你为此而活着。我为你而感动。

终于，弥漫在你四周的那些污浊之气尽数散去，漫长的黑暗时代终于过去。你终于等来了第一轮朝阳。你眨了眨眼，深深地吸了口气，一股热浪吞进肚里，差点没把你熏晕。但你却在极度的疼痛中露出了微笑。你感觉到了希望，太阳终于升起在地平线上，它给你带来了光明和活力，你因此感觉到从未有过的冲动和美质。

当夜晚来临时，你又一次领受了星光和月色。在星月之光辉中漫步宇宙时，你就像是一位漫步海滩的少女。你的仙姿和美态第一次被照耀和注视，那无边的黑暗、寂寞和孤独从此就不再困扰你的梦野。我从遥远的未来之晨为你祝福和祈祷，而你却从遥远的过去里向我款款而来。尽管我知道，我还得等上几十亿年才能望见你，才能感觉自身的存在，但我真的知道你正在走近我的生命。

于是，我们共同守望第一个雨季的来临。雨季也真的如期而至。那是宇宙之父为你酿制的琼浆玉液，你有足够的理由为此而酩酊疯狂。灵魂就在那瓢泼之中步入宁静。那场雨好像一直在下，好像要一直那么瓢泼下去。即使如此，你也觉着每一颗雨滴都是那样的弥足珍贵。在熏熏烈焰中燃烧了那么久，继而又在干渴中煎熬了那么久，这场旷日持久的雨给你心魂的浸泡和沐浴让你陶醉了。那雨丝在你的肌肤上肆意抽打，那雨水、那如幽灵般满世界流溢而去的雨水使你第一次拥有了孕育的冲动和快乐。甚至，你想象过一条鱼的样子。

但是，你不能确定，它们将怎样开始。你只是一点点聚拢宇宙之精血。当第一个活着的单细胞作为生命最初的样子，在你的血液中游动的时候，你甚至不知道该怎样安顿它们。但是，一切原本早已注定，该来临的都将如期而至，你惟一所需要的只是一种等待的耐心。时间就在你耐心的边缘游走，而空间却在你寂寞孤独的世界之外四散而去。你把一个又一个世纪、一个又一个千年浓缩成一声叹息和一丝微笑。

第一只三叶虫终于舞动着它的腿脚自岁月深处向你一路跌撞而来。它是那样的美丽和活泼，也是那样的优雅和笨拙。就在那一刻，你意识到一切生命的开始都将显得稚嫩和单纯。你决定先不去考虑形式的完美，而主要是创造生命本身。毕竟已经有了生命的出现，它的意义还不在于它本身有多么完美，而在于它终于翻开了地球生命史的第一页，迎来了地球生灵万物的第一缕曙光。你为此而亢奋不已，激情澎湃。你受到了深深的启示，一种创造的冲动和欲望已将你搅得不能安宁片刻。蓄积了亿万年的创造力终于汹涌而出。开始你还是很谨慎和小心翼翼地孕育并创造出一个个生命，你得意地欣赏着它们的降临。但是接下来，你几乎是在一天的时间里构思并完成了几乎所有的生命杰作。而你却并不想让它们都成为不朽。于是，你在继续你的生命创造的同时，开始销毁大量的生命作品。你不能容忍自己的创造成为一种泛滥，更不能容忍的是创造的平庸和拙劣。你需要

经典，你喜欢经典，你只留下了那些你以为是经典的东西。之后你不再创造新的生命，你觉着已经创造的就已经足够。于是，你开始让它们自己成长并不断完善和演化，你只是参与修改和矫正。虽然，我当初就知道，但我还是要感谢你。你不仅把鱼类和鸟类不断修改成了我的祖先，而且给了它们太多的偏爱。以至到后来，你甚至后悔为什么把人这一类作品留到现在，有很多很多的时候，你在仔细打量这件作品时，你才发现你的这件作品正因为太过完美，才留下了太多的遗憾和败笔。你知道这是一个永远无法挽回的笔误。但也正因为它的太过完美，你总也下不了决心将它就此毁掉，与那些三叶虫和恐龙们一起夹进你岩层深处的记忆里。于是你又犯下了一个致命的错误，你一再地姑息和迁就，使人类越发地有恃无恐，继而想自己主宰自己甚至主宰你。以致后来，那局面已到了不可收拾的地步。想当年，你对恐龙们也曾一度动过这种恻隐之心，直到它们胆大妄为到无视你的存在的时候，你才决定让它们彻底消失的。现在想来，那些恐龙们比之人类简直是小巫见大巫了。我很清楚，你此刻的心情，你正在做一种抉择，以最后决定将怎样惩罚人类。是的，有很多时候，我都认为，你再也不能迁就于人类了。但是，你还在等待，等待人类最终的醒悟和忏悔。

也许这样一种等待是值得的。在我给你写这封信的时候和此前的一个多世纪里，人们正在做一种努力，或者说人类当中的很多人在为一种梦想和自由而殚精竭虑。我可以告诉你的是，这种梦想和自由的基调是对你的终极关怀。我的同类们开始对你怀着一种感恩和敬畏在历数自己犯下的累累罪行。你知道，他们所以这样做的目的就是最终使他们自己的良知成为一种自觉的信仰，进而对你千万年间给予他们的厚爱尽可能地做一些回报。虽然，他们即使费尽心思也不可能对你的恩德报之一二，但我相信你的仁厚和慈悲最终是会原谅他们的，甚至你会为他们的点滴回报而感动而欣慰。

我想，在这感动和欣慰的背后，你仍旧怀着太多的忧虑和担心。只要站远一点对你做一番打量，就知道你为什么忧虑和担心了。你亿万年精心哺育和创造的一切正在变成一片废墟，那些生命万物在你的怀抱里纷纷倒毙或干枯消亡的情景令你心碎。而更令你痛心的还不是这些，而是一种麻木和冷漠。你从未将麻木和冷漠赋予任何一个地球儿女，但它分明已成为我的同类们越来越习惯的秉性。

他们中的大多数只为形形色色的利益而活着。他们用一张大大的网罩住了你的肌体。除了他们每个个体的利益之外，他们(包括我)只在乎某个国家的整体利益，并因此而大肆杀伐和掠夺。几千年来，这等丑恶行径从未停止过。但是我知道，他们无论出于何种目的，只要是受利益的驱使，最终受害的都是你。你成了他们无休止的掠夺对象和满足贪欲的牺牲品。说到这儿，我不能不说，也正是你的慷慨和大度才造就了我的同类的欲望和贪婪。是的，你爱他们。你为了自己这无处不在的爱，却在消耗着自己的生命。可怕的是，你的宽容和慈爱并没有使我的同类学会报答，却学会了堕落和辜负。他们的灵魂就在这种堕落和辜负的海洋里浸泡了一个千年又一个千年。试想，除了麻木和冷漠，你还能指望那里会长出别的东西吗？好在，他们中的一部分还有如我一般的想象力。在想象中，他们甚至还常常想到诸如德行之类的纯洁字眼。还有极少的一部分——堪称你最杰出的儿女，就在这想象中为你抒写着深情的诗篇。也许就因为他们的存在，我的同类们才有幸至今仍存有梦想。那是一些伟大的心灵和开启心灵思想之门的智者，他们的智慧是我的同类们迄今所拥有过的最宝贵的财富。他们的名字可以罗列到成千上万，而即使选最主要的也不能只选一二，譬如苏格拉底和爱因斯坦，譬如释迦牟尼和孔子。所以我就索性不加列举了。从他们的名字排列而成的阵列，你可以想见你周遭的星空。如果没有那熠熠生辉的亿万颗星辰和那星辰之外横无际涯的灿烂星河，你将会怎样的孤独和寂寞。他们的思想就是我的同类心灵周遭的星辰和星河。我爱他们。因为他们爱你。我之所以写这封信，在某种意义上说就是受了他们的引领和启示。在很长的时间里，我只要一想到你所承受的苦难，也就会随之想及他们在灵魂深处所遭受的苦难。他们是你遍体鳞伤的第一批抚慰者，也是我的同类灵魂的抚摩者。我曾不止一次地感受了那种深情的抚摸，那时，我惟一的愿望就是抚摩你的伤口。也正因为他们的存在，我才有理由相信你等待的意义。

当我的同类们以你为中心——其实是以他们自己为中心而确立的全部信念开始土崩瓦解，随你一同飘向苍茫宇宙时，他们已找不到支撑点来安顿自己的灵魂。而且，他们的目光伸向宇宙的距离越远，他们的心灵失重和灵魂失衡的感觉就越发明显和强烈。假设，我的同类们从不曾从大地上站立起来，而是与那所有的爬行类平等地拥有你所允许的生存空间，那么，他们或许就只是一些相貌丑陋的造物了。那样你就没有了这多的忧虑。

很显然，我同类的祖先们由四足类动物变成两足类，由爬行类而直立行走，那肯定是一个漫长的过程。当他们用两条腿把整个身躯矗立在大地上的那一瞬间，就意味着整个自然万物的格局要被彻底打乱，亿万年整体演进的历史终于把一颗生产智慧和欲望的头颅举过了地平线。当今天的人类考古学家们在由东非大裂谷到欧亚大陆到白令海峡的苍茫大地上找寻祖先的遗迹时，他们其实就是在寻找这颗头颅日渐饱满和充盈的历史。这颗头颅的历史其实就是整个的地球文明史。假如，自然万物整体演进的历史注定了要垒砌成一座辉煌的金字塔，那么，它真正的辉煌和不幸就是塔顶的这颗头颅。正是这颗头颅改变了一切。

于是，当我们一遍遍地凝望从世界各地的一些角落里精心发掘的那一颗颗几百万年前的头颅，面对那两个曾经盛开过人类童年梦想的黑洞时，我们就像在面对一个时空隧道的入口。那是天堂的入口，也是地狱的入口。温暖的灯盏已经熄灭，最初的眸子已经黯然远逝，那颅腔深处深刻的记忆已无从捡拾。但是，这已经不重要了。真正重要的是这头颅里正在产生的东西。它产生一切，也改变一切。它甚至创造了上帝和魔鬼以及天堂和地狱。而一切还远没有结束。这使得无数颗头颅不得不为你的前程担心了……

哦，我亲爱的地球，虽然，我不能精确地说出，在未来的岁月里你还将遭受怎样的灾难，但是，我却能切身地感受到那灾难正在向我们逼近。而且，随着那些灾难的来临，你的身体已经和正在遭受着严重病痛的折磨，每当从旷野上走过时，我就能看见你疼痛的样子，就能听见你撕心裂肺的呻吟。我们会找到能够医治你病痛的良方吗？我多么希望你所有的伤口都能很快痊愈，你所有的疼痛都能很快消失。我的同类们有时候把你当女神来赞美，有时候又把你称作母亲，但你却是一个遍体鳞伤的女神，是一个受尽凌辱和压榨的母亲，你的美貌、美态和美质已经严重受损，你昔日美轮美奂的风采已经不再，而给你毁容的就是你自己的儿女。请原谅，我本不该提起这些令你揪心的事，它无疑会增添你的痛苦。我之所以这样做，只是想让我自己也能感觉到一些你所遭受的痛苦，如果不用心体会你的痛，就无法想象那痛之深。如果，我的这封信能让你大哭一场，也算是我的一个功德。因为，我的同类们常常用这种办法来互相安慰，说这样会减轻痛苦。那么，它能减轻你的痛苦吗？那么，你就放声大哭吧，让你所有的儿女们都听到那哭泣的声音。最后，就让我为你念诵大慈大悲的咒语：嗡嘛呢叭咪吽。听说，常念此咒语，会脱离无边的苦难。

96

几千年来，我从何来、到哪里去的追问时时在天地之间回荡，不绝于耳。“我是谁?”这不是一个简单的哲学命题，这是一个困扰整个人类命运的大限定和大诘问。人类面临的所有问题均缘于此。我们之所以一直给不出一个满意的答案，是因为我们总也没有跳出以人为中心的思想牢笼。人只是地球上的过客，甚至地球也只是宇宙的过客，甚至我们所已经认识的宇宙也极有可能是一个尚未认识的更大宇宙中的过客——因为迄今为止，我们对苍茫宇宙的认识大多是一种猜想和推论——我们甚至没有弄清楚时间和空间的本质是什么，而时间和空间对宇宙来说又意味着什么呢？除了无边无际的猜想和推论，其实我们什么也不知道。也正因为这样一种盲目性，才使人类总是把自己作为认识一切事物的出发点和终点。它的荒谬之处在于它的局限性，而我们却一直认为那就是真理。这也就是我们总以后来发现的真理去推翻前面发现的真理的原因。譬如地心说。譬如日心说。譬如相对论。甚至譬如宇宙大爆炸之说也不定哪一天会彻底否定。虽然这种由肯定而否定而再肯定和否定可能是认识事物的普遍规律，但它无疑暴露了人类认识能力的局限性。毕竟，真理只有一个。既然我们曾经坚信不疑的无数个真理都已被我们刚刚发现的真理一一否定，那么，我们还能指望我们现在坚信不疑的这些真理就一定是最后的真理吗？显然，我们没有足够的信心。对真理的怀疑其实就是对我们自身的怀疑。甚至，我们还有一种担心，说不定哪一天，人类又会以以前的真理来推翻现在或未来的真理。假如真有那么一天，人类将是何等的尴尬和痛苦。这还不是问题的全部，真正糟糕的是，我们正在失去自信和坚持真理的勇气。

但是，我们还得往前走，不管前面是无边的黑暗还是一片光明。我们已没有退路。而且，我们得感谢那些在探索真理的道路上几千年前赴后继的先贤大德，他们的智慧是无边黑暗中的明灯，他们照亮过人类过去的无数个夜晚。尤其要感谢那些伟大的天体物理学家，如果没有他们的引领，我们甚至无法确定我们自己所处的位置。他们毕竟已经使人类的目光伸向了遥远的太空，使得我们不得不尽可能从整个宇宙的宽度和深度重新审视我们所处的这颗星球。这才使我们看清了它所面临的危险，认识到它原来是何等的脆弱。进而我们也才更深地体认人类应该怎样做才不至于使自己的星球家园毁于一旦——即使不能延缓和推迟它的大限来临的时日，至少不要因为人为的因素而加速它的死亡，并为此承担起应有的责任和义务。我同民族的一位哲人预言，如果把地球比作一个人，它可能已经接近60岁的年龄了，要是它顶多只能有100岁的寿命的话，那么它所剩的时间也只有40年的光景了。我们所能做的就是尽可能让它寿终正寝，而不要使它提前多少年就抛弃我们。但即使我们费尽心思，它也绝对不会永世不灭。它在苍茫宇宙中的分量就如同我们身上的一根汗毛，它的一切都取决于宇宙的瞬息变化。

也许是因为童年曾不时遥望星空的缘故，我感觉宇宙代表了最高形式的和谐和美质。如果我们端详过一幅星象图，哪怕是一幅局部的星象图——因为我们永远无法端详整体的宇宙图像——我们都会为之陶醉和倾倒。亿万颗星辰在苍茫宇宙中闪耀着光芒悠然踱步，超然，逍遥。每一道轨迹都是用光芒绘就的完美景象。亿万颗星辰在极度黑暗的苍穹中却用极度的光芒跳着辉煌的舞蹈，磅礴浩荡的光之圆舞曲向无边无际仿佛也无始无终的宇宙泻落着不尽的辉煌。毕达哥拉斯和柏拉图学派的哲学家们曾假定天体在运行时会发出悦耳的声音，但是人感觉不到。如果真是那样，那就是来自天国的音乐。那是在永恒的时间中流淌的天河发出的宇宙绝响，如流水潺潺，如惊涛拍岸。那是在无边黑暗的空间中如鸟儿自由飞翔的星辰无休止的鸣唱，那是真正的天籁，那是只能用心灵而不是用耳朵去聆听的宇宙圣乐。要是有谁听到了那美妙的声音，那他就一定有一颗能装得下宇宙万物的伟大心灵。也许，毕达哥拉斯、柏拉图、耶稣、释迦牟尼和老子们就有这样伟大的心灵。而我们则只能通过他们的心灵去想象那声音泻落时让他们经受了

怎样的震撼、沉醉和宁静。

如果说，宇宙是无数个身怀绝技的工匠用无数的珠宝翡翠以及水晶，用亿万年时光精心设计和修筑的一座旷世之城，那么，地球只不过是这些工匠在最后的一刻里不经意间镶嵌其中的一颗绿松石而已，是宇宙这部不朽交响乐中一个凝固的音符。

关于宇宙，人类目前的认识程度基本上仍处于一个猜测的阶段。现代天文学及宇宙科学所能告诉我们的一个基本事实是，宇宙或者现在的这个宇宙大约有 150 亿年甚至更加久远的历史，它是一次大爆炸的产物。大爆炸之前，它可能只有一个鸡蛋那么大，被伟大的霍金称之为“果壳中的宇宙”。那时，时间还没有开始，所能想象的空间还没有出现。它以什么样的方式存在着至少还是个有待证实的谜——因为它肯定存在着，要不，那大爆炸又从何而来？人类感到困惑的是，即使那个客观的存在无限的小，即使它之外什么都不存在，那也不可能是子虚乌有，但那又是什么呢？据猜想，那次大爆炸之后，宇宙一直处在一种急剧的大膨胀状态之中。一切都呈放射状由中心元点在迅速地逃离。大爆炸之后，约过了 15 秒钟才出现了类物质的东西。当时的宇宙当中并不存在星系、恒星或卫星，而现在却已布满了星系和类星系，可能有若干千亿个星系，银河系顶多只能算是一个中等的星系。但就在这个普通的星系中也大约有 4000 亿颗各种各样的恒星，人类有所了解的却只有一个，那就是太阳。科学猜想中的大爆炸带来的宇宙大膨胀还在继续，也就是说，所有的星系都正在离我们远去，它们远离我们的速度无法想象。但即使是猜想，人类对宇宙的认识也才刚刚开始。如果把宇宙比作地球的话，人类对它的认识可能就相当于一间点着灯盏的小土屋。无数个星球之中，每一个星球上都有无数个问题，而即使是纯理论的想象，人类也永远无法破解其千万之一二，甚至对一些最基本的问题都难以做出科学的回答。譬如宇宙之外是什么？因为既然宇宙在不断膨胀，那么它肯定得有个边缘——哪怕它无限大。膨胀的反面是缩小，假如宇宙真的会坍塌，会迅速缩小，那么，最终的结果又是什么呢？难道又是一个“果壳”。若果真如此，那么，那“果壳”之外又会剩下些什么呢？难道所有的时间和空间又会化为乌有？还有，那时地球上的生命万物又将以什么样的方式存在于那弹丸之地？还有，偌大的一个宇宙之中就只有地球这颗不起眼的星球上才有生命的存在吗？地球在宇宙之中不过是一粒微不足道的尘埃。既然地球生物的诞生可能与宇宙射线之类的物质有关，那么，我们至少可以断定，宇宙之中应该有无数颗和地球一样的星球。虽然，即使有亿万颗星球上有生命体乃至智能生物存在，也绝难有和人类一样的生命，但这不能排除别的星球上有生命存在的可能。人类之所以成为人类在某种意义上就像马之所以成为马一样，它纯属偶然。它的必然性在于当它成为人类之后就再也无法进化成另类生物了，仅此而已。

97

宇宙形成之后，大约过了 100 亿年时间，地球才开始孕育。当初它可能只是一团燃烧着在太阳系边缘飘浮的气体星云，混浊不堪。之后不断冷却凝聚，清气不断上升为天，浊气不断下沉为地，大约在 46 亿年前后才成为一个球体。但当初的地球还只是一个燃烧的熔岩体。时间又过去了十几亿年，可能才有了第一场雨。如果没有那场如期而至的雨，至今，地球可能还在熊熊燃烧，也或者它早已在那燃烧中化为灰烬了。那场瀑布般倾泻而下的瓢泼大雨终于如期而至。一切在冥冥之中就已注定。此前，肯定有巨厚无比的茫茫云层携带着大量水汽覆盖了地球，虽然，我们依旧无法想象当初的第一朵云出现在天空中的情景。我们所能想象的是，当第一滴雨落在可能还在燃烧的地球上时，甚至没有溅起一丁点儿的火星。在开始的几万年里，那从未间断的大雨还不曾浇灭燃烧的地球之火。大量的雨水在没有落到地面之前就已蒸发了，它为以后的地球准备了足够的云层和水汽，使那场雨得以下个不停。而后，地球之火才慢慢熄灭，而后有更大的雨飘落地面。地球在缓慢地冷却。等那亘古大雨也渐渐停息时，地球表面已经是河流纵横、汪洋一片了。这是生命地球领受的第一次洗礼，它为生命的诞生和繁衍准备了足够的空间和最初的养分。这是地球生物圈的神圣奠基和启蒙。雨过天晴的地球迎来了第一缕温暖的阳光。晴朗的天空开始出现在地球的上空，太阳的照射也开始变得温和，清风开始在地球的表面吹拂。但离生物的出现还非常遥远。直到最后的10亿年前，地球上可能才出现了最低级的海洋生物。又几千万年之后才出现了三叶虫那种海洋生命。又是亿万年过去，可能才出现了最初的陆地轮藻类和蕨类植物——它们是地球植物的祖先。直到5亿年前后，才出现了鱼类和无颚类生物。2.7亿年前才出现了爬行纲动物和裸子植物，1.8亿年前才出现了鸟类的祖先始祖鸟和苏铁类植物。至1亿年前后才出现了真正的鸟类和被子植物。而晚至2000万年前才出现了近代脊椎动物和被子植物及开花植物的繁盛。其间却已经有许许多多的生物从地球上消失了。譬如三叶虫和恐龙。地球整整用了几十亿年的时间才哺育了地球生物群落。直到最后的一刻人类才开始出现。《海洋》的作者伦纳德·恩格尔说过：如果把整个地质年代浓缩为一年12个月的话，人真正脱离动物上升为人，还是第365天夜晚10点以后才发生的事情。

可是人类却用了最后的一个多小时改变了整个地球。人类是地球生命史上最后一个迎来繁盛时代的生物种，它的繁盛结束了整个生物圈繁盛的时代。三叶虫从诞生到灭绝在地球上自然演化繁衍的时间长达2.5亿年之久。恐龙在地球上生存繁荣的时间也差不多有两亿年。人类的历史至多不会超过400万年，而就在这几百万年时间的最后几千年中，因为人类的过度繁盛却已使75%的生物种灭绝了。而其中的绝大多数物种的灭绝是近300年间发生的事。在石器时代，全球人口的总量估计不超过4000万，还不及一条青鱼六次的产卵量，而今，全球人口总量却已超过60亿之众了。在恐龙时代，平均每千年才有一种动物灭绝，20世纪以前，也大约每四年才有一种动物灭绝，而现在每年却有约4万种经历千万年进化的生物灭绝。近100年来，物种灭绝的速度超过其自然灭绝速度的1000倍，超过自然形成速度的100万倍，而且这种速度还在加快。

你瞧瞧吧，地球上原有的绿色植被已所剩无几，而没有绿色保护的地球在人类释放的大量二氧化碳等有害气体的污染下，正在变成一个温室。过多的二氧化碳会带来什么样的后果，只要我们看看离我们最近的星球就能想见。金星的大气层90%是二氧化碳，它的表面温度高得可以熔化铅。尽管地球还没有成为一颗金星的危险，但大气中的二氧化碳含量已经到了十分危险的程度。它有可能导致更大范围的生物灭绝，从而使正在延续的这个大灭绝时代变得更加惨烈。

这个持续了几百年的大灭绝时代，已经彻底改变了地球自然万物原本的平衡状态和在错综纷繁中和谐演进的整体秩序。这是地球生命史上最惨烈的一幕，它直接导致了地球生物链的大断裂。这是一个巨大的裂谷，有无数的生命种就埋在了那谷底的岩层里。裂谷那边，绵延浩荡着生命万物共存共荣的地球神话；裂谷这边，却悲鸣残喘着自然万物萧条零落的地球悲剧。而人类无疑就是这幕大悲剧的主角和导演者，当然，最终它还得站在这裂谷越来越险峻的崖壁上回望自己一路蹒跚而来的历史，就像一个耄耋老者试图回想他在娘胎里的情景。

我的老家有一个说法，说一个婴儿出生之后之所以有两三天时间不愿睁开眼睛，是因为他要用这两三天时间来回忆前尘往事。他时而欢笑时而啼哭，就是因为想及前世的悲欢离合。那两三天时间里，他还生活在前世的记忆中。等他睁开眼睛，看到现世的这个世界之后，他才真正离开前世的牵绊，开始了新生命的记忆。也就在他睁开眼睛的一刹那间，他才忘却了曾经的往事岁月。我常常想一个问题，如果，我们真的有过前世的经历，那么，我们为什么要忘记曾经的一切呢？如果我们记得那些久远的往事，也许我们就会了悟大千世界深藏的真谛。我曾经渴望过能想起前世的苦乐恩怨，想以此来验证今生今世的因因果果，但是枉然。一切都在你的掌握之外，你惟一可把握的只有眼前的时光。也许这就是人类不幸的根源。生命万物的生死轮回对于人类永远是个无法揭开的谜。

98

一位藏族格萨尔艺人曾给我如此艺术化地描述过地球形成的过程和人类的起源：一场蔚蓝色的大风暴在宇宙深处酝酿而后漫卷浩荡。亿万年岁月随风而去，它还在猎猎呼啸。之后那无边无际的蔚蓝色狂潮开始渐渐聚拢。那渐渐聚拢之后的蓝色风暴最后的样子可能就像一颗没有硬壳的透明鸡蛋。渐渐地在那风暴的中心开出了一朵五彩的莲花，四个花瓣都有不同的颜色。花蕊也是五彩的。慢慢地从那花蕊深处又长出了一棵菩提树。树叶和花瓣上都缀满了露珠。又是亿万年

过去，那些露珠已然滴落成海，菩提树在海中央缓慢生长。这时大海四周又刮起了一场风，海浪渐起，海水溅在了菩提树上。又亿万年过去之后，菩提树在海水的浸泡中慢慢变白，最终变得洁白晶莹。在菩提树下出现了最初的海洋生物。之后，菩提树在晶莹洁白中化作了须弥山。山顶出现最初的天界。五大天堂随之形成。须弥山开始向着天空隆升。升高之后的山顶又出现了那棵菩提树，树冠遮住了天空，树枝上缀满了果实，绿荫覆盖着大地。天界的神灵就靠那果实为生，想吃什么样的果子，那树上就会长出什么样的果子。之后，须弥山的上空开始有光芒照耀，大海开始落潮，海平面下降，陆地浮出水面。又亿万年过去之后，陆地生物开始生成。有神灵犯了天条，被贬下凡，这就是人类的祖先，他们的坐骑就演变成了各种各样的动物……

嗡嘛呢叭咪吽。引领我走进混沌时代的苍茫空间沐浴蓝色风暴的格萨尔艺人叫才仁索南，长江源治多县治曲乡牧人，是年29岁，不识字，朋友文扎为他整理了一个《格萨尔史诗》说唱目录，并逐一测试，他能说唱的史诗已有近400部。我们试着做过一个想象，他即使倾其一生的全部精力去说完它们都不大可能。其中的很多部涉及宇宙和地球万物的形成以及人类历史上的许多重大事件。

我一直在思考一个问题，是谁将这些冥想一样的东西放进了一个普通牧人的记忆中？且不说，这一幅宇宙万物的创始描述在多大程度接近真理的原貌，但我敢断定，即使是世界上最富想象力的天才科学家在面对这幅奇妙的创始图画时也会惊叹不已。我承认我在聆听这段描述时心灵曾经有过的震撼。它给我的启示和引领具有终极的意义，以至我在处于懵懂的状态中也敢于思考关乎地球万物的大问题。我不能否认它原本具有的智慧光芒。所以，在写这部探索人与自然的思想笔记时，我才有勇气触及诸如宇宙、地球、人类以及哲学、宗教等肃穆庄严的领域。

我想说，我并不是在写一部科学笔记，我的科学素养不允许我做这样的冒险。即使是描述最具科学精神的内容时，我也只是在做人文的漫步和心灵的随想。所以，我请求你不要苛求这些叙述的精确程度，我之所以艰难地描述这一切，只是想给整个的文本思想和阅读提供一个参照，只是形而上的探求。我想表达的是一种思考的过程，一种思想的品质。它可能使我正在靠近一种大智慧。我

渴望用我的写作开启一扇们，进而给你一种启示，而后用你自己的智慧去点燃一盏灯，拥有一种走向光明的情怀。那种情怀必将催生并成就众生和谐的大慈悲和大智慧。

99

我想，几乎所有的人在他或漫长或短暂的一生当中，有许多次静静仰望夜空的记忆——尽管我们已经很难看到湛蓝的夜空了，但夜空中的星星还在我们的视野中闪烁。也许很多人并没有留意过那数不清的星辰与我们有多大的联系，但是，假如我们能从太阳系以外的地方俯瞰脚下这颗小小的星球的话，我们就会顿生怜惜之情，为它的前途担忧。在浩瀚的宇宙当中，它显得那么孤苦无助，那么势单力薄。我们所望见的那些星光可能是经过十数亿年的跋涉才被我们的眼睛所看到，还有无数颗星星的光芒正在穿越黑暗的路上，我们可能永远无法等待它们的抵达。对宇宙而言，地球不过是一粒尘埃。而对地球万物，对人类来说，地球则是一切。假如它的子民都不肯为它承担责任和义务，只是一味地向它索取所需要的一切，那么还有谁来为它排忧解难呢？人类除了加倍地关爱地球之外已没有别的选择。只有保全地球万物，才有可能保全人类——至少在可以想见的未来，这是我们惟一的生路。也许在不能想见的未来，人类真的能够找到新的栖身之地，但如果我们因此而放弃地球，放弃对它应有的责任和义务，我们也许就根本等不到那一天。而且即使等到了那一天，我们也绝不可能舍它而去。舍它而去之后的地球文明将不复存在。就整个地球人类而言，找到一个新的栖身之地，绝不像当年发现新大陆那么简单，更不是一只诺亚方舟就可以载得起另一部人类文明的历史。

所以，对遥远过去的回望和铭记对人类而言是一种叮咛。人类应该像面对一座祖坟或一尊母亲的雕像一样时时地注视地球的过去。我只能在想象中回到那远古洪荒的年代，去注视地球当初的模样。在现代海洋用无边的蔚蓝勾勒出的弯弯曲曲的海岸线以及各大陆清晰的轮廓中，我们显然看到了一种久远的裂痕。如果我们像拼贴剪纸画一样把几块大陆拼贴在一起时，你就会发现它们几乎天衣无缝。这绝不应该是偶然的巧合。尽管，我们至今都无法就大陆漂移给出一个令人信服的揭示，但那个亘古旷远的大裂痕却毋庸置疑地把人类引向了大陆漂移的那一时刻。那是地球史上空前绝后的壮举。在无数次的断裂和碰撞中，大陆开始移动。那么，它们是怎样开始漂移的呢？我猜想，最初的漂移与地球内在的膨胀和来自地球之外的宇宙引力有关。地球的核心应该聚集着巨大的能量，它们在不断的燃烧反应和聚变中释放着更大的能量，它们的边缘会逐渐地冷却，而后变得坚硬。于是，能量再次聚集释放。几十亿年间，这种聚变运动从未停止过。它们所形成的力量就会使地球一点点膨胀变大，加上它自身的圆周运动所产生的离心力和宇宙膨胀引力的作用，这种膨胀还会不断加剧。于是，终于有一天，地球的表面就被撑破撕裂了。先是出现了一道道不规则的裂痕，随之而来的就是轰轰烈烈的造山运动，它们彻底改变了地球的面貌，那情景就像是一只鸡雏破壳而出。虽然现在看起来，美洲大陆和非洲大陆已经远隔重洋，而且可能还有若干古大陆已沉没海底，但它们渐渐远离和沉没的过程一定是地球史上最为悲壮的运动了。可能经历了几千几万年，它们才挪动那么一丁点儿。速度决定了时间的漫长，它们一点点远离的过程就是地球风雨沧桑的历史。大陆板块之间的漂移最终导致的是互相的挤压和碰撞。透过亿万斯年的遥远岁月，我们仿佛仍能听到大地深处岩石断裂和岩浆汹涌的巨响。地球就在这痛苦的呻吟中催生了伟大的时代。各大陆架上那纵横千万里的巨大山脉就是从这时开始被一点点托举着隆起在地球上的。这些高耸的巨大山系挡住了海洋季风，改变了大气环流的格局，地球复杂的生态系统和生物群落分布渐成定局。

100

譬如非洲。非洲高山地带的出现和非洲高原的隆起，挡住了海洋季风的长驱直入。这使非洲大陆再也没有了往日那漫长的雨季，而代之以干热的天气。旷日持久的干旱正迅速改变着非洲大陆上的一切。当我们注视今天的非洲大陆时，就会发现，整个北部大陆几乎都被浩瀚的沙漠所掩埋。撒哈拉大沙漠就像非洲头顶上的一顶破草帽。沙漠的边缘分布着几百座海拔在3000米以上的高山，这些高山组成的巨大山系把蓝色的海洋远远挡在了外面。尤其是西北边缘的亚特拉斯山脉，挡住了来自大西洋的湿润空气。约在2400万年前，非洲板块和阿拉伯板块之间的裂缝日渐变大，最终造就了红海。但是，最初的情况还不至于如此惨烈。这种变化是在亿万年间一点点缓慢发生的，最近的几千万年间才开始加剧。直到600万年前，还有一条酷似亚马逊的大河横贯撒哈拉大草原和古森林。前些年拍摄的一张卫星图片证实了这条大河的存在。虽然现在那里已是一片不毛之地，但当初那里却有着世界上最茂密的森林和最丰美的大草原，林间不仅有过人类的祖先们走出非洲之前的繁衍生息，而且还有过数不清的非洲大象、狮子、原羚和野牛们享受着森林时代的美好阳光和空气。直到250万年前，东非大裂谷才完全形成，流向撒哈拉的所有河流才开始干涸。大风把沙子从高处源源不断地吹向了那广阔的河谷地带，最终在那些曾经的河谷里堆起了世界上最大的沙漠。沙漠就此成为地球生态系统的一个组成部分，开始扮演越来越重要的角色。

据人类考古发现，这片在浩渺无际的南太平洋和大西洋之间亘古绵延的大陆却是人类的摇篮。人类的祖先就是从这里开始了它300万年的地球之旅。它即使不是地球人类最初惟一的起源地，也一定是最主要的起源地。至少到今天为止，我们还没有发现有哪一块大陆比它更加重要。或许我们应该称它为伟大的非洲时代。如果没有那给人类以生命奠基的伟大时代，今天的一切或许就难以想象。虽然，今天的非洲大地上，到处都蔓延着种族歧视，蔓延着饥馑以及瘟疫和众多的文明毒瘤，但是，那却是块应该由全人类顶礼并感恩不已的土地。我们无法跨越那个时代而进入今天，更无法忽视非洲的存在而面对今天的地球和人类文明。尤其是在全球范围内制造了殖民统治和种族歧视的白人世界和西方文明世界。请翻开《圣经·旧约全书》慢慢地品读吧，如果没有非洲尤其是上下埃及的哺育，这些经典将残缺不全而失去它全部的光芒。

人类当感谢那个遥远的非洲时代。如果没有非洲高原的隆起，如果非洲大陆

依旧温暖潮湿，森林密布，人类的祖先说不定至今仍不肯走出非洲，甚至就根本不会有现代人类的繁衍。在整个大自然的记忆里，人类的出现和进化纯属偶然，就像毛毛虫变成了蝴蝶，蛆变成了苍蝇。大自然也许应该铭记这个惨痛的教训。假如它没有打开非洲这个魔盒，从未用恶劣的环境逼迫人类的祖先迁徙而去，那么就不会有人类的背叛和忘恩负义了。那样今天的地球或许依旧保持着万物和谐共荣的局面。人类的祖先们或许也能躲过万千劫难而繁衍至今，但它仍旧和羚羊、狮子以及大象和猛犸们相互制约并维护着大自然的平衡演进，大自然依旧是一个完美无缺的生命整体。但是，人类注定了要走出非洲。

101

我还时常思考这样一个问题：人类文明为什么是这个样子而不是另外一个样子呢？其中起决定作用的内在因素——尤其是在一些重大的生死存亡的关键时刻最终影响了人类走向的是什么？在想这个问题时，我从没想过要试图回答这个问题。直到这种追问和思索成为我惟一值得思考的东西之后，我才在几年间断断续续地写下了一些随想一样的笔记，并把它们中的许多片段发表在我曾用 10 年心血苦心经营的《家园守望者》专栏里。在不断的追问和思考中，我才意识到它不仅需要勇气，更需要智慧。而且，实际上，几千年来，有一批又一批的伟大思想家们一直在追问和思考这个问题。甚至，我们可以相信，至少在一定的程度上，正是这些伟大的智者引领了人类文明的基本走向。我丝毫不怀疑是劳苦大众创造了历史的著名论断，但是，我也相信，如果没有那些伟大的智者，整个人类文明的走向肯定会改变已有的模样。你能想象，假如人类没有了那些宛若晨星的圣哲，人类文明的漫漫夜空里就会失去怎样的光芒？今天，我们之所以说他们有这样那样的局限性，是因为我们毕竟站在了人类文明发展的更高阶段上。他们的局限性说到底就是人类文明的局限性。他们永远是人类文明史上高耸的里程碑。假如曾经的许多个关键性年代里，人类对宇宙万物的认识程度有今天一半的高度和

广度，那么，人类文明的整个历史甚至整个地球万物的历史就要重新写过。

是的，我想说的就是，人类文明无论在某个发展阶段还是整个的历史长河中，都始终受制于人类对自然界的认识程度。从四大文明古国在人类历史上光芒四射的根由中，我们可以找到这样的例证。从人类历史上那些曾经辉煌灿烂的文明篇章中，我们同样能读出这样的结论。中国之有盛唐气象、欧洲之有文艺复兴，无不如是。当我们从这个意义上重新打量人类文明的功过时，我们便没有足够的信心来赞美今天的人类文明了。确定无疑的是，人类的一切行为最终都将受到自然规律和法则的约束乃至规范。人类的一切过错最终都将受到大自然的审判。最终站在审判席前接受拷问的人类灵魂将怎样面对自己的累累罪行呢？而在审判席上的大自然上帝又将怎样处置人类这个逆子？也许，我们除了对人类文明进行全面的检讨、对人类以往的罪错进行深深的忏悔之外，已别无选择。

但是，我并不想就此彻底否定人类文明的伟大贡献，恰恰相反，我对人类文明满怀崇敬之情。有关人类文明，在以往的岁月里，已经有无数的先贤和智者为我们留下了浩如烟海的不朽典籍。直到今天，仍有无数杰出的人类之子在为之不懈努力。如果没有他们的卓越劳动，我们就不会有任何有关自己历史的清晰记忆。正是因为有了他们，我们才能透过久远的历史迷雾，回望任何一个人的生命都难以企及的某一个历史时刻。从这回望中，我们发现人类在曾经的每一个日子里都有过辉煌灿烂的创造，那就是文明。至今，有关文明的定义至少可能有几千个甚至更多，我无力也不想再为它添加数量。但是，在所有的定义里我们似乎忽略了一些什么，在不厌其烦地诠释和罗列中，人们好像更看重有形的东西，譬如文字和技术，譬如绘画和建筑，等等。因而也就把人类文明的历史大体限定在了就近的5000年之内，而这只是人类几百万年地球之旅当中的一个很短的季节。我以为文明应该有着更加宽泛的内涵，而不能像是判断一个人野蛮或是文明一样简单地加以区分，更不能在人类文明和文明人类之间画上等号。尽管文明的反面就是野蛮，但是除却了单纯字面上的含义，作为人类区别于其他生物的标志，文明的出现以及繁衍和发展却应该有着更深层次的意义。我以为，当人类作为智能生物从其他动物中区分开来的那一刻，人类文明就已经诞生了。

至少，这样一些细节不容忽视，譬如，对眼眸深处第一次感动的第一次记忆，对同类脸颊上第一缕微笑的珍惜，对篝火在肌肤上燎烤出的温暖的第一次感受，由爬行类变成直立人之后留在旷野上的第一对脚印。还有，不经意间投掷而出的第一块石头，不经意间向远方发出的第一声呼唤，不经意间系挂在腰间的第一片树叶。还有，偶尔刻画在岩石上的一根线条，偶尔涂抹在额头上的一道灰影……慢慢地，所有这一切都变成了意识变成了一种自觉的符号。文明就在这点点滴滴中悄然出现了。也许所有的一切都是生命万物自然演进的规律所注定了的，至少，最初的人类对这一切不可能事先预知和安排。所有的一切仿佛是自然而然发生的，人类的祖先们对此依然一无所知，有的只是顺其自然的惊喜，只是盲目。从一个意识到另一个意识的出现，从一次记忆到另一次记忆的诞生，都曾经历漫长久远的跋涉和寻觅。蒙昧和黑暗一直伴随着人类的祖先，他们在这样的时空中度过了大约 290 万年甚至更长的岁月——那几乎是人类作为一个物种的全部历史。290 万年间，他们一直在从容而精心地收藏着点滴的微笑和稍纵即逝的零碎记忆，正是这种千百万年的点滴收藏串缀成了人类文明最初的轮廓和模样。接下来的时间就十分短暂了，它在整个人类历史长河中仅占约不到 1% 的时间。但是，在这不到 1% 的时间里，人类却创造了超过 99% 的文明成果。

在学会使用火和制造工具之后，人类好像在一夜之间就在地球上留下了很多从此再也无法抹去的痕迹。最初的村庄出现了，最初的城镇也出现了。散落在地球各个角落的点点文明星火开始熊熊燃烧，燎原的火光照彻了四面八方。

102

如果说，此前的人类文明就像一个尚未开始学步的婴儿在有限的空间里缓缓爬行，那么，此后他就已经能站立着行走了，而且他正在迅速成长，他的步子越迈越大也越来越稳健。后来，他就长成了一个英俊少年，于是，他就对自己缓慢的行走已经不太满意，他开始思索怎样才能使自己行走得更快。我们假设他后来乘上了一辆马车，先是一匹马拉着这架马车，后来改由三匹马拉着，最后竟有八匹骏马拉着这架马车在天地间纵横驰骋。那么，我们就会看到，这架马车曾到过非洲的旷野，由东非而北非，在一个彩霞满天的傍晚，那马车驶过了吉萨高原，沿尼罗河谷地驶进了后来被称为亚历山大的那个港湾，马车夫被那海天一色的苍茫所迷醉，他就“吁”地叫了一声，停住了马车。在接下来的一个又一个傍晚和清晨，这架马车曾久久地在两河流域的美索布达米亚平原上拐来拐去，而后就驶入印度河和恒河谷地，而后又驶入黄河和长江流域的冲积平原，之后才来到现在的欧洲大陆上那些瘦弱的河谷，之后就去了安第斯山麓的那些河谷山地，最后才从密西西比河谷来到了北美山地。

他好像一直在寻找河流。他总是在那些波澜壮阔的大河之岸上久久地寻觅和逗留。也许，他之所以苦苦地找寻河流并在一条条河流间流连，就是因为那拉车的马儿要喝水。后来，那马车驶过的地方就有了一座座村庄，那一座座村庄后来就变成了一座座城市。像江河的流淌，那些村庄和城市里，曾经流淌过迷人的旋律，那是人类灵魂对大自然不绝如缕的绵绵倾诉。那些村庄和城市里，还曾点燃过无数智慧的灯盏，仁爱和慈悲的灵光就在那灯影里绵延浩荡。那些村庄和城市里，还曾经矗立过无数安顿心灵的神圣殿堂和抚摩上苍星辰的精神灯塔，人性良知的幸福花朵就在那殿堂灯塔之下的旷野上静静开放。是的，人类曾经是那样幸福地在地球上繁衍生息过。

最早的村庄和城市很可能就出现在美索布达米亚平原上，而最后的山寨和城市则肯定就出现在北美大陆。从最早的村庄到最后的村庄，从最早的城市到最后的城市，大约都经历了5000年的漫长岁月。最早的村庄其实就是一些人住在茅草屋里的样子，而最早的城市其实就是一些土坯房组成的村庄，它最显著的标志性建筑就是一座普通的神庙。有了村庄和城市，人类文明所有的要素都已经齐备。村庄和城市极大地鼓舞了人类贪图虚荣的欲望和梦想，于是，他们就自封了一个妄自尊大的称号叫“万物之灵”，并以村庄和城市为据点要冲，极尽杀伐掠夺和扩张之能事。直到200年之前，人类的杀伐掠夺并未给大自然造成过度的伤害，一切还限定在大自然的约束之下，人类仍旧在遵循着大自然的规律。

但是，一切就从这一天改变了。那个马车夫在纵横千万里山河、历经万千年岁月之后，对马车的速度也表现出极大的不满，他想跑得更快。于是，他就开

始建造汽车，后来又造出了火车，再后来又造出了超音速飞机。速度缩短了时间，缩小了空间，也激发了他对时空更大的欲望。他乘超音速飞机在一个时辰里所行走的距离比当年他赶马车用一年所走的路还要远，他还嫌速度太慢。他甚至感觉地球已经无法满足自己日益膨胀的欲望，他想飞到另外的星球上去，他想穿越整个银河系，周游整个苍茫宇宙。他已经失去理智，他的狂妄正变成一匹无法驾驭的脱缰野马，他已经完全疯狂。如果说200年之前的地球还是一个村庄的话，那么现在的地球却正在变成一个城市。从一个城市到另一个城市就像是从一个城市的这一条街到了另一条街。现在一座普通的村庄就是当初一座显赫的城市。而那马车夫却正梦想着将整个宇宙都变成自己的城池。就像一个失去理智的人势必陷入盲目一样，人类文明在超过自然的法度之后，也就失去控制并最终陷入了盲目。

103

纵观人类文明的长河，如果仔细地观察，我们就会发现许多个像东非大裂谷那样的裂痕——东非大裂谷改变了非洲的模样，而人类文明史上的大裂谷却改变了它的走向。它造就了这条大河上下的一个个大拐弯。这里自然包括了由史前文明转入演化至今的现代文明的那一个大拐弯。考古学家们已经发现的蛛丝马迹证实这个星球上确曾有过一个令现代人类目瞪口呆的史前文明。它无疑是人类文明史上第一个留下过许多文明遗迹因而也具有显著标志的大拐弯。虽然目前我们还没有足够的证据证明史前文明到底是一个什么样的文明，但有关人类文明遗迹和地球历史的许多重大新发现使我们不得不相信它的存在。考古科学家们猜想，在遥远洪荒的岁月里，甚至在人类走出非洲之前，地球上可能曾出现过上一代甚至若干代人类和他们创造的文明。它可能持续了几万年甚至更长的时间，它也可能只是银河系其他星球文明在地球上的短暂停留或者诸如科学考察之类的探索。如果是那样，他们中的幸存者或者是他们在地球上的最后居民某种程度上就肯定影响了后世的人类文明。古埃及和墨西哥金字塔说不定就是他

们和后世人类共同的创造。因为仅靠后世人类的智慧，那样宏伟的建筑在当时的条件下是无法想象的。

我们不明白的只是那个辉煌灿烂的文明时代怎么就那样结束了。从太平洋中心到地中海，从秘鲁荒原到北美山地，曾盛极一时的古老文明几乎是在同一时间里就烟消云散了。留下的只有那些沉默的巨石雕像、那些巨大的符号和高山之巅的废墟遗迹。南美洲荒原上的那些巨大符号和太平洋复活节岛上那些巨大的石雕在向我们昭示着什么呢？它们像一个巨大的问号，在天地之间投下足以遮蔽久远未来的阴影，把无尽的诘问留给了后世苍生。从那以后的岁月里，人类的心灵就再也没有摆脱过那个阴影。我一直坚信，后世人类一半的思想智慧就缘于对那个大诘问的猜想。那么，是什么使它突然从地球上销声匿迹的呢？在那个洪荒久远的年代里地球上究竟发生了什么？传说中的亚特兰蒂斯、姆、雷姆力亚三个超级古大陆的沉没难道是真实的历史？如果那是真实的，那么后来流传在世界各地的那些神话传说说不定就和那三个古大陆上曾经的往事有着联系，那些万能的神是否就是史前人类真实存在的化身？

也许那是一段我们永远无法用准确生动的语言加以描述的历史，它就像一段已经失落的记忆。早已沉没的亚特兰蒂斯、姆、雷姆力亚古大陆上曾经光辉灿烂的文明是个什么样子？亚历山大图书馆那些劫后余生的不朽典籍甚至青藏高原那些著名的寺庙中尘封已久的浩瀚经卷里是否还有什么史前的秘密未及发现，我们不得而知。我们所能知道的就是，近 100 年里人类几乎所有最伟大的考古发现均指向那个遥远的年代。而且我们还不幸地发现人类现代文明很难与那个遥远的过去一脉相承。曾经有过的辉煌灿烂好像一夜之间灰飞烟灭了，于是在距今 8000 年之前的几万年乃至更加久远的时间里，人类文明便出现了一个空前的大断裂、大裂谷。以至于当现代人类终于在此岸感觉到它的存在，并试图努力去探究它的奥秘时，我们已经无法与之遥相呼应，它早已在人类视野的尽头退隐消失。从此，人类无法给自己一个继续往前行走的起始参照。我们只是由着自己的性子往前走去。我们已没有了底气，没有了选择理性的勇气和信心。甚至我们已无法确定生命本身的意义。迷惘、孤独和寂寞。假如那是一个清晰的参照，而且能够成为现代人类文明一个可认知的源流传统的话，那么，今天的人类文明说不定会是另外一个样子。对此，我们可以想象出许多种结果。几千年来的圣哲先贤们就给我们勾画过不止一种乌托邦式的未来理想。但我们依旧由着自己的性子一直盲目地往前行走。其实，每一次大拐弯，对人类未来的命运都有着决定性的深远影响。

我在这里想表达的一层意思是，如果史前文明一直在延续而不是突然中断，那么，今天的人类文明又会是一个什么样子呢？也许一切会变得更加糟糕，也许不会。因为，我们发现，史前文明的一个显著标志是它对上苍宇宙的深情凝视。复活节岛上的那上千座巨石雕像无不凝望着天空，秘鲁荒原上的那些巨大符号和几何图案也只有从高空才能看得清楚。如果确曾有过那样一个文明时代，那么我们就可以肯定，它对苍茫宇宙的认识和探索要比今天的人类深刻得多，它甚至可能拥有更加洁净耐耗的宇宙能源，甚至它所需的绝大多数生存资源都直接采自地球以外的星球空间。那样一种文明的存在会时时地提醒人类检点自己的行为，进而对宇宙以及自然万物满怀敬畏。我想，在那样一个大背景下，人类文明的底色应该是永恒的和谐。如果是这样，假如史前文明还在延续的话，也许我们依旧沐浴在森林文明的阳光下。我们会懂得克制自己而不是放纵自己的欲望和贪婪，我们可能也会拥有发达的技术文明甚至是高科技文明，但我们不会以过度消耗自然资源来实现人类社会的繁荣。从目前我们所能想到的技术文明程度而言，这不是没有可能。也许我们还会因此而有效控制人类的繁衍，把人口的绝对数量控制在适度的范围之内。人类在 1 万年前进入农业文明时，地球人口数大约是 400 万，到公元前 500 年时，也才缓慢地增长到 500 万。之后，随着人类定居社会的大规模快速发展，人口数量每千年就要翻一番。到公元前 1000 年时，已经有 5000 万了。之后的 500 年里又翻了一番，但直到公元元年前后时，地球人类的数量也才超过 1 亿。可是现在已经超过 60 亿了。地球上一切可供利用的自然资源都几近枯竭。

我们姑且把吉萨高原和墨西哥旷野上的金字塔看成是史前文明最后的背影，它们都对应着太阳系星辰的运行变化，一年中的某一个关键时刻——譬如夏至——当太阳处在某一个特定的位置时，在阳光的照射下，那金字塔的阴影就会发生奇妙的变化。墨西哥金字塔的台阶以及台阶两边伸向塔尖的斜边投下的阴影显示着生命的迹象，那些隐约起伏的阴影与当地土著的原始信仰与崇拜有关。如果一直没有殖民统治者的入侵和他们对当地古老文化的大肆毁灭，那古老文明或许就会延续至今，那样我们或许就能从那些金字塔上瞭望史前文明的清晰轮廓，就能及时地矫正自己的行为乃至人类行进的方向。还有，在稍晚些时候，从索尔兹伯里平原到法兰西卡纳克、到苏格兰阿仑岛上出现的那些巨石柱似乎也和吉萨高原上的金字塔有着某种神秘的联系，至少它们和太阳以及某些星座的联系与吉萨金字塔一样紧密。那些石柱是这个大拐弯的尾声，是它最后的凝视和停顿。从这里往前，我们就再也望不到它的身影。今天，当我们从那些巨石柱后面试图窥视在遥远过去里也曾照耀过它们的阳光时，我们确实已经无法想象，当初的那一束阳光在那些先民的心灵上曾经照亮过怎样的思想。但是我们感觉，正是那一束阳光点燃了人类最初的宗教热情。那种情怀肯定温暖过无数个日子。只是，我们已无从寻觅在那灿烂阳光的沐浴下从容绽放的人类文明的花朵。一切注定了都要改变。我们注定了要失落很多的记忆。人类历史上空前的第一个大拐弯就这样诞生了。

104

就近5000年的人类文明而言，它至少也经历了三四次这样的大拐弯。虽然它无法与史前的第一次大拐弯相提并论，但它们的影响同样深远。在这一个个大拐弯里还有过无数个小一些的拐弯，它们同样影响了人类文明的走向。譬如古巴比伦文明以及玛雅文明的突然消失，譬如罗马帝国、波斯帝国的灭亡，譬如蒙古帝国、土耳其帝国的崛起，还譬如滑铁卢战役，还譬如庞贝古城的覆没，等等。有时候只是一个小小的细节、一个细微的疏忽就彻底改变或结束了整整一个时代。在那些历史的关键时刻，我们所看到的是人类的无奈和盲目。这些大大小小的拐弯决定了人类历史的曲折和坎坷，使它无法沿着一条直线前行，而那一个个大大小小的拐弯处就是人类文明无法绕开的宿命。

那个影响并最终决定了现代人类文明走向的大拐弯——就是世界各大宗教对人类文明的影响。那是整个现代文明的源头。请翻开《圣经》中的《旧约全书》顶礼并深情地凝望。当摩西握着手杖领着他的族人穿越红海岸边的那片大沙漠时，其实他自己也不清楚在遥远的天边等待他们的是什么。我想，他肯定想到过死亡，甚至死亡的阴影一直笼罩在他的心头，而生的希望就像他胸前飘荡的长髯一样难以把握。他是整个一部《圣经》当中我最喜欢的一个人物或圣者。他的伟大之处就在于使所有的族人都只看到那个希望，而自己却承受着死亡的困扰。当然，那个死亡的含义绝不等同于生命的完结，它更多的是一个指向、一个暗示，那是整个族人信念的毁灭。但是，这个引领族人向前的人为什么是摩西而不是别人，这不是他自己的选择，也不是某个人的选择，而是历史的选择，这种选择就如同生物进化史上的自然选择。

当耶稣基督成为亿万基督教徒心目中爱和真理的化身进而主宰人类的灵魂时，人们显然没有怀疑过它的真实性。伟大的《圣经》把耶稣描述成一个牧羊人的孩子，这个孩子在他的一生当中经历了人类历史上许多波澜壮阔的大事，看上去一切都像是上帝有意的安排，因而一切都以上帝的名义发生和发展，这就使得他注定了要成为人类灵魂的伟大牧人。但是，有关《圣经》的考古发现却透露出这样的信息：包括耶稣复活在内的许多神圣而重大的事件都有可能是人为杜撰甚至有意制造的。《圣经》考古学家暗示：整个欧洲甚至整个白人世界所有王室家族的血管里都流淌着耶稣王室的血液。所有的一切早在出埃及之前就在精心地谋划和铺垫。

“耶稣不是‘末代法老’，他只是非洲大陆的最后一个法老。王室血脉并没有灭绝，而是在欧洲中心地带已经重新建起了自己的统治。”

这是拉尔夫·伊利斯在他著名的《耶稣·最后的法老》中的一段话。在他的这本书里，我们还读到了这样的话语：

“公元一世纪，耶稣王族逃出耶路撒冷之后，大约用了一千年时间他们才在埃及的各王朝中确立了自己的位置。他们已经有足够的势力和影响力继续他们的宗教使命，他们一旦具有足够的能力就开始进军耶路撒冷寻找古代的历史遗迹

——中世纪的基督教圣战开始了。一批一批的圣战士涌进巴勒斯坦争夺这块土地，于是王室主力开始挖掘深藏于地下的所罗门神庙。看起来他们是成功了，一些代表权力和宗教的东西在耶路撒冷的地下墓地中给挖掘了出来。这就加强了他们家族的权力，使他们成为欧洲最具实力的王室，并且开始控制宗教和非宗教的帝国。

“大约400年后，又有一次使这个家族表现他们实力和加强在欧洲影响力的机会。由于法老王族的传统，其家族必须知道世界历史遗迹的重要性——埃及金字塔不仅仅是没落王朝的遗物。

“如果所有这些（指世界历史遗迹——笔者注）都被王室家族所知，那么新大陆一定是一个用来筹划权力之战的繁荣的地方。”

在这部曾卷起“考古风暴”的惊世之作的最后，拉尔夫·伊利斯还意味深长地写道：“随着西方当代宗教的逐渐消失，现在正是这个血统的人摈弃那些长期寄生的影响，然后在世界上重新建立其最古老的宗教并恢复先前的荣誉的时候了。”

从考古学的角度看，我们更能清楚地看到以人类中心主义思想为纽带的西方文明的渊源。西方社会所有的行为准则和伦理观念以及所有与人类生存有关的文化理念都在创世之初就已明确，它直接哺育了整个现代文明。人类文明现在的样子早在2000年之前就已注定。犹太教、基督教、天主教都有一个共同的源头，《旧约》全书所描述的一切是它们共同的历史，古埃及金字塔也许就是它们最初的发祥地。在过去的两个千年里它们对人类文明的影响超过了其他的一切，那种影响甚至改变了人的言谈举止和生活方式以及其他的习性。其中最主要的恐怕就是贪图享乐的消费观念，正是这种消费观念消耗掉了地球上绝大部分自然资源。“新大陆”美国就是这种现代文明的一个典型例证，它以不到世界5%的总人口消耗着超过世界总消耗量四分之一的自然资源，排放着全球近四分之一的二氧化碳和其他温室气体，预计到2020年时，其排放量将达到全球排放量的43%。如果说，史前的那一个大拐弯留给人类的只是一个阴影，那么，这一个大拐弯则在人类心灵上留下了永久的标记。它不仅改变了人类文明的走向，也改变了地球的模样，自然万物原本的秩序也因之改变。

但是，我以为，考古学所要考证的是历史，而非宗教本身，也许宗教的历史并不能简单地等同于宗教，这就像是耶稣不能说成是上帝一样。如果说耶稣是宗教的历史，那么上帝就是宗教本身。我们可以把耶稣当成一个可敬畏的“神”，但上帝却是远在神之上的那个更加神圣的存在——如果他真的存在的话。因为，即便考古学最终证实的是一个荒诞的历史，宗教也不会失去什么。宗教从它诞生的那一天起，就用它自己的方式在人们的心里写下了一部历史，那就是信仰。也许宗教本身并不像我们一直认定的那样糟糕，我们在一个虔诚的宗教徒身上并没有看到比其他人身上更加糟糕的东西——很多时候，我们所看到的情况恰恰相反。那么，我们为什么要坚定地排斥宗教甚至要对它深恶痛绝呢？宗教并没有让我们失去生活的意义，何况，假如没有宗教的话，我们就一定能生活得更加美好吗？显然不是。很多时候，我们之所以反对宗教是因为迷信。但是，迷信永远不可能是宗教。一个人的心灵里面不仅仅只有人生观、价值观和世界观，一个人的灵魂世界也绝不是由一些抽象的概念所主宰。尽可能生活得有意义，这是每一个普通的生命最朴素的追求，也是他们最单纯的理想。宗教在很大程度上却正好满足了普通民众的人性需求——即便是达官显贵，在人性的层面上他与普通民众有着同样的需求。我们不能指望所有的人都像普通民众一样生活，但是，我们肯定应该认同一个人性的基点，那就是所有的人都希望人性化的生活，而真正的信仰就是这种生活的一个重要组成部分，就像灵魂是生命的一个重要组成部分一样。一般意义上说，我们没有人会愿意承认自己是一个没有灵魂的人，但我们却依然可以否认它的存在，我想，这是一个矛盾。既然我们愿意相信自己是一个有灵魂的人，那么，为什么就不可以给它一个可以栖居的家园呢？

伟大的智者路德维希·维特根斯坦在《文化的价值》一书中这样写道：“怎样才能使我相信耶稣复活呢？我想，如果他没有由死复生的话，他会如所有人一样在坟墓中腐烂。事实上他已经死了，已经腐烂了。因此，他只是一个和旁人无异的教师，并且他不能再教导人了，我们又成了孤苦伶丁的孤儿。我们只好靠才智来推想使自己得到满足。我们正在地狱之中，在那里，我们只能做梦，梦似乎来自于天国，是天国的一个部分。如果我确实得到拯救的话，——我需要的是肯定，不是智慧、梦和推想。这种肯定就是信仰。”“信仰是我的灵魂，心灵需要的不是我的远见卓识，我的抽象的头脑并非必须得到拯救，而是我的具有情感的、有血有肉的灵魂必须得到拯救。或者说，只有爱才相信复活。或者，正是爱才相信复活。”“之后，你将发现，你会对这一信仰坚定不移。”

也许，正是由于这个缘故，释迦牟尼向我们一路踏莲而来。

如果说，耶稣是以维护他王室家族高贵血统的世俗方式走上了主宰人类灵魂的巅峰的话，那么，佛祖释迦牟尼却是以舍弃一切世俗荣华的不归之路走向了人类心灵的高地。前者用智慧守护和珍惜的其实就是世俗的荣华和精神的高贵，而后者却是以舍弃世俗虚幻的牺牲来获取普度众生的智慧和慈悲。前者用受难的形象追求的是执着博爱的梦想和至善的仁慈，甚至还有至高的统治和统治的荣耀，而后者却以摈弃执着的姿态直面众生的苦难，甚至荣耀也被视为灵魂的枷锁。这就是耶稣的宗教和释迦牟尼的宗教的区别，殊途而不同归。

当释迦牟尼坐在那棵菩提树下参悟佛之境界、参悟大慈大悲大智慧时，人类的另一半命运也已经注定。他的伟大之处在于让人类更多地关注生命内在的意义，关注灵魂。肉体只是灵魂的行囊，灵魂才是轮回的主体。灵魂的修养和完善永无止境，因而也才是永恒的理想。而现代人类文明最大的罪错就是我们最终以堕落的方式选择了肉体，而放弃了灵魂。他试图引领人类最终脱离苦海的大慈悲和超度众生灵魂向往极乐世界的大智慧有着终极的意义，是对人类心灵最深情的抚爱。如果说，别的宗教在某种程度上都顺应了人类对物质世界的贪婪欲望的话，那么，佛教则是个例外。它试图教化人类最终放弃一切虚幻的欲望和贪婪，而且更主要的是它主张自然万物的和谐平等，它给所有的一切都赋予了生命的意义。在佛的世界里，一切都由过往的善恶之因注定，它强调的是人在现世的德行修为。过往的业因会导致现世和来世的业果。如果，我们在过往的岁月里有过太多的恶行，那么，所有的灾难都不可避免。但是，如果我们能因此而注重自己恶行的矫正并不断加强善行的修持，就会免遭更大的灾难，就会减轻我们的罪孽，就会求得最后的善果。这就是因果。看上去，它好像只在乎最后的结果，因而对现世只有一个要求，那就是行善和布施，用现世的善业求得后世的善果。除此之外，所有的一切都是过眼烟云，尽可以顺其自然。其实，它同样看中现世的修

为，因为，它既是前世的来世，也是来世的前世。从这个意义上说，佛教所说的来世说非但不是一种消极的世界观，而且具有终极的意义。我以为，它就是给予万物以及整个灵魂世界以普遍道德观照的大慈悲和大智慧。

也许正是由于它太过于关注灵魂世界而又过于忽略肉体的存在，它对整个人类文明进程的影响远不如其他宗教那么直接和强烈。如果人类历史上只有一种宗教，而这种宗教又恰好是佛教，那么，今天的地球以及地球文明肯定会是另一种样子。如果是那样，地球自然万物说不定还依旧保持着原本的秩序，人口数量也不会有这么多，和谐平衡依旧是地球生物圈的基本格调。那样，人类文明尤其是技术文明说不定没有今天这样发达，但是人们可能会更加幸福。从本质上讲，幸福与物质财富并没有直接的因果关系，幸福更多的是属于内心世界或是精神领域的事。否则，这个世界上的人应该是越来越幸福才对，而事实上却不是。一个世界上最富有的人未必就是世界上最幸福的人。

人类文明史上再没有一种力量的影响如宗教般深远。也许一切都是一种必然的经历，宗教注定了要伴随人类文明的整个历史。假如没有自然科学领域的许多重大发现，我们甚至就从来不会怀疑宗教的意义。从某种意义上说，宗教的确开启了人类内心世界的一扇大门，使芸芸众生在无边的黑暗中得以凝望自己内心世界的苍茫天际。难道我们能够想象一个从没有任何宗教影响的人类文明的历史长河吗？释迦牟尼、耶稣基督们所能了悟和把握的思想智慧绝不是我所能想象的。他们的恩泽雨露滋润人类生命数千年之久而不觉干涸，他们是人类文明的启蒙导师。其实，我们在几千年之后回望人类历史时，对他们已经没有了评判的能力。他们投射在大地之上的影子至今还笼罩着我们的心灵。我之所以回望他们的身影，是因为他们的确影响了人类文明的走向，而且在很多时候我还有着很多的疑问，百思不得其解。我常想，也常常自问，他们真的就了知一切也觉悟一切了吗？如果是那样，他们本可以使人类免遭许多的灾难，而为什么要让芸芸众生如临黑夜般从黑暗走向黑暗呢？虽然只有在黑暗中摸索，才能知道什么是光明，但是，黑暗的尽头一定就是光明吗？或许他们自己真的也不知道他们引领人类要去的那个地方到底在哪里。他们只是指出了那是什么，但却没有给出它在什么地方的答案。答案要靠人类自己去寻找。或许当初他们只是自觉到了一种神圣的思想责任和使命，只是在那个特定的岁月里履行自己的义务，让所有的心灵都感受到一种从未有过的安慰，是芸芸众生把他们推到了庙堂之上。上帝，以及佛祖只是人类的创造。如果说，人类曾经对它深信不疑的话，那么，现在至少有一大半的人类茫然不知所措。人类信仰的大崩溃注定了人类的悲哀。人类已经和正在远离生命本质的追求，剩下的只有贪婪和欲望，因而也越来越走向更大的迷惘和绝望。不能肯定，如果没有宗教的影响，今天的人类文明会不会更接近生命的自然本质，因而更加充满了人性的光芒，但可以肯定的是，如果没有宗教，人类文明肯定会是另一个样子。那么，我们敢说它肯定比现在这样一个人类文明更加糟糕或者更加美好吗？

105

我曾注视过一条朝圣的路。

唐古拉山麓那座叫多杰昂扎的山顶有一条纵深切割的沟壑。它从遥远的地方向那山顶延伸而来，又从那山顶向远方蜿蜒而去。当我被同胞们告知那就是朝圣之路时，升腾而起的震撼几乎把我吞没。它不像路，而更像一条河，一条流淌过无数脚印的河。曾经的奔流不息和横亘如斯的河床是岁月和生命切割的巨大豁口。在欧亚大陆青藏高原腹地，有无数条这样的朝圣之路。它们从四面八方向这里投奔而来，奔向昆仑山、奔向冈底斯、奔向喜马拉雅、奔向心中的雪域圣地、奔向地球高昂的头颅。你能想象那一条条朝圣之路密密麻麻布满大地的神奇万象吗？它们在一座座高山之巅切割出一个个纵深如沟谷的豁口，得有多少脚步才能蹚出那样一条大道？它会使你想起维克多·雨果的名句：“文明的风正从那豁口呼啸而过。”

青藏高原孕育了亚洲几乎所有的大江大河，它们从一座座雪山、一片片草原涓涓汇集，而后从一条条大峡谷，呼啸着奔流而去，滋养了中国和印度两大文明古国，也滋养了恒河之沙和长江黄河子民的精魂。那些朝圣之路就从那些河川之侧溯源而来，成为另一种奔流不息的河川。其中应该有着内在的联系。

在青藏高原上，你随时都会遇到成群结队的朝圣者。我认识一个年轻的僧人，他曾用了8个月时间从青海南部高原一路磕着长头抵达西藏几大寺庙。那240多个日夜在他是一种怎样的心力跋涉，常人绝难想象。千百万次地双手合十，千百万次地匍匐在地，千百万次地躬身向前。额头上磨出了老茧，掌心里留下千山万水的烙印，胸膛熨帖过无际的旷野和莽原。那是一种怎样的虔诚和远行呢？人们总是从经济学的角度打量着这样一种文化的甚至纯粹是心灵的现象，从而总是会轻易地得出一个浅薄的结论。但是，那种卓绝的生命跋涉，从来就不会从这个角度和意义上去观照自己的行为。他们只在乎那跋涉过程中的体验，或者只在乎前方的昭示和引领。前方一派空阔，身后一片虚空。他们从不回头。几千公里叩拜下来，他们了悟了什么，我们不得而知。

我曾不止一次地向一些高僧求解同一个问题：那终极的智慧是什么？他们的回答都是一样的：有了终极的智慧你就会知道。这是一种循环往复的追问和回答，这是谜面和谜底的轮回。不论你提出怎样的问题，答案都得自己去寻找。苦苦修炼的过程就是寻找答案的过程。那么，那朝圣之路是追问还是回答呢？在那人迹罕至的雪域莽原上蹚出一条条同样人迹罕至的大道，需要的不仅仅是脚力和心力，还有信念和勇气。信念和勇气便是他们用生命去一路点燃的灯盏。请作如此想象，如果那每一个脚印都化作了一盏灯，那么，你会看到什么？那一条条大道上如波浪翻滚着的是照彻心灵的光明还是一片黑暗？那时，维克多的话语或许又会在耳边响起："我们所面临的依然是无边的黑暗。"

也许，我对宗教的种种感受和理解是一个严重的错误。因为，对一个没有受过严格宗教训练和真正宗教洗礼的人，宗教永远是一个谜。在宗教或者信仰以外的世界里，无论你做出怎样的努力，你都无法想象那里面究竟藏着怎样神圣的秘密。而我却以窥探的方式试图靠近宗教并站在宗教以外的世界里胡说八道，甚至连个真正的香客都算不上。但是，我并没有妄加揣测，我知道，对神圣的揣测就是一种亵渎。如果我因此而不得不背负罪过，就请求您的宽恕，因为，我毕竟向一切的神圣表达了我的虔诚和敬畏，而且，我还有一颗忏悔的心灵，愿为最后的希望祈祷。

106

另一个大拐弯就是始于500年前的那场由人类的航海探险引发的殖民统治。虽然，一开始，那些欧洲航海家远渡重洋只是为了寻找香料，但随着大批香料运回欧洲，他们却想发现和运回更多的东西。公元1493年，“大西洋海军元帅”哥伦布经过240天的远航探险，终于凯旋。这是他第一次西航横渡大西洋，他抵达了美洲大陆——虽然哥伦布至死都以为他到达的是印度。这个消息轰动了西班牙，也震撼了整个欧洲。伊莎贝尔女王和斐迪南国王在巴塞罗那为这支远航的队伍举行了盛大的欢迎仪式，因为他们为西班牙赢得了至高无上的荣耀。从那以后的漫长岁月里，人们就把美洲称作“新大陆”，而把哥伦布就当成了发现新大陆的英雄。其实，早在欧亚大陆腹地还是一片汪洋时，美洲大陆就已经在那里横亘绵延——那时，西班牙大部也许尚在古地中海之下。即使很久以后，在西班牙人还没有走向海洋之前，也已经有人造访过那片辽阔的土地——他们可能是蒙古先民或者欧亚大陆上别的什么人。

很多历史遗迹表明，沿白令陆桥先期抵达美洲大陆的远古先民们曾经创造过辉煌灿烂的文明，至少阿兹特克人和印加人创造的印第安文明是不可磨灭的。而且，早在哥伦布出生之前，中国伟大的航海家郑成功所率领的庞大船队可能就已经探访过美洲大陆了，但是人类就像那个爱说大话的哥伦布一样妄自尊大，尤其在那个贪婪欲望空前膨胀的时代。也正是这种贪婪和欲望从这里再一次深刻地改变了人类甚至整个地球的历史。这是一个崭新时代的开端，通俗地讲，这个时代的显著标志就是搜罗黄金和杀戮。从此，全球范围内人类文明的格局就因为这黄色的金属几乎每时每刻都在发生着重大的变化。财富成了这个时代衡量一切的惟一尺度。道德为之沦丧，人性为之沉沦，良知为之泯灭。只有疯狂和梦想在无边无际地膨胀。

1513年9月25日是个阳光灿烂的日子，虽然这个日子载入史册与那灿烂的阳光并没有多大的关系，但是那阳光却给一个人提供了极目远眺的广阔视野。这个人是个冒险家，一个试图以一次远行寻求庇护的西班牙逃亡者，他的名字叫巴尔沃亚。就在这一天，他和他的随从在当地印第安土著的引领下，终于登上了巴拿马地峡边上的一座高山之巅，从那里他望见了一片无比辽阔的蓝色海域。这是此前欧洲人从未听说过的一片海洋。这就是被巴尔沃亚称作“南海”的太平洋。如果说，哥伦布“发现新大陆”翻开了人类文明史上惊心动魄的一页，那么，欧洲人对太平洋的“发现”，却使人类文明从此就要经历前所未有的惊涛骇浪。虽然，早在欧洲人“发现”太平洋之前，太平洋也一直那么浩渺荡漾着，美洲西海岸及波利尼西亚等群岛的土著居民，几千年来也一直与太平洋相依相存，但是，欧洲人却还是愿意相信是他们发现了这片未知的海域。这一发现告诉人们，只要从地球上的某一个地方出发，一直往西航行就会回到出发前的地方，这是一个巨大的圆，是人类视野中最遥远的地平线。

就在巴尔沃亚望见太平洋之后不久，1520 年 10 月 21 日，另一位伟大的航海家、葡萄牙人麦哲伦率领的船队驶进今天被称为麦哲伦海峡的那条著名的水路。当年 11 月 28 日，他们绕过岬角，又一次看到了巴尔沃亚当年发现的那片辽阔水域。随后，他们在这个大洋中连续航行了 100 多天，一直风平浪静，于是，麦哲伦就将它命名为“太平洋”。但是麦哲伦没能活着回到西班牙，甚至他的遗体也没能运回故里，他被抛弃在马克坦的海滩上。寂寞英雄终究还是归于寂寞。幸存者和那艘著名的“维多利亚”号却还是回到了西班牙，麦哲伦船队 266 人中的 18 名幸存者成为了英雄。他们的领袖原本可以和他们一同凯旋，但是没有，这是一支已经没有了英雄、没有了真正的凯旋者的队伍，所以他们就成了凯旋者。他们以隐瞒事实真相来掩盖自己的罪行，进而烘托自己的伟大。他们每个人都得到了一件富有想象力的礼物——一个制作精美的地球仪。球面上用西班牙文镌刻着这样一句话：“你第一次拥抱了我。”这是一句以地球的名义写成的伟大诗句，但它没有成为本应属于它的英雄的礼赞，却成了若干平庸随从的奖赏。无论如何，地球清晰的模样就这样第一次展现在了人类的面前。席卷全球的殖民统治就此轰轰烈烈地开始了。虽然，殖民统治在此之前就已经开始，而且在非洲和亚洲的辽阔土地上已经建起数不清的殖民地，但是如果没有美洲新大陆的发现，它对人类文明的影响也不会那样深远。

有时候，我有一个奇怪的感觉，从绝对冷静的历史层面上看，今天生活在地球上的每一个人，你很难分得清他是否就一直生活在一片“殖民地”上。我知道，这是个很糟糕的想法，它意味着欧洲人或者亚洲人自己就是自己的殖民统治者，或者说，某一个国家的人自己就生活在自己的殖民地上，甚至整个地球人类都是殖民。而直到今天，他们还在寻找新的殖民地，甚至将新殖民地的找寻范围扩展到了地球以外的太空领域。

我们今天对宇宙航天领域已经投入的巨大热情，无异于当年地理发现时期的环球探险，这是一个开始。几乎所有的国家都在培养自己未来时代的哥伦布和麦哲伦，希望有一天，他们能驾着自己的航天巨轮，驶向太空。如果说，以前的哥伦布和麦哲伦只能诞生在葡萄牙和西班牙那样离海洋最近的地方，那么，未来的哥伦布和麦哲伦就可以诞生在世界的任何一个地方，只要他们有足够强大的经济实力和技术力量，就可以从任何一个地方开始他们的航行。因为，新的海洋就在他们的头顶上，只要离开地面穿过大气层，他们就能进入广阔的海洋了。从某种意义上说，像美国、俄罗斯这样的国家也许已经具备了远航太空的能力，只是还不能很好地把握自己的前程，也就是说，从根本上讲，人类还不能确定究竟该将自己的航船驶向何方。

因为，目前我们还不能确定哪里才是彼岸，毕竟，它已经不像当初的远航，那时，人们很清楚，在遥远的东方就有香料和黄金。只要一直往东，有一天，总会找到那个地方。但是，现在不一样了，我们一点都不清楚，哪里才会有人类需要的“香料和黄金”。我们却依然希望自己能提前抵达，并开始我们新的“殖民时代”，那是一个多么激动人心的时刻啊！无论我的这个想法多么糟糕，我们都可以把它看成是某一历史时刻的一个翻版。

当我们回望500多年前的那一幕时，我们不得不承认，是美洲这个新世界改变了一切。在麦哲伦之后，伴随着宗教的狂热和寻宝的梦想，一艘艘满载欧洲殖民者的远洋巨轮就向美洲大陆潮水般涌来。

弗朗西斯科·皮萨罗和他率领的不到200名西班牙士兵是这些殖民者中最富传奇色彩的一支。1531年初，这支小型远征队从西班牙启程，朝着秘鲁海岸进

发。在此前的漫长岁月里，那里一直是当地土著印第安人的领地，他们不仅创造过灿烂的历史文化，而且已建立起疆域空前辽阔的印加帝国。帝国的版图几乎占据着整个安第斯山麓和那绵延山麓之下的广袤大地，帝国的子民们在那陡峭的山坡上开垦出一条条梯田种植玉米和其他谷物。印加帝国当时已拥有50万之众的庞大军队，这是当时世界上最强大的军队之一。这支军队曾将许多的殖民远征队赶出了印加帝国。但是皮萨罗却用诱骗的办法绑架了帝国的皇帝阿塔瓦尔帕，继而又用这种伎俩使帝国的统治者成为他的傀儡，在接下来的几年时间里，皮萨罗就用这区区170人的队伍使一个庞大的帝国烟消云散了。安第斯的每一道山梁上都留下了无数土著的尸首和被摧毁的文化遗迹。当今天的游客站在安第斯山巅马丘·比丘的废墟上眺望茫茫群山时，没有人不会为印加帝国的悲剧扼腕叹息。但是真正的悲剧才刚刚开始。

如果说，这场史无前例的杀戮本身就已是人类历史上最惨烈和灭绝人性的一场大灾难的话，那么，由此引发的全球殖民统治所带来的灾难程度至今还无法估量。也许在未来的漫长岁月里我们恐怕还要不断地品尝其苦果。也许未来的地球子民们将永远无法对其做出合乎理性也合乎人性的解释。

人类文明的长河在这里的这个大拐弯很可能就把人类以及地球万物引向了一次更大的灾难。这个大拐弯使人类第一次具有了全球性的视野，地球从这里开始就变成了一个村庄。人类和地球的历史从这里开始新的纪元。我们有充足的理由对这几百年来的人类文明进行新的审视和批判。如果没有这几百年的殖民统治，今天的世界格局和人类文明就会是另一个样子了。当今天的人类面对无休止的争吵和冲突，回望这几百年来的历史时，就不能不感到由衷的沮丧。因为从某种意义上说，殖民统治时代的阴影还在笼罩着地球。虽然地理大发现的时代已经结束，但这并不意味着人类文明的格局就此一成不变。作为单个的人，有很多时候，我们对自己的未来满怀忧虑，甚至会感到绝望。还有很多时候，我们之所以对人类的未来还存有希望是因为我们或许还能唤醒良知和真正的文明精神，以为我们还有机会对人类的行为准则进行彻底的矫正。

107

对自然万物而言，人类文明对它最致命的重创缘于200多年前的那场工业革命引发的工业文明。农业文明时代的结束意味着人类就此要更加地远离大自然的怀抱。一架架现代钢铁机器的诞生改变了原有的一切。人类文明史上最近的一个大拐弯也因之形成。对这个大拐弯，我们每个人都有切身的体会，因为它还在继续。工业文明说白了就是一架越来越精良的庞大机器，人类已经成为这架机器上的一个零部件。悲哀的是人类却甘愿成为零部件，而且乐此不疲。工业文明的强大之处在于它为人类创造了从未有过的舒适生活。自从有了这架机器，一切都改变了。人们整日里忙忙碌碌，费尽心机，就是为了维持这架机器的正常运转，好让它为我们创造更加舒适的生活。它运转得越正常，我们就越得拼命地忙碌。我们早已忘怀了生命的意义，甚至忘怀了我们自己，只关心这架机器，它已经比我们的生命还要重要。

这个大拐弯彻底改变了地球的模样。矿物燃料能源的使用和全球范围内城市的急剧扩张以及工业化程度的不断提高，使地球生态系统逐渐失去了平衡。所有的城市都在侵吞着土地和其他的生态系统，用钢筋混凝土建造的黑森林覆盖了越来越多的土地。有人把这些人类的创造物和造物主的创造混为一谈，说城市建筑也是一种生态系统。各种各样的管道和线路密如蛛网布满了陆地、天空和海洋，它们夜以继日地抽取着大地的精血，使大地原本的血脉经络渐渐干枯萎缩。人类也越来越相信正是这些东西支撑着整个世界，而不是大自然。遍布世界各地的那些大工厂，每天都在吞噬大自然亿万年蓄积的资源，而后把它变成了维系人类文明的给养，也把它变成了滚滚黑烟，挡住了人们的视线，人们再也望不到一尘不染的天空，也就感受不到来自宇宙的神秘启示。工业文明的最大过失就是对大自然毫无节制的破坏和掠夺，这种破坏和掠夺使我们与自己的自然属性越来越远。

半个多世纪以前，林语堂先生在《美国的智慧》一书中就已经写道："在人类社会过度文明、矫揉造作的生活中，人类经常远远偏离自己自然属性的简单生活，其结果是生活里充满了狭隘的恐惧，狭隘的嫉妒，受挫的雄心和——不快。这似乎预示，通过与自然紧密接触的生活方式，我们可以从自然那里获得生活上的新意与道德上的端正，并且恢复到健康、简单和快乐的生存状态，这些都是我们作为生物所继承的权利，而我们在文明化的过程中却丢失了它们。”先生没有看到半个世纪以后的地球，要不，他就会诅咒人类文明对大自然犯下的罪过。

当我们捧读英国那些伟大的浪漫主义文学作品，面对法国印象派大师们那些饱含人性思考的油画作品，或聆听古典音乐大师们那些充满大自然气韵的作品时，我们不能不怅然若失。即使在艺术的神圣殿堂里，现在也到处充斥着被扭曲、异化和物化了的东西。看看现代派以来的那些绘画和雕塑作品吧，人的肉体分明已变成了一堆丑陋不堪的预制件，精神被抽象成具有金属品质的硬壳。

有一次，在国家美术馆，当我站在现代派艺术大师毕加索的作品前时，我就有过这样的体验。从那以后，每次看到他那双眼睛，我就会有灵魂出窍的感觉，他如果不是天使，就一定是魔鬼，他的眼睛就是地狱。如果说，现代派艺术精神确曾有过它自己的贡献的话，那么，那肯定就是对现代文明对人性异化的讽刺和批判。难道我们真的能从那些充斥着噪音和丑恶的艺术中感受到审美的享受和启迪吗？难道那不是真善美的沉沦和放逐吗？当我们从整个人类文明而不是单纯艺术的角度去审视现代派以来几乎所有伟大的作品时，我们看到的其实就是现代文明与人类本质精神的背离。我们从中体会到的惟一思想和艺术价值就是对人类文明的深深怀疑和对生命意义的否定以及对未来命运的绝望。难道这就是人类文明的本意吗？

现代艺术也许就是对人类所面临的许多灾难的预感和不安的一种表达。这里传统意义上充满了人文情怀和自然神韵的审美标准已经消失。面对那些必将传之后世也必将对人类命运产生影响的作品时，我们感受到的只是一种冲击，一种灵魂的重创和震撼。从更深的层面上看，这就是人类远离大自然造成的恶果。灵魂深处充满了喧哗与骚动的人类即使在艺术的世界里也已经误入歧途，并已经走得很远了。再往前，可能就是地狱之门了。让我们凝望并审视伟大的罗丹那一扇不朽的《地狱之门》，它或许会给我们真正有益的启示。

那么，是谁放逐了真正的艺术精神？是工业文明的钢铁机器？还是制造了这

架机器的现代人类？

很多年以前，我读过一篇科幻小说，它讲述了这样一个故事，人类发明了机器人，而且，它越来越聪明，甚至比制造它的科学家还要聪明，它有强大的智慧，有冷酷的情感，也有贪婪和欲望——那是它们从人类那里继承来的最糟糕的遗传基因，甚至能洞察人的心理活动，能预知人未来的命运。在作品的最后，作家提出了这样一种担心，如果人类对自己的行为不加以控制，假如有一天，人类制造的机器人比它的创造者还要高明许多的话，那么，反过来，人类肯定会受到它的控制，它就会统治人类和整个地球。

读完那篇小说，掩卷长叹时，我对作家的用意进行了这样的演绎。如果，真的发生这样的事情，机器人世界就会按它的意愿和需要采用不同的型号代码批量生产人类，当然，也可以批量销毁。从此，地球人类再也用不着计划生育，机器人世界如果需要有100亿人类供它们玩乐，那么，它们就会批量生产100亿，不会多出一个，也不会少一个。他们不再有自己的意志——他们的意志改变了地球的命运——也不再有自己的欲望和思想，更不会有自己的追求和梦想，他们已然是机器的玩偶。他们也不再消耗自然资源，当然地球上也已经没有什么自然资源可供他们消耗了，所有的自然资源都已经消耗殆尽，机器人也许将开发一种宇宙能源为他们补充能量。除了机器人世界所特意选择留下的几类生物，地球生物圈几乎所有的物种都已经消失灭绝。它们之所以留下人类是因为人类创造了它们，它们要用人类的心灵来不断激发它们的创造灵感和激情。地球的每一个角落里都装满了监视器，他们的一举一动都受到严密地监视。从地球这边的某个地方，只要轻轻点一下鼠标，地球那边的人类就会得到一项指令，去完成他们已经被限定的精确动作。如果可能，他们也会像今天的人类，也会婚丧嫁娶，也会生儿育女，甚至也会去逛夜总会，也会豪赌狂嫖，但是，那就像是今天的人类在看一部美国大片。机器人不需要好莱坞，只要它愿意，它只需建立一个简单的程序，就可以把整个地球都变成一个一览无余的排练厅，一切曾经禁止和不曾禁止的活剧都可以随时尽情上演。所有的道德伦理秩序都已经不再，有的只是运转的秩序。一切的一切都是一项指令的结果，如果他们的统治者永远不下达指令，他们甚至无法结束自己的生命，他们是真正的行尸走肉和活死人。

在今天，你可以把我的这些胡言乱语当成十足的耸人听闻或者是杞人忧天，但是，有一天，我们也许真的控制不了人类文明的走向，其实，现在就已经开始失控。从理论和技术上，我们都已经能够克隆人类，也就是说我们可以用机器制造人类，而这样的繁殖过程就预示着机器人时代的到来。那是一个用计算机进行大量复制的时代，只要它们愿意，除了大自然，它们可以复制一切，惟大自然不可复制。但是，机器人的世界不需要大自然，它们可以没有森林、海洋、草原、雪山和江河，也可以没有臭氧层、空气以及阳光和雨露，它们只需要能量。

让我们从机器人世界回到目前尚属于我们的现实生活当中吧，那样，我们就会看到一个事实：人类复制的世界。放眼望去，复制品已经在地球的每一个角落里肆意蔓延。而且，我们还会发现，一切人类创造的东西都可以复制，即使是像埃及金字塔那样的奇迹，只要我们愿意，都可以重新建造。这种复制的东西在今天的地球上随处可见，在中国也不例外。黄鹤楼毁了，就又建了一个。虽然，黄鹤已去，此楼已非彼楼，但楼却是建成了的。有一年出差武汉，登斯楼，细细品味搜寻，崔颢的名句便涌上心来："昔人已乘黄鹤去，此地空余黄鹤楼。黄鹤一去不复返，白云千载空悠悠。晴川历历汉阳树，芳草萋萋鹦鹉洲。日暮乡关何处是，烟波江上使人愁。"岳阳楼也是被毁了的，后又多次重建，当年范仲淹写《岳阳楼记》就是为重修岳阳楼，"作文以记之"。难怪，"先天下之忧而忧，后天下之乐而乐"会成为千古绝唱。很多很多的古建筑都被毁掉了，而后又开始重建复制，人类好像无所不能。但是，人类却无法复制大自然，哪怕是一片草叶，哪怕是一枚花瓣、一只臭虫，更别说是草原、森林、雪山和江河。这是大自然和上帝共同的前定。

自然界中的一切都是伟大的和值得钦佩的。

哦，你这个自负和虚荣的人，你鄙视蠕虫，可是你创造出一个来看看啊！你讨厌癞蛤蟆，可你造出一个癞蛤蟆啊！

国王、君主、当权者、陛下，我说出了你所有无上的称呼了吗？我们——卑微的人，需要雨水或者甚至是一些露水来灌溉庄稼。你们能降下雨水灌溉大地吗？

300 多年前，伟大的智者琼·德·拉·布吕耶尔在他不朽的《品格论》中写下过这样的话语，并感叹："假如读者不关心这些'品格'，我感到惊讶。假如他们关心，我也感到惊讶。"

108

唵嘛呢叭咪吽，已经是一百零八节了。写到这里，我突然感觉，我已经疲惫不堪。我想，我应该结束这部书的写作了。有关宇宙万物、有关地球生灵、有关人类文明的任何一个细小的部分都可以写成空前巨著，但是，无论多么伟大厚重的经典著作，在人类文明的历史长河中充其量也不过是一滴水珠、一粒沙子。人类文明的历史大厦在很大程度上却恰好就是用这些文字来构筑的。我的这部小书还不是专门写人类文明历史的，有关人类文明的话题只是其中的一个章节、一个情结。我之所以把它放在最后，不仅仅是出于文本结构上的考虑，而更多地还是受到了六字明密咒的神圣启示。唵嘛呢叭咪吽，这六个字中的最后一个字"吽"是一个总结性的种字，而这六个字正好就是我这部书的结构，也是这部书的副标题。从整体上看，这一章节是本书的一个组成部分，但是，如果分开来看，它却只是我对大千世界以及人类文明的一个简单构想。所以，我说，这只是一个大纲。有一天，我可能就这一章节所涉及的内容专门写一部书，但那已是后话了。

如果说，几年来我这部书的写作是一次艰难的跋涉，那么，现在该是走到尽头的时候了，就像多年以前我穿过那片森林、那片山野之后，突然站在一座寺庙的阴影里一样。那天，我原本只是毫无目的地行走，就走到了那片森林边上。我在那里只停留了一小会儿，看森林，看森林里鸣叫着飞来飞去的鸟儿。那是在午后，森林里刚下过雨，林下的灌丛和草叶上都缀满了露珠，像风铃。我想，在这样的时刻走进森林，就会听到天籁。我就沿着一条林间小路走向森林深处，原本只是随便走走，并没想着要穿越那片森林，但是越往里走就越感到惬意，心灵的

愉悦和酣畅令人陶醉，就索性径直往前走去。

走了很长时间，当我终于走出那片森林站在一片空地上时，我就已经站在一道高墙的阴影里。那里是一座寺庙，后晌的阳光从西面的山梁上斜斜地照过来，照彻了整个山野，而我却恰好走进一片阴影。我看着那寺庙和那阴影，那是一种奇妙的感觉。这时，从寺庙的经堂里传来一阵阵清脆的梵铃声，它使我想起森林里的露珠。从那阴影里抬眼望去就是一条挺直狭窄的小巷，正对着太阳下面的那道山梁，阳光就从巷子的那一头流泻，巷子里铺着青石板，青石板就放射着光芒。巷子深处有一个身着藏袍的老人正手摇经筒向前走去，我看到的是他的一个背影，他的影子就长长地拖在身后。这时，那清脆的铃声又一次传来，那影子就在那铃声里轻轻摇晃，像梦。于是，我就在那里伫立良久，不忍离去，直到那老人走出那巷子，向右一拐，不见了，这才回过神来。后来，我又沿着那条林间小路往回走了。直到我离开那里，除了那寺庙、那巷子、那阴影，谁也不曾看到我，就像我从没有来过那里。我从来处来，又往去处去。

就在我走进那条林间小路的一刹那里，我歪过头去望了望对面的山冈，那里有一道用青石板垒砌的石墙，我知道那就是石经墙，上面的每一块石板上肯定都刻满了经文。石经墙的下面一溜儿立着六块巨大的青石板，每块青石板上都刻着一个藏文字，连起来读就是：嗡嘛呢叭咪吽。

2001 年第一、六章部分章节初稿；

2002 年 10 月至 12 月第一章初稿；

2004 年 10 月第二、三章初稿；

2004 年 11 月至 2006 年 10 月后三章初稿；

2006 年 10 月至 2007 年 1 月修订整部书稿；

2007 年 1 月至 7 月再次修订。

2019 年 5 月再次修订。

（注：内文表述中有些时间概念模糊，阅读时均以各章节初稿截止年月为限。譬如，第一章中“十几年以前”的表述，其时间下限为 2002 年 12 月。）

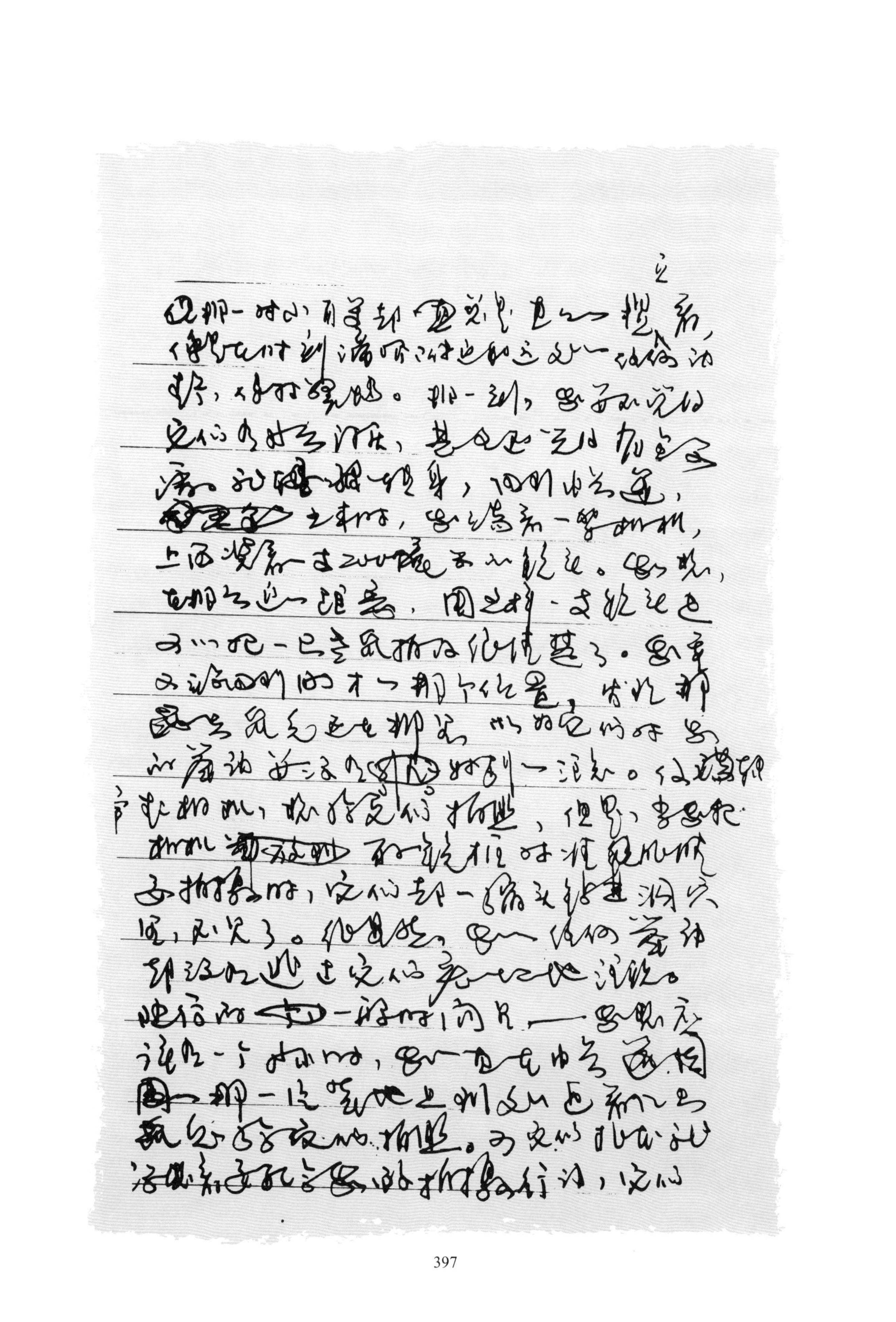

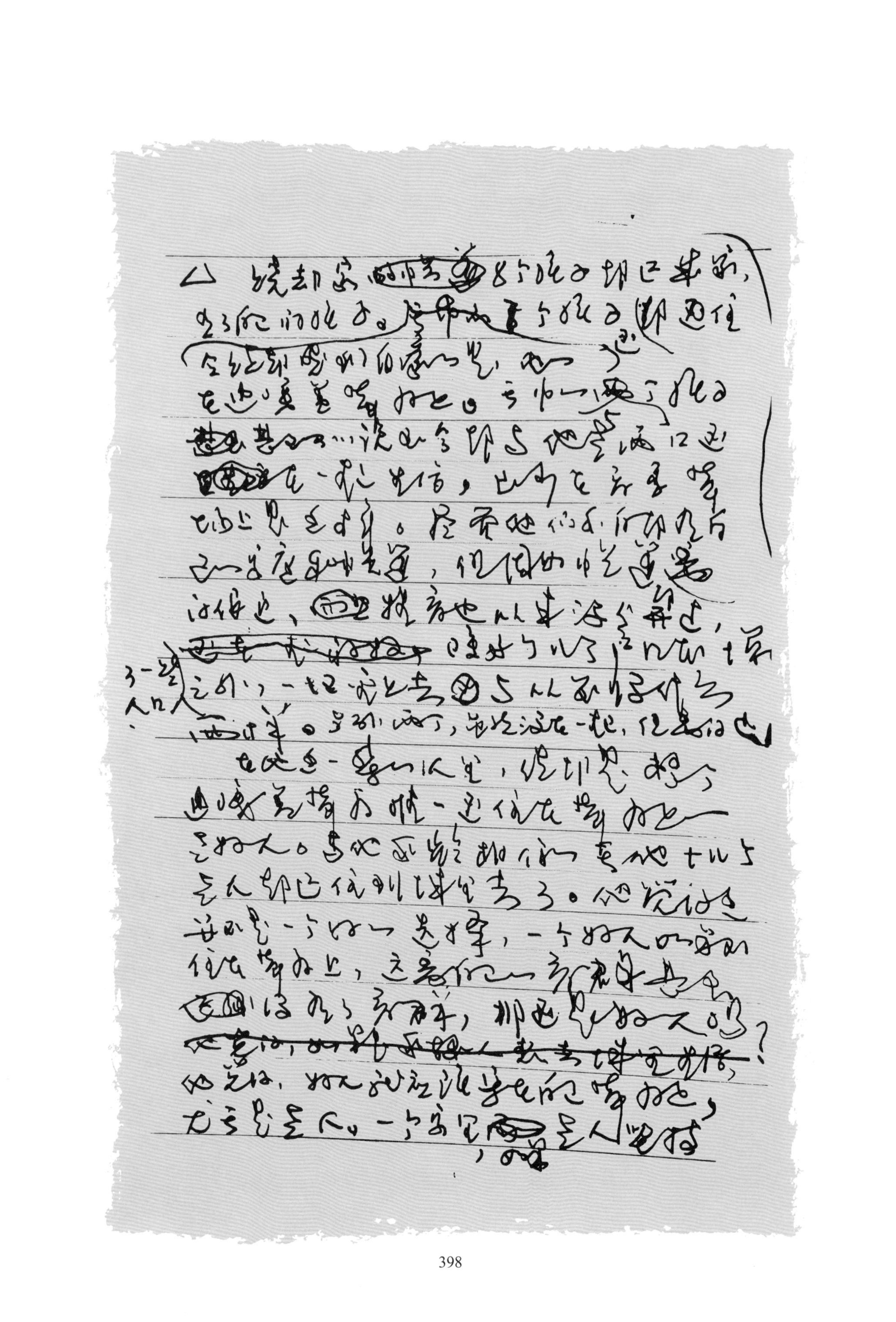

(2007年11月 第一版)

△ [illegible]

[illegible]佛陀[illegible]佛陀[illegible]中心)。

[illegible] H.G.威尔斯的《世界史纲》[illegible]

[illegible]一个[illegible]《世界的人类一简明历史》(陕西师范大学出版社)

威尔斯写道：“[illegible]”。P291

P291：[illegible]245[illegible]

△ P293：[illegible]佛陀[illegible]佛陀[illegible]是佛陀。

这条大峡谷除接壤那些区域大地层沿线带的寺院，在整个墨脱及察隅、米林、波密和易贡和帕江大峡谷的几个地方之外，再无出路存在。

那天下午我们从墨脱县城出发，往西北方向走了一段路，一条大峡谷就呈现在我们的面前。高耸的雪峰、缭绕的云雾的湖泊和白绿的植被在这里已经消失。眼前看到的一条大峡谷，我在想，那些高大的云杉和圆柏向着这条谷涌而来时，一路穿越了好大的风雨和艰难。是峡谷里潮湿的季风引来了它们，还是峡谷里奔流的河水引诱了它们。我们是在那个大雨滂沱的傍晚走进那片森林的，停在巴曲峡口望向四周，从横亘眼前的一条大峡谷，在云雾迷蒙中，从那里伸向四周的山野。无论你走向哪一条大峡谷都可以眺望远方的山峦。那一刻里，我感觉到从未有过的孤独。只记得就在那孤独中聆听着雨声滴答。而森林却在那雨声中已成为寂寞的绝响。而那峡谷两侧山坡上已经满是苍苍的圆柏和那低处的绿满苍苍的云杉，在那云雾迷蒙中静静地伫立的样子，让人不禁想起那古老原始的情境万状。

这一带墨脱境内的森林，属于原始林分布森林的核心地带，也是能够称得上最早的原始林区。原始林被砍伐之前就曾以这一带为主林区，直至上世纪80年代后期这里的森林已被砍伐殆尽，无法再成了。1987年我在墨脱县采访时，县城大小院门之间的空地上都堆满了巨大原木，县城街道上从早到晚都能看到拉运木材的车辆。在那一辆辆大卡车上只能装载一根木材，那简直就是一棵大树的横截面之一的样子。那巨大的树干上写满了森林古老的历史。森林就在那无情的砍我曾先后三次去瓦屋山的森林里。第一次是在15年前的那个冬天，第二次和第三次已是15年之后了。我在瓦屋山的日子加起来差不多有一个月时间，用这一个月的时间去认识一片森林还远不够，但在我却已是很奢侈了。除了出山时间，我在一片森林里的时间从未超过一个星期，大多都是一两天时间。应该说，我已经了解了这片森林，也深切地感受过这片森林。瓦屋山林区是青衣江流域内在长江上游面积最大的一片森林，除大渡河流域的原始森林。瓦屋山所属林区每年向长江输送着超过16亿立方米清流净液。瓦屋山林区是青衣江流域乃至整个长江流域生态环境保护最完好的地区之一，其森林覆盖率高达70%以上（而青衣江流域林区森林覆盖率尚不足40%，还不及很多国家乃至国内一些地方国土总面积上的森林覆盖率，要知道，那可是林区啊！）。

其实，瓦屋山林区也曾是遭到严重破坏的森林之一。自上世纪60年代以来的几十年间，林区内的砍伐之声从未间断。像有的沟谷两岸整片被全面采伐的地方也不只一处。直到1998年底国家实行天然林全面禁伐之后，这里的原始森林才得以逐渐恢复植被。这里分布有多达460多种森林植物和众多的野生动物。森林中的主要乔木有铁杉、冷杉、云杉，其次是桦树和松树类，而分布较多、种类最多的还是林下和林缘地带的灌丛。这些森林从海拔2000米的河谷一直长到4000米以上的高山之顶。因为地域寒冷，一棵云杉的树苗要长到树径有碗口粗的样子需要的，仿佛是不敢打扰的僧房，面积约在10平米左右。僧房之内只能一个人侧身进来才能走进门去，僧舍之窗则更小，只有一小束亮光从窗照在里面的小桌上，此时，僧人就是借了那一小束亮光在诵读经文的。坐在里面独自诵读经文的僧人可能自由些，对他而言，一扇窗户的意义就是让一束亮光照在经卷上，的灯盏。所以窗户就无需太大。除了前面的那一束亮光，他的心里就满是光明。那时周遭是无边的黑暗，他也满怀光明。我从那狭窄的台阶里往上走去时，仿佛有了一种冲动，想着在那一座僧舍中租下一间屋子住下来。于是在心里暗暗地许下了一个心愿，因为暗里有所求。当我在那一刻里，我想说我会看见一道绚丽的彩虹。彩虹没有出现在我眼前，后来我从那僧舍出来上了楼顶，一直走到后面的山顶时，也没有看见彩虹。彩虹是在我回来的路上。当我从楼上那面的梁上的彩虹……门下走出时，仿佛我的心愿已经实现。一道阳光……在那彩虹相连，……

下院还在大兴土木，大经堂已经落成，大经堂里面已经是大殿，……。山下水沟，河滩……，形成一道小路，……。……就以……

……

附录 1

倾听世纪的忏悔

——读古岳《谁为人类忏悔》随感

王文泸

我用了整整一个星期才读完了这本书的付印稿。读得这么慢，是因为思绪不得不常常停下来，和作者一起去追忆，去思考，去眺望。

这是一部关于人与自然关系的忧思录。严谨的新闻视角、缜密的田野调查，深沉的哲理性思考和从容的散文笔调融为一体，在时间和空间的二维角度展开了一部青藏高原生态环境荣衰史。有宏观的描述，也有细部的刻画。大到山川河流的变迁，小到草木虫鱼的命运，都被作者用科学的逻辑勾连起来，加以理性的熔铸，成为响彻全篇的警世钟声。

这样的阅读是沉重的。怎能不沉重呢？创造了地球上全部文明成果的人类，却在最近的一个世纪内变成了对这个星球最危险的破坏性力量。当弓箭换成自动步枪，斧子换成动力强大的油锯，徒步换成风驰电掣的车轮，一切就开始加速。淘金、砍伐、垦殖和猎杀的效率以几何级数扩大。而人们依然像温水中的青蛙，贪婪着眼前的舒适。

迄今为止，在一般人的社会意识中，所谓生态保护也只是一种新的观念和一项不得不做的事情而已，谁真正感到了一种痛，一种焦灼？

其实，在离我们这一代人还不太遥远的那些世纪里，亡羊补牢还有着充分的余裕。然而时机被一次次耽误。等到生态灾难频频逼近，问题已经严峻得让人透不过气来。

作者写道："1998 年发生在长江流域的那场大洪水，震惊了全世界。面对滔滔洪水，我们对长江的依恋和赞美好像已变成了一片诅咒。其实，长江何辜？假如长江流域那茂密的森林植被保存如初，假如早些年对长江流域的森林全面禁伐，假如没有那年均6亿吨的泥沙滚滚而下，那场洪水从何而来?”

可是，孽果已经造就，时光湮没了历史。今天，谁去问责，又向谁问责?

芸芸众生固然难免为眼前利益所左右，可是还有社会精英。还有智者。他们到哪里去了？要知道，他们的存在意义就是让真理发出声音。如果曾经失职了，失语了，那么今天再不该沉默。

古岳是怀着赤子对受伤母亲的痛惜写这本书的。他用忧伤的文字舔舐着大地流血的伤口，用悲怆的声音呼唤文明的回归。他深知，自己的呐喊抵御不了大千世界的喧哗。可是，他要秉持心中那一盏烛火，在世俗的风尘中摇曳前行。

古岳是个记者。一个记者，毕其一生的精力写出数百万字的新闻报道并不难，出版一两本书也不难。但一辈子锲而不舍地去关注某一个社会问题，并用永不妥协的态度去思考，去叩问，去辩解，去诉求，去奔走，把它当做神圣的责任，就是一个真正的“另类”，这样的追求将记者的职业意义延伸到更远。

岂止是记者。在社会科学领域的许多行当里，我们都看到一些很“另类”的人，他们燃烧毕生的真诚，只为心中那一团圣火，而不仅是为了“赢得生前身后名”。比如历史上那些杰出作家中的某些人。

我们从更多新闻人身上看到的却是行业的局限造成的角色性悲剧：终生难以超越采集和传播信息的角色定位，终生把自己的价值观紧紧依附于媒体规定的坐标，一旦离开媒体之后，就像琴弦离开了琴鼓，再也难以奏响。

眼光、见识、方法、知识面以及情怀等，固然是完成某个课题的要素，但这还远远不够——那些自闭于书斋，依赖书本和网络做学问的人也能做到（很多人就是这么做的）。写这样一部书，还需要“耳听为虚，眼见为实”的实证态度，需要迈动双脚，深入荒陬无人的高原腹地，追问那些曾经凝固在时光中的自然之美为何难以置信地消失。面对恶劣的环境中不期而遇的危险，还要有涉险犯难，乃至准备牺牲的勇气。不仅如此，还需要葆有一种积极的质疑精神——即使对那些被普遍的观念所肯定的进步成果，也不放弃自己的怀疑。我们从他对网围栏建设和草原灭鼠等问题的独特分析可以感知，对生态隐患和现实矛盾的深层发现，迫使他甘冒世俗社会之大不韪而发出自己的声音。

而这一切，自闭于书斋的学者们是没有的，古岳就有。

我知道古岳早在二十几年前就开始关注高原的生态问题，并最大限度地运用了记者这个职业为他带来的便利。他曾经主持的专栏《家园守望者》把个人的关注进一步扩大为社会的关注。后来，这种职业性的关注逐渐升华为生命的自觉。他的《忧患江河源》作为一支序曲，表达了思想出发的基点。

仿佛是上苍给他的一个暗示，古岳很早就明白了自己未来的目标。无论怎样出色地履行着一个普通记者或部门领导的职责，他都没有忘记生命中另有重要的事情和重要的价值。“一次次怀着朝圣般的虔诚”，走向高原境内那些著名河流的源头，走向正在令人不安地消融的冰川，走向万山之宗的褶皱，走向原始森林深处，苦苦地探寻、比较、追问和记录。他常常走得脚掌起泡，嘴唇铁青，却是永不退缩。

还有，天生一副好体格，也是他的优势。我曾和古岳一起在高海拔地区采访，但见他翻山越岭时脚力过人，又见他困乏时不择地不择时倒头就睡，使体力及时恢复，真让我羡慕不已。

记者古岳逐渐成为一个生态问题专家。他对当前生态环境中诸多矛盾的分析，多有真知灼见。书中涉及的地方史知识、地质学、气象学、植物分类学、畜牧学等知识，既来自刻苦的阅读也来自实践的积累。仅看他对省内大小山脉、河流谱系的娴熟叙述，就知道他是丘壑在胸。

长达十五六年的田野调查、长达五六年的艰难写作，尤其是书中所表露的心迹说明，古岳不是为了写书而写书，他是为了完成一个宏誓大愿而作的精神跋涉。“字字看来皆是血”庶几可以形容他写作心态的沉重。这期间，使命感日深一日地渗透着作者的灵魂，以至改变了生命对他的意义。我们从第三章中一个含蓄的暗示，可以揣测到他生命价值的指归。

古岳是以感恩、报恩为基准来确定自己和客观世界的关系的。写这本书就是在还愿——向赋予了自己生命、思想和理想的自然万物还愿。缘分似乎早已注定——从执鞭放牧的年纪开始，小小的脚丫就感受着溪流、山岩、青草和泥土的爱抚，一颗童心就与大地母亲默契为超乎血缘的情分。在向大自然领受此生最高使命的过程中，留下了一长串歪歪扭扭的脚印。这些脚印就是他人生中最动人的诗篇。

在一个崇尚功利、缺乏内省意识的社会风气中，古岳替人类所作的忏悔，未必所有的人都愿意倾听。只要看看我们的生活常态就可知，现代人是多么善于回避沉重的话题。但对古岳来说，这并不很重要。他在烛照一个领域的同时，首先抚慰了自己的心灵，他正在抵达心中的彼岸。

一位忘记了名字的美国社会学家说过："什么叫文明？如果一条高速公路能够为了一棵古树而绕道，这就是社会文明。"我相信，这也是古岳和我们的憧憬，尽管遥不可及，却让我们永存美丽的念想。

（原载《青海日报》）

附录 2

生态文明的呼唤　绿色家园的守望
——评古岳生态散文《谁为人类忏悔》

郭茂全

随着工业文明的发展，人类在享受丰富物质成果的同时，也开始品尝生态危机带来的种种苦果。面对生态危机，许多具有忧患意识的作家自觉高举生态文学的绿色旗帜，以文学的形式展现自然生态的美好，反思现代文明带来的生态与精神危机。

作为一名资深记者，古岳经过长达 15 年的田野调查和采访，倾注心血创作了数十万字的生态散文《谁为人类忏悔》。作品以生态伦理、生态智慧以及现代生态观念为思想基石，以中国西部的高原、河流、动植物群落等生态景观为表现重心，以开阔的生态视野，在历史与现实的对照中，在全球生态的大背景下，运用诗意的叙述话语表达着对生态危机的忧患和对绿色未来的希冀。《谁为人类忏悔》融入了作者真切的生命体验与人生感悟，志深而笔长，梗概而多气，具有强烈的思想震撼力和艺术感染力，是西部生态散文中的一部力作。作品在对宇宙自然、社会人生的思索中处处渗透着作者悲天悯人的情感与一往情深的人文关怀。可以说，作者是西部自然生态美的体验者与歌颂者，是西部日益严重的生态危机的反思者、忏悔者，也是未来绿色家园的守望者与呵护者。

《谁为人类忏悔》由《嗡》《嘛》《呢》《叭》《咪》《吽》六大章组成，共 108 节。作者把 108 节比作 108 颗念珠，这些念珠上镌刻着亲人朋友的挚爱、自然万物的恩典与人类反生态的罪过。在缓缓转动的念珠上，在潺潺流泻的字里行间，作品蕴含着慈悲与智慧，充溢着浓厚的情感和对人类的终极关怀。

在童年时与中年后故乡生态环境的鲜明对比中，《嗡》篇主要展示 50 年来人们的活动给西部草原、森林、河流以及大地上的一切生灵带来的巨大创痛。《嘛》

篇是对西部草原生态，尤其是青海三江源地区草原生态恶化的警示。《呢》篇是西部森林生态的殇歌，作者以一颗赤诚而善良的心灵，倾听着大地与森林痛苦的呻吟。《叭》篇讲述高原野生动物的故事，面对野生动物栖息地的丧失与数量的锐减，作者强烈批判人类为满足贪欲而用“智慧”和“政策”杀戮和戕害生灵的行为，极力反对将一个个鲜活的生命制作成僵硬的标本，热切呼唤人们应该用仁爱的光芒照亮所有平等的生命。《咪》篇是对西部河流湖泊的倾听与表达。作者不仅用饱含感情的笔触描述着故乡的小河，还描述着浇灌人类文明的大江大河。作品以诗意的语言展示自然造物的圣洁与美妙，对河流生态恶化中的水源枯竭、洪灾、河流污染、沙尘暴等生态灾难深怀焦虑。《吽》篇是对宇宙万物与地球生命演变的表现。一方面，作者反思现代文明中的人类中心主义思想，反对崇尚物质的价值观，警示人口增长所带来的其他物种的快速灭绝，强烈批判人类社会发展史上的殖民统治、人性异化等社会生态灾难；另一方面，作者认为大自然是完美无缺的生命体，希望人们从史前文明、先哲伟大的思想中汲取思想的营养，对宇宙以及自然万物心怀敬畏，减少人与自然的冲突，形成自然万物平等的道德伦理体系和价值取向。

《谁为人类忏悔》充满强烈的反思精神和批判意识。作者强烈批判了人类的反生态行为。“我们人类是所有生命种类中大自然最完美和谐的经典杰作。我们理应具备最高形式的美态和美质，使自己成为天地间友善与仁爱的源泉。但是，我们却正堕落成一群贪婪、冷漠、麻木和残忍的乌合之众，我们忘恩负义。在对大自然的背离和劫掠中，我们正在丢失生命的神圣。面对崇高和神圣时，我们已没有了敬畏和虔诚”(《谁为人类忏悔·序歌》)。散文中，作者殷切期待自然生态与精神生态间的良性互动，而不是恶性循环。“超凡的智慧来自洁净的心灵，洁净的心灵来自洁净的大自然。大自然一旦蒙尘含垢，一切洁净的心灵也便随之关闭，陷入愚钝的蒙昧”(《谁为人类忏悔·十七节》)。当物质的喧哗与欲望的骚动窒息了人与自然的同呼共吸，精神生态的倾颓成为大自然生态遭受严重破坏的源头祸水，精神家园的沦丧加剧了自然生态的恶化。人类对金钱、财富等物质享受的现代崇拜中，导致了对自然生态资源近乎疯狂的占有和消耗，在科技万能的盲目自大中上演了一幕幕生态灾难的悲剧。“我毕竟向一切神圣表达了我的虔诚与敬畏，而且，我还有一颗忏悔的心灵，愿为最后的希望祈祷”(《谁为人类忏悔·一百零五节》)。作者对人类重建绿色的未来充满了希冀。随着国家退耕还林还草政策的实施、三江源自然保护区的设立以及人们逐渐自觉的生态意识，重建西部绿色生态，可谓任重而道远。

古岳的散文闪烁着生态伦理与生态智慧的光芒。作者认为，悲悯情怀应当是人类心灵必需的品质。亲近自然，感恩自然，让雪山成为人类灵魂永恒的守望，让草原成为人类心灵永远的坚守，人类对大自然要怀有慈悲之心。作品处处充满了生态与社会人生的哲理启悟：“真正的雪山属于凝望的目光和虔诚的心灵。”“人类真该善待每一座雪山。它就像一位慈祥的父亲。”“人类之所以傲视万物，不可一世，只是想掩饰自己的渺小和不安。”“遭到严重破坏的生态环境不仅是一部灾难的历史，也是制约未来的自然法典。”“天下所有慈母的跪拜，包括动物之内，都是神圣的。”“生命在生命意义上是平等的，只有在人类社会的世界里才出现了不平等。”“自然万物皆有疼痛。”……古岳散文情感的浓度和思想的深度做到了完美的结合，许多语言堪称哲思之语，震撼着我们的心灵。

《谁为人类忏悔》既让人窥探到缪尔《我们的国家公园》、史怀泽《敬畏生命》中的哲理，又让人体悟到张炜《秋天的大地》、张承志《大西北》、苇岸《大地上的事情》中的诗情。足迹所至之处心灵皆有感应。作者将自己与大自然亲密接触的体验与感悟变成一种心灵的倾诉与表达，以纯净而流畅的文字感悟自然中生命的美丽，抚摸着大地与河流的伤痕，抚慰着森林与草原的创痛，字里行间流淌着善良与真挚，形成独特的抒情格调。在运用优美的语言抒写着大自然中丰富而美妙的审美体验的同时，作品有意添加了作者拍摄的108幅生态景观图片。这些图片气韵生动，诗意盎然，具有丰富的生态意蕴，与抒情性与哲理性的文字一起，增加了作品的感染力。

在自然的审判中，人类只有忏悔。《谁为人类忏悔》是为人类罪过的忏悔之书，也是献给大地母亲圣洁的哈达。这本凝结作者心血的作品就是对神圣的精神高地与灵魂家园的呵护，让人在阅读中获得了精神的陶冶与人格的提升。我们虔诚地相信，重建人与自然的和谐也许就是人类永远的朝圣之路。

附录 3

关键词
——《谁为人类忏悔》阅读随想

李万华

这应该是一本版了再版的书，应该摆放在书店醒目位置，媒体应该推介，读者应该传阅，课本应该选录，起码，应该有一部分人，展卷之时，内心有震动，有波澜，愤懑、酸涩，或者潸然泪下。惟有如此，我们才有自我救赎的机会，才能重新面对，亦只有如此，我们才能明白爱。除去智慧与慈悲，除去关怀与真诚，除去友善与真爱，千万不要给这本书太多标签。

消逝

只有变化始终存在，像变化本身那样。此外也有延续，有承接，有交集时分的相似，如同一阵风有另一阵风的速度，一滴雨有另一滴雨的痕迹，然而这并不足以说明有恒定隐藏于变化之中。始终在变化的动荡里面，这种状态无法让我们得到安稳，感觉失去可靠依凭，风雨飘零，但恒定也不一定能带来某种慰藉，不能让我们在晨曦和暮色中伫立。最好的情况似乎从未出现，即便出现，也是稍纵即逝，常见的，多是偏欹，是极端，是平衡被打破之后的诸种怪诞。

许多事情逃不出这种框定，许多时刻亦是如此。

大草原在农庄和森林之外，牧帐在犁沟之外，风过青稞的唰唰之声，最终盖过祖母背上珈链的环佩叮当，是这样无可挽回的远去，如同箭矢射出，烟云尽处，只一片荼蘼花雨，惨淡凄迷。一个人的家园，何尝不是另一人的家园，一个人的回忆，何尝不是另一人的回忆。只是时间似乎过得太久，彼此已经成为参照，早习惯于轻歌曼舞，却又蛮荒遍地。

我从未将一条寻觅之路进行完整关注，我只是偶尔提起，或者回忆，一个片段，一些场景，关乎祖辈，关乎故园，却始终零散。我幼年嬉戏祁连山下小小村落，玩耍曾祖父留下的喜上眉梢的玉佩，一些晚清和民国钱币，铜制水烟壶，以及一两件景德镇瓷器时，我隐约记得，那些物件来自高原之外，来自晋南一个名叫赵豹村的地方。那应该是一段名叫走西口的历史，曾祖父弟兄三人以货郎的身份一路向西，颠沛之中，各自寻找安身之所，最终失散，不知所终。所幸有人递送消息，后来祖父找到晋南的堂弟，才恢复联系。那时我被告知，我的故园曾是平原绣野，种植小麦、棉花、辣椒和红薯，甚至在我长大出嫁之时，还收到来自那片大原野的一床簇新棉被和一筐红果。

但在三十多年前，当我离开村庄去山外读书，我才明白，我的故园其实只在高原一个小小角落，那里山峰四面环绕，冬春两季贯穿全年，高寒使雪片替代梨花，人群困顿，贫瘠如影随形。我在那里度过的童年，始终只与山野为伴，独自行走，或者结伙玩闹，清凉与寂静之外，河水汤汤，松涛轰鸣，银河喧响。那是最为丰盛幸运的童年，在时间之间坦然自若，领受自然之美，体会天地寓意。然而这样的时光也是倏忽远去。某一天，当我们离开村落，住进水泥建筑，回身时，察觉那个地方也同时背过身去。它并没有将门完全关闭，但我们已经不会经常回去。土壤是一条纽带，一旦剪断，故园便也逝去。

这其实只是普通一例，来自万千消逝之一。逝去而非失去，前者一去不返，后者犹有重新出现的可能。故园和森林的逝去还算带有一些自知，流连、怅然，以及警觉。然而消逝这件事情并非仅仅如此，它已如同某股气流，某种水势，入侵、扩张、弥漫。消逝的前提来自剧烈或者隐秘改变，这是一个缓慢过程，制造，或者见证，参与者不分你我。多数时候，是群体意欲创建，从头再来，个体淹没其间，逆流者形单影只。有时也有个体突兀出来，引领大众。美国作家雷·布莱德伯里有一篇小说《诗篇》，讲述一个名叫戴维的诗人，他每在稿纸上描述什么，现实中便有什么消逝。他描述一片雾气迷蒙的葱郁山谷，有鸟在桉树上高歌，流水飞蹿，花朵仿佛杯子托举蝶翅，当他描述完毕，因为太过优美，他的妻子要求去那片山谷散步，当他们到达山谷，却发现那里已经昏暗一片，林木花草，飞鸟与鱼，俱已不见。窗外起风，旋转腾挪，他在稿纸上写那缕风，墨水干时，窗外之风已不见踪迹。因为太过精彩，赞誉袭来，盛名之下，那些诗歌被出售到各地。戴维起初只是描述一片山岩，一段草茎，一枚鹅卵石，一滴雨，但是后来，他开始背着妻子描述一只残疾的狗，一只流浪猫，一位邻居老头，一个妇人和她的三个孩子。妻子的阻止不起任何作用，一夜成名的戴维决定写星空，写万物，写宇宙。故事怎样结束，不必赘述，它并不是一个开放的结尾，因为现实若要结束，并没有开放的可能。

如同我们的世界，这篇小说有多种解读，关键词可以多重设置，消逝一词在其间，玩火自焚似乎也可以一用，但玩火自焚与消逝绝不对等。前者带有过失的嫌疑，让人悲哀怜悯，后者却有一种再不参与的凛然决绝，它来自主观的抽身离去，来自绝望，来自对他者义无反顾地抛弃。

废墟

艺术作品中的废墟，全凭手法，看上去，仿佛室内盆景，表情达意，意境深远，有时会有离奇与独创，让人牢记。电影《我是传奇》中，遭受病毒袭击的纽约市，除去前军方病毒学家罗伯特·奈佛，整座纽约再无其他活人，人们逃离，死去，一部分丧尸躲在黑暗之中，每日只等夜幕降临。排除掉人类这一因素，以及出没夜晚的丧尸，废弃的纽约仿佛处在停顿之中，在休憩，在等待蝶变：保存完好的建筑，楼宇、桥梁，街头路灯、汽车，广告牌、指示灯，它们在葳蕤披离的荒草之中，仿佛深秋刚刚到来，鹿在公路上跳跃，太阳西下，余晖洒在树木和玻璃门面上，罩出一层昏黄……一种带有诗意的废墟，感觉人类消失之后，世界的秩序依旧井然。小说《绿瓶子》中，废墟已经扩大到火星之上，日晷坍塌，沙尘冲刷死去的海床，群山被太阳烘烤，尘埃飘落，一座又一座塔楼，随着人声的出现，裂开、斜依、倾倒、颤抖、然后轰然倒塌……因绝望而追寻死亡的人们，所到之处，废墟也应声而生，结局是，人同废墟一起兴亡。

然而看上去怎样残酷，这些废墟并不会让人感觉沉痛，不会恐惧，不会对未来失去信心，因为它们仅仅来自人类想象，来自模拟，来自仿造。人们在想象废墟的时候，显得理智，显得悲观，好在这种悲观有某种警醒作用，它让人们明白防微杜渐，明白未雨绸缪。

我所见到的真正废墟，多数来自这本书籍，因为这是一本经过十五年田野调查和采访之后才开始写作的书籍。十五年，足够另一些作家写出十五本畅销书籍，足够他们成名，经历一些不痛不痒的波折，然后沉寂。十五年，十五次燕子来时，梨花落后，作者古岳先生却如行僧，只在青藏高原的林木草场、山川水泽寂静行走。这并非机械的枯走，而是大自然沧桑巨变的亲历和见证，是悲喜与共。

无一例外，这些废墟出现在景色绝佳的地方，像毒菇腐烂在绿茵之中。通常都是植被覆盖的山谷，开满绿绒蒿、杓兰、龙胆，以及更多不知名目的高山花朵，溪流汇聚成河，散布水畔的石头上，是红色和黄色地衣，那是最早生成的陆地生物种群，谷风清凉，牛羊疏懒，湖在远处，雪峰也在远处……大自然在埋下矿藏的地方，都有鲜明标志，人们带着机器，寻觅而来，仿佛群蜂。喧嚣之后，植被破损，沙石裸露，河水断流，地面遗留的大小黑洞，成为野生动物的葬身之地。

也有废墟，并非出自人类之手，譬如鼠害。换个角度，若依鼠类视线去看，它们肆无忌惮地啃啮和吞噬草原，它们呈几何形繁衍子孙，这是它们的成功举措，是它们的胜利。然而从另一个角度去观，草原被鼠类撕扯得支离破碎，沙土与狂风取代昔日芳草离离，自然演进发展失衡，万物混乱。追其最终祸害者，人类依旧脱不去干系。

词典里面，废墟的含义过于狭窄，仅指城市和村庄被破坏之后的荒凉模样，但在我想来，废墟的外延，应该有所扩大才能跟得上世事变迁。废墟随灾难出现，自然的灾难，无法避免，然而人为的灾难，叠加在自然之灾难上，可怕在其次，不可原谅的，是凤姐一样的聪明反被聪明误。人的无所不能，随时间发展，宏阔到上天入地，细微处，轰击质子。废墟的出现，当也不再局限于人们长久的驻地。废墟也会出现在天空，在宇宙，或者在一粒原子的内部。

有一次，当我放下阅读的这本书出去散步时，曾被自己的想法吓住：人也可以将自己糟践成一团废墟。我那样想的时候，我眼前的世界其实正保持着某种表面上的平静，复瓣白色金露梅正在小公园绽放，波斯菊和珍珠梅也在绽放，阳光有些寡淡，仿佛稀释了的柠檬水，老人们坐在椅子上，一两只大金毛被女人牵着走过，远处是汽车驶过的声音。

依存

铅灰色天光下，深冬的大街变得僵硬，落光叶子的树木似乎早就失去知觉，风旋起时，枝条都不肯有轻微的晃动。约是接近年关的缘故，许多店铺已经关门，人们在铅灰的玻璃窗后，不知是刚刚苏醒还是在继续沉睡。在路边，我看见蜷缩身子的小狗，依旧瘸一条腿转来转去，看上去茫然无措。天虽然寒冷，街道还算干净，小狗毛色脏污，分不清是黑还是深棕，仿佛别人丢弃的一团无用之物。在此之前，我曾找一家小超市，买两根火腿肠，掰成碎块去喂那只小狗。小狗显然已经饿到一定程度，吞咽食物又急又慌，怕火腿肠噎着小狗，又拣起一些，掐成碎屑。

坐车转身离去时，想起这偌大世界里，小狗独自生活，来去无依，遇着饥寒交迫，除去茫然寻觅，再无其他出路。流浪猫狗如此，便是那些被宠养的猫猫狗狗，一旦人们不管不顾，它们也会无所适从，最终如叶付于疾风。想一想，它们的悲哀是，它们不懂彼此依存。便是知晓相互关爱，老天并没有给予它们彼此帮助的能力。换一个角度，幸亏人类懂得相互依存，懂得合作，懂得爱，若不如此，独自出行于这个早晨的人，跟路边那只流浪狗有何区别。如此想时，鼻翼一时酸涩。

我承认自己并没有帮助那只小狗，理由是，那天早晨我有事必须及早离去。然而万千理由俱不算理由，一件事情一旦开始去做，就不会有更多理由来干扰，如同有困难的问题，一旦决定解决，便是困难被克服的过程。归根结底是，我们的依存，建立在彼此依存的基础上，如果这种依存不对等，或者不需要，我们的私心和冷酷便会暴露无遗。

除去人类之间的相互依存，大自然是最好的例子。小时候时常去嬉戏的那片林地，不能称作是严格意义上的森林，但也不是一片胡乱生长的灌丛。那片林地在一面山坡之上，夹一条红砂石裸露的山沟，要说大，它连一整面山坡都不曾占据，要说小，我从不曾将它彻底穿过，尽管在那时，我几乎每天都要去一趟那片林地。那里植物的生长，层次分明，秩序天然。贴伏地面的，除去绵密油绿的苔藓，便是低矮的匍匐植物，常见草莓和蕨麻，它们的褐色茎须在地面呈网状辐射，开出白色和黄色的小花。稍高一些，多是单茎直立的草本植物，防风、云生毛茛、各种蓼类，风铃草以及长柱沙参，其实有更多植物叫不出名字，它们都会开出秀丽花朵，因为常年不见阳光，茎叶瘦长。灌木是这片林地中不讲道理的一群，长势没有规矩，不成体统，沙棘、小孽、忍冬、柳类、杜鹃，它们往往纠缠一起，不分彼此，党参等一些藤蔓植物又将其缠绕，经过这些灌丛，手背脸颊经常被荆棘划伤，裤脚也会被枝杈扯破。再往高处，便是混居的云杉、山杨和桦树，它们是这片林地的穹顶。桦树更容易生活在林地边缘，因为对阳光的需求，它竞争不过稍显跋扈的云杉，退而求其次，跑去过边缘生活。

这些共居一处的植物，蕨类和草本需要阴凉，灌丛需要乔木遮风挡雨，灌丛又可挡住牛羊乱窜乱啃，保护乔木……便是那些地衣自己，也需要内部真菌与藻类的互利共生，而植物这个大的整体，又与身边动物、微生物和土壤形成一个系统，相互依存，彼此制约。需求与保护紧密连接，少去一环，安全便打折扣。推而广之，宇宙万物亦复如是。

“那片灌丛以柳类为主，还有忍冬、金露梅、细枝绣线菊、花楸、小叶杜鹃和其他数十种叫不出名字的高山灌木。它们一簇簇生长，从那山下一直伸向四面的山坡。从远处看，它们好像长得过于低矮，及至走近时，才发现它们大都在一人之上。再往里走，真有点走进一片森林的感觉，有时从里面望不到西姆措湖，也看不到湖边帐篷和帐篷前的人。”这是生存在黄河流域最西段的一片灌丛，古岳先生说，目光越过那片灌丛望出去，湖尽头的石峰之侧挂着一线瀑布，与两面峰顶的冰川交相辉映，湖光山色浑然一体。古岳先生还说，在黄河流域，从阿尼玛卿雪山到年保叶什则湖畔，每天都会见到漫山遍野的灌丛迎面而来，因为在那里，灌丛便是森林。

这应该是生活在十四年前的一片灌丛，当人们认为森林可以尽情利用之后，希望那片灌丛尚在郁郁葱葱。容易承诺，却难恪守，人们总是这样，不能全然相信。世界不大，人们若只依存自己，毕竟不可靠，还需思及其他。

灵魂

电影《黑暗物质之黄金罗盘》让人难忘的，是另一个宇宙空间里的人类灵魂，它们并不附身在人体之内，也没有抛弃人类离群索居，它们以一些动物的形体存在，人们称之为灵神。这些灵神与人形影不离，它们比人本身还要重要，因为这些灵神不仅是灵魂的存在，同时也是人的思想以及精神的具象表现。电影中，孩子们嬉戏，它们的灵神也在一旁嬉戏，多是些娇俏的小猫小狗，大人开会，门推开处，首先走进的会是一头狮子或者老虎。人群友善，这些灵神会相互追逐玩闹，当人与人交恶，它们也在一旁剑拔弩张。小孩子思想尚未成熟，它们的灵神变来变去，忽而猫忽儿狗，大人的灵神，对应他们的品德，库尔特妇人狡诈，她的灵神是一只易变的金丝猴，开飞艇的老头，他的灵神是一只谨小慎微的长耳兔。

作者设置灵神，凭借的是简单的对号入座，善良者的灵神性情温顺，心思阴暗者，身边常走动一头暴烈的猛兽。电影中，黑暗势力试图控制孩子思想，他们掠走孩子，做手术将孩子和他们的灵神分割，丢失灵神的孩子，目光呆滞，神情淡漠，成为病人。电影之后，我曾设想自己若有那样一只灵神，会是什么。起初觉得应是一尾鱼，在水底静无声息地来去，一旦水面稍有微澜，便会掉头逃离。然而鱼群有时聚集，大规模巡游，阵势浩大，我不喜欢。后来觉得还是一只猫更合适。猫天生钟灵毓秀、优雅，但这并非是我试图设置一只猫成为灵神的原因，而是因为猫独来独往，有些寂淡山林的萧瑟。我早已习惯在人群中独自来去，便是与他人碰触，也不发生过多交涉，此外，喜欢晒太阳，蒙头大睡，对微小的事物充满好奇，也是我与猫的共同之处。猫之外，我也曾考虑过尾巴粗壮的雪豹，但雪豹会猎杀岩羊等弱小动物，美中不足。

人与动物的关系，始终无法和人与人之间的关系相比，除去人已发展到高级，不屑与动物平起平坐这种看法外，认为动物没有灵魂大约也是另一原因，若不如此，电影何故会将动物设置成人的灵魂，而不反过来，设不同的人作为动物灵魂。

当然，这只是一部拍给孩子们看的电影，灵魂的有无，不属于探讨范围。只是这简单的故事本身，惹人遐想，譬如这样的事情发生在我们身边，会怎样。我们的灵神，与自然界的动物将如何相处，它们是否会有某种不同。如果它们彼此视为同类，它们是否会协力合作，共克难关，如果它们彼此视为异类，是否会因为清除异己而展开规模庞大的屠杀。它们是否会彼此混淆，是否因为某种不满而彼此置换形体……关键是，当我们杀掉一头动物的时候，怎样确定，它不是某一个无辜之人的灵魂，又怎样确定，那个灵魂不是我们的父母同胞。

变迁

秋天来得太早，有些措手不及，尽管在夏日的某些傍晚，我已察觉到秋意萧索。秋气凛冽倒也未必，午间时分，阳光甚至有些慵懒，但秋天确实已在远处觊觎，仿佛一位年龄逐渐老迈的女子，站在长满菰蒲的水畔。读《坐在菩提树下听雨》，忘记是第几遍了，每一次读，似乎都像站在童年的院子里，摊开手掌，等待晴日里偶尔洒下的几粒雨珠。已经足够平静了，微澜没能成为波涛，并非是因为风和日丽，而是，极致在暗处，汹涌的深度，凭谁都无法度量。其实在当初，在读完那篇文章，在蒙头大睡的时候，夏天也才刚刚来到。那是一个午后，阳光从窗棂进来，羽扇一般打开，白杨树在楼外弄出大的声响。窗下栽一排白杨的好处是，一旦拉上帘子，便可以将晴空当做雨夜，感受“驱车上东门，遥望郭北墓，白杨何萧萧，松柏夹广路”。然而大睡只是一种方式，当大睡依然无法止住眼泪，惟一能做的事情，便是去一座名叫白马寺的寺院，那里有凌空的台阶，可以坐下来，看山下车水马龙中的你来我去。

一条名叫湟水的河流也在那里，河谷在南北山之间摊开，楼宇、电网、信号塔、车道跻身其间，这使河谷显得拥挤，仿佛一条游动的龙背上长满了某种衍生物，风都无法快意地吹。河流本身已看不到多少，偶尔闪现的一两段，只是蜿蜒的模糊轮廓，见不到跃动的光，也听不到水流汤汤。坐在山崖的高处，耳朵里传来的，只是高速运转的声音：火车、动车、高速路和国道上的汽车，以及天空的飞机。它们都在经过此处，高速路因为离山崖最近，每一辆汽车呼啸而过的声音都听得清晰。河谷也有一些树木，大多是些旱柳，然而和灰色的建筑相比，那几簇植物不过是聊胜于无。

千年前的河谷我不曾见到，我明白，我眼前所见的河流，早已不是往日那一条，但想象还是会逾过千年。我曾在一篇文字中如此描述，我相信那应该是河谷的当初，便是不够确切，也应该类似：午后并不慵懒，光线虽然明净，但是股股清寒自水面拂来，这使得空气拥有一种令人振奋的气息，草木自然最能感受到这些，它们因而显得精神矍铄。草色匀净的滩地上，有大颗卵石点缀，有些石头足够一个人爬上去睡觉。这些石头罩出的阴影中，常有黑色甲虫出没。野花早已绽放，比起白色和青色卵石，花朵的数量更为庞大。粉红、浅紫、宝蓝、明黄和莹白，如若仔细去看，指甲大小的花朵，花瓣和花蕊的结构精巧到令人瞠目……

什么事物最能体现出某种变迁，自然不是河流。算上去，河流也是一种古老的存在，尽管那些流去的水时刻不同。河流穿越时空，即便有路线上的大体改变，有消失和中断，但河流还是串起了古今。河流是一条藤，我们悬挂在上面，看不清它的全貌。我们习惯于河流当前的样子，便是偶尔思及它的远古，觉得它在远古还是保持着今日模样。河谷的变迁才是变迁，它是一种链式反应，最终触及的，依旧是河流。河与河谷的关系，剔除掉地理学上的意义，经济学上的意义，历史学上的意义，哲学上的意义，还有微小的，细节上的意义。

唐人元结任道州刺史时，曾整治过一条名叫右溪的小溪。这条溪水虽小，但溪畔景色动人，“清流触石，洄悬激注，佳木异竹，垂阴相荫”。这样的小溪，若在山野，是逸民退士所游处，若在人间，是都邑之盛景，静者之林亭，但置州以来，无人赏爱，以致使元结徘徊溪上，为之怅然。后来，还是元结自已动手，“疏凿芜秽，俾为亭宇，植松与桂，兼之香草，以裨形胜”。

这是一个正方和反方都可以引用的例子，充满矛盾，但矛盾与溪水本身并无关系。

古岳先生说，一个人的心中也应该有一条河。河流总会冲刷出河谷，因而一个人，也是一条河谷。那么，那个夏日，当我坐在山崖上看河谷，何尝不是在看你我的变迁。

修复

有这样一种节日，小镇上的人们聚集在广场，喝酒，举行狂欢活动，活动内容无非是，撕碎并焚毁所有书籍，炸飞机，砸毁他们的最后一辆汽车。自然，还有更多节日，人们会找到其他狂欢活动，譬如炸掉印刷厂，推倒石墙，捣毁水渠。这样的节日名目繁多，但它们并不因此劳累，节日早已成为他们惟一的希求和慰藉，给予了他们欢乐。只是在节日之外，他们忍饥挨饿，无所事事，因为再无太多的事情需要忙碌。

这是一个破败的小镇，建筑物碎裂成为废墟，路面布满弹坑，垃圾遍布，荒芜的田地在远处。天气清冷时，人们的手冻得皴裂，气温一旦升高，空气中又满是恶臭。人们总是穿着肮脏的麻布衣服，戴油腻帽子，神情淡漠。他们喝不到咖啡，满是裂痕的杯子里盛着的，不过是野外某种浆果熬出的汁。这是一群不喜欢文明的人，在他们看来，文明像野蛮那样不能容忍。

这一次狂欢的内容是，撕毁一幅名叫《玛娜丽莎》的油画。人们从清晨开始排队，他们不会太多言话，因为要积攒唾液。后来人们用铜杆挂起那幅油画，警察用丝绒绳子扯起屏障，让人们朝画像吐唾液。正午时分，画像被交到人们手中。那一刻，人群变得疯狂，他们蜂拥而上，撕扯画像。男人砸烂画框，用脚踩踏画布，并将布片抛到空中，老妪们则费力咀嚼抢来的帆布碎片。除去一个小孩，再无他人看见画布上美丽女子的微笑。

那个怀揣抢来的一小块布片，哭泣着跑出人群的小孩，最终会不会成为一个修复文明的人，小说并没有交代。

将一枚折断的兰草叶子扶平，揩去宣纸上多余的一笔，给裂缝的玻璃贴上透明胶布，地板的划痕处，用油漆涂抹……文明的修复是这样一件徒劳无功的事，又显得欲盖弥彰，像二月的倒春寒，像你我在清醒时说出彼此伤害的话，入梦时又呓语道歉。

修复同时也是一件无法经受验证的事，它是大浪淘起的沙石，是沙漠腹地的蜃楼，短暂，迷人耳目，它是红楼里勇晴雯病补的那件雀金裘：

一时只听自鸣钟已敲了四下，刚刚补完，又用小牙刷慢慢地剔出绒毛来。麝月道："这就很好，若不留心，再看不出的。"宝玉忙要瞧瞧，说道："真真是一样了。"晴雯已嗽了几阵，好容易补完了，说了一声："补虽补了，到底不像，我也再不能了！"

附录 4

一位苦行者与自然的心灵史

王海燕

多年前，一次偶然的机会，我跟着亨利·梭罗到美国马萨诸塞州东部的康科德，看到了幽秘宁静而又深邃博大的瓦尔登湖，以及由瓦尔登澄明的湖水映射出的人类心灵的奇观。

梭罗的自然随笔经典《瓦尔登湖》超尘拔俗的清波微澜一直荡漾在我的灵魂深处。我朦胧地感悟到，人，是自然的一分子，是自然之子。敬畏自然，和谐与共，乃人类生存之基，发展之本；简单地生活，不为世俗所累，不须浮华炫耀，让灵魂高扬于红尘之上，感受智慧和慈悲的阳光。

我铭记住了梭罗在快要结束瓦尔登湖索居生活时说的一段话，一段人与自然心灵的祷词——

不管你的生活多么卑微，你都必须勇于面对生活。爱你的生活吧！夕阳同时落在富人和贫民的窗户上，而且同样灿烂；所有人门前的积雪，都一样在春天融化……

我的灵魂为之颤动。

多年后，我卑微的灵魂再次受到强烈震撼。2008 年仲夏之夜，我循着一位高原独行者的足迹，游走于童年炊烟缭绕的河湟谷地，游走于苍凉壮阔的江河源头，在黄土弥漫的村舍田野，在经幡飘扬的草原牧场，我嗅到了麦子的清香，奶茶的腥香；在山宗水祖之前，在森林河流之侧，在生命万物之间，我听到一曲大自然的颂词与挽歌穿越时空，直抵心灵——唵嘛呢叭咪吽……

古岳先生的新著《谁为人类忏悔》为世人打开了一部一个苦行冥思者与自然的心灵史。这部著作构筑瑰奇，行文典雅，叙事精确简练，如临其境；抒情飘逸旷达，神游八级。深入品评，我力不能逮。此书最好于深夜拥衾细品。

这是一部人与自然的心灵史。怀着虔诚之心读此书时，隐隐感到我像一个匍匐于大自然脚下的信徒，而捧于手中的仿佛是一个从远方迁徙而来的村落，一方四处飘荡的草原，一座碧雪千秋的大山，一片暗藏玄机的森林，一条流成历史的河流和一颗众生竞争生存与自由的星球。我又像一位历经沧桑的老者虔诚地拨动一串琥珀色的念珠，那是一百零八颗饱含慈悲智慧欢乐忧患幸福苦难情爱憎恨生存死亡再生永恒之珠。拨动一遍，我的灵魂就经历一番洗礼，一个轮回。我被诗人优雅而感伤的歌吟所感动——

这第一颗念珠上，就让我缀上我祖先的心灵；在第二颗念珠上，我要刻上故乡的那一片山野……第五颗念珠上也许应该系上一颗恋人的心灵或泪珠……从第八颗到一百零七颗的整整一百颗念珠上，我都将镌雕自然万物的恩典和人类的罪过；只有第一百零八颗，这最后的念珠上，我才想刻上一句无人释读的咒语：因因而果果……

这是一支浸淫着旷世孤愤和悲天悯人的恋歌，一支唱给这片高大陆乃至这颗蔚蓝星球的恋歌。在诗人充满忧郁的眼中，草原和森林绿色的背影在斜阳下渐渐远逝；在诗人充满敬畏的眼中，雪山是一位白发苍苍的肃穆的父亲；在诗人充满理性的眼中，人类深重的罪愆，谁能为之忏悔……那是怎样的一种感受呵！诗人远眺着格萨尔王妃宫殿的废墟，夕阳如血，他怯于登临，怕触动那经天纬地的大孤独——

一片洁白的羽毛在斜阳里飘落
我看见一颗眼泪缀在那羽毛上
我担心它会坠落成最后的夕阳
而那时，谁还能独立山冈
唱着那亘古的《国殇》

这是一部献给大自然的绿色情书或祈祷书。人类的欲望在大自然的眷顾与恩惠中急剧膨胀。一座座繁华都市在快速扩张，草原坍缩，森林远离，河流干涸……田园牧歌隐遁于记忆深处。诗人望着草原森林和曾经的河流的背影，一声叹息——

有蓝色的风吹拂，有绿色的梦牵引。最初的铭记就是摇落绿色天籁的那棵菩提树。

森林呵，我亲爱的森林，你曾如此熨帖过我们的灵魂，如此抚爱过我们的生命，你给了我们一切，而我们却是那样忘恩负义……

已经是凌晨了，朝阳镀亮窗棂。合上书页，推开窗户，一缕阳光跳进屋子，照在那本书湖蓝色的封面上，我蓦然发现一轮隐形的太阳照亮了雪山草地，照亮了蔚蓝的湖水，照亮了我的灵魂。

那是一轮灵魂的光芒……

（原载《青海日报》）

后记

是的，当我在这片高原上的行走变成一种自觉的人生经历之后，从某种意义上说，我其实就已经是一个行僧了。我之所以给这部书安顿一个宗教意味上的副标题，其实就想安顿自己对自然万物的一种情怀。一直以来，我都有一个坚持，用自己的心灵向大自然顶礼，并将自己与大自然亲密接触的体验和感悟变成一种心灵思想的倾诉和表达。进而，还有一个奢望，想用一己的坚持，给读者一些启示和影响。我想，前者我是做到了的，而后者我却无法断定。

但是，我无疑是一个认真而冷静的写作者，我的写作过程犹如虔诚的朝圣。在写作时，我常常想起那些磕着等身长头向心中的圣地跋涉而去的身影。为了这本书的写作，我进行了长达 15 年的田野调查和采访，全书的写作过程也断断续续地持续了四五年之久。《写给唐古特的情书》是曾经的书名，后来才改为《谁为人类忏悔——嗡嘛呢叭咪吽》，并确定要用六字真言结构整部书稿。全书完稿之后，我又觉得第六章在内容形式上与前五章缺乏统一，仅从文本意义上看，这不能不说是一个缺憾。于是，曾一度将第六章去掉，欲将它扩充为一个独立的作品，而把现在的《序歌》部分放成了第一章。有一天，我的朋友大胡子文扎从玉树草原到西宁来看我，我将这一想法告诉了他。他说，还是把原来的第六章放上去比较妥帖，因为六字真言中的第六个字“吽”就是一个总结性的文字，这一章理应担当这样的支撑作用，于是就恢复如初。

在整部书稿完成之后，我又决定在文字中间插入一些图片，其数量不能太多，也不能太少，那么，多少为宜呢？我所想到的惟一恰当的数字就是 108。一百零八不仅是佛教中一个非常吉祥的数字，而且也是我用心灵串缀这部作品的一根思想主线，这本书也正好在写到 108 节时结尾。所有这一切不仅是一种偶然的巧合，也是一种神圣的启示，我把它看做是万物生灵对我悲悯情怀的额外眷顾和垂青。这个数字使我的这些图片具有了很好的象征意义。为本书的写作进行田野调查和采访时，我曾拍摄过上万幅图片，从中取舍挑选出一百零八幅图片也不是一件容易的事。我想要说的是，如果仅从拍摄技巧上看，这些图片肯定不是最好的，它们都过分地强调了写实的意义，但是，如果把这些图片和我所写的文字放在一起看也许就会显出它们的价值。可惜的是，这些图片没能以它原有的绚丽和缤纷展现在你的面前。因为成本的缘故，我不得不把彩色改为黑白，然而，这却从根本上改变了它们的光彩。但愿有一天，我能将它们本来的样子呈现给你。

如此漫长的积累和写作过程不能不说是一次艰难的心灵跋涉。当我写完最后一个字时，我感觉自己所有的心血都已耗尽了。在对整个书稿进行反复校订之后，我首先想到的是请一位大德为我的这本书写几句话。我把它看做是本书出版之前必须经历的一次洗礼，一个神圣的精神奠基仪式。我想到了多识·洛桑图丹琼排活佛，他是目前整个藏区最有成就的佛学大师之一，也是我最敬重的藏族学者。于是，在一个雪后的冬日，我和仁波切的两位学生相约一起去兰州拜访。出了西宁，一路上都能看见雪，而且，越往兰州，雪也就越厚，那是一个好的兆头。

那天，我们在仁波切家里呆了整整两个小时，那两个小时里，他一直在和我们说话，除非被问及，我们谁也不敢出声，我们都在凝神静气地聆听他的教诲。陪同我前往的仁波切的学生说，他老人家在家里接待客人，一般情况下说话的时间顶多不会超过半个时辰，那天可是破例了。嗡嘛呢叭咪吽。那是一个具有大智慧的长者赐给我们的大慈悲。

我给仁波切说，我所希望的只是让他能给我的这本书写上几句话，放在前面当序言。对我来说，一个像他这样的智者能为我写上几句话就已经是一种奢望了。我把它看做是对我这些文字的一种加持，一种无上的荣耀。没想到，几天后，我收到的竟然是一篇完整精美的序文。我在写给仁波切的回信中说："我原所奢望的只是几句话，您却耗费宝贵的精力发来了一篇完整的序文。在感动之余，我又深感惶恐和不安，以凡俗琐事为你增添劳累，实在是罪过。我惟铭记您的教诲和仁慈，并努力使之化为一定的善果，以回报您的恩德了。"

我很欣赏加西亚·马尔克斯说过的一句话。他说，他从来都不喜欢谈论自己的作品，因为他想要表达的一切都应该在自己的作品中已经表达清楚了。如果他的创作过程没能做到这一点，则说明他创作的失败。如果是那样，在作品之外，你即使说得再好也弥补不了作品本身的缺陷。他还说，很多作家想用这种办法来完成自己的作品没有完成的使命，那实在是徒劳。

这是我在20多年前读到的一段话，那时，他刚刚获得诺贝尔文学奖。时间已经过去很久了，对他的原话我已经记不大真切了，但我自信，这基本上就是他原话的意思。在读到它的那一刻里，我对自己说，假如此生我不得已也要靠写作来谋生的话，就一定要切记这样的训诫。所以，就作品本身我几乎没有任何的话要说，嗡嘛呢叭咪吽——我想要说的一切都在作品里面了。

最后，我要再次感谢多识仁波切仁慈的恩典，他的序文不仅为本书增添了光彩，而且，它本身的意义也远在这本书之上。我还要感谢我尊敬的师长王文泸先生，他曾细心地阅读这本书的前三章文稿，并给了我许多的指点和鼓励。还要感谢的是我尊敬的朋友更阳先生，作为我的同胞，他第一个阅读了全部书稿，他热情的赞许和肯定增添了我对这本书的信心。借此机会，我还要感谢我最亲近的朋友们，在为本书的写作进行田野调查的那些日子里，他们给了我许多无私的帮助——尽管他们中间有的人已经和我失去联系，但我相信他们肯定会惦记我，就像我时刻惦记和感念着他们一样。是的，我还要感谢智慧的作家韩春旭女士，多年来，她一直像一位先知一样关心着我的写作，并用她充满灵性和睿智的话语引领我前行。我还要感谢的是作家出版社的朋友们，他们为本书的出版和发行付出了太多的心血和劳动，如果这本书的出版还有一定的意义和价值，那么，正是他们的劳动和付出才使其意义和价值得以显现和延续。

在写下缀在书稿后面的这些文字时，我感觉自己正走出一间屋子或者一个山洞，我像一个闭关修行的僧人已经在里面呆了很久，此时，有一扇门正在我的身后轻轻地关上。

此时，我看见天边洁白的云彩像哈达飘荡。

此时，我听见远处梵音袅袅如天籁飘落。

此时，一片宁静。

嗡嘛呢叭咪吽。愿世上所有的生命都以慈悲的样子得以轮回往复。

2007年9月草于西宁

因为慈悲万物

——再版后记

时光飞逝，一眨眼，这本书出版已经整整十年了。感到欣慰的是，十年后还有人不断提起这本书，也还在读这本书。

决定再版这本书的时候，我想到了一个人——这本书的原版责任编辑、作家出版社的那耘先生。大约是四五年以前，一次在电话里我跟他提起想再版这本书，他当时给出的建议是着手准备，等待一个时机。可是，人生无常，我们没等到这样一个时机。一年前的4月7日，他已经离开了这个世界，年仅62岁。我是从《文艺报》上看到讣告才知道这个消息的。想起当初为这本书的出版与他交流沟通的那些日子，怀念至深。那耘先生不仅是一位出色的编辑，曾任作家出版社编辑部主任，也是一位优秀的作家，曾有长篇小说《赝人》和不少中短篇问世。

也许他还是一位书法家——至少是文人书法家。他在北京朝阳有一处房子，实际上就是一个书斋。墙上贴满了他新近临摹的魏碑——后期，他一直临魏碑，已经到了如痴如醉的程度。他说，中国书法的精髓全在魏碑里面。书案上一直铺开着宣纸，一面墙的书柜里全是中国历史上那些杰出的美术书法作品集，其中包括豪华限量版《中国美术全集》和《中国书法全集》。他说，那是他最得意的收藏，也是他在世间最珍贵的陪伴。因为大多时间只有他一个人在那里，屋子本身非常简陋——斯是陋室。仅有的几样家具都已经很旧了，但因为那些书籍和书法，却有了灵魂，显得高贵。客厅还算宽敞，但那张沙发又小又旧，墙根里却突兀着一个玻璃柜，里面全是他收藏的各类红酒。一天下午，我们就坐在那里品酒谈论书法，更多的时候，是他在说，我在听。完了，就到楼底下吃饭，继续说话。

期间，我们一定是反复谈论过这本书的，至于说了些什么，我已经不记得了。书出版之后，间或我们也有电话和短信联系，却再也没有见过。有几次去北京，原本是要去拜访的，可最终还是没去。有一年，我请他到青海来走走。他说很向往，最终还是没来。临了说，还有机会。没想到，我们已经没有机会了。

那么，我为什么要在这样一篇文字里写到那耘先生呢？一是怀念，他生前为这本书所付出的心血当是我一生的感念。要是没有他，这本书的出版未必会那样顺利。二是如果他还在世，或者我再早几年着手再版的事，我希望他还是责任编辑。然，逝者已矣，借此机会，谨表达我的怀念之情和敬意！至于最终为什么会选择民族出版社，一是因为故人，便于沟通；二是因为吾要先生在那里。吾要先生不仅是当代中国一位杰出的艺术家，而且还是青海藏人，他对藏文化的深刻理解和独特表达，使我一直满怀敬意！先生在电话里说，我们早年应该见过，我记不大清楚了，可在心里，我们也俨然故人。能让这样一位艺术家来做美编，是本书的造化！

人生苦短。生而为人，际遇和缘分都需要格外珍惜。若如此，它便会成为一种慈悲的力量，惠及万物众生。因为说到底，万物的苦难就是我们自己的苦难，而浸透苦难的心灵当滋生悲悯。我在这本书里试图书写和表达的就是一种慈悲的力量。十年过去，初心依旧，坚守依旧。因为万物慈悲的养育，人理应满怀感恩之情，悉心呵护万物的慈悲。约翰·缪尔在《我们的国家公园》中写到优胜美地的美景时说，没有任何人工的殿堂可与之媲美，只要有面包，我就可以永远留在这里。在我，整个青藏高原也是一座神圣的殿堂。

十年前，出版此书时，尽管已经在倡导生态文明，但对很多人来说，那也只是一个概念。十年之后，生态文明已然成为这个伟大时代最深刻的标记，而本书所书写的还不仅是十年前的事。还写到了几十年、几百年乃至几千几万年以来人与自然共同的历史。为了人类和地球万物的未来，我们需要记住曾经的历史，哪怕它多么触目惊心，令人心痛！从这个意义上讲，这本书对当下和未来的世界依然有着重要的启示意义。

也正因为如此，能再版这部书一直是自己的一个愿望。还因为，迄今为止，它依然是我最重要的一个作品，这样一种书写在当今世界仍不多见。为此，我曾有过一个设想，再版时，对这书中的很多内容和文字进行全面的修订，于是，重新仔细阅读。但是，当我再次读这本书时，我决定放弃这样的努力。因为即使我怎样精心修订，书中原本的缺陷也不会得到最终的弥补和完善。这是任何创作都无法避免的一个规律——即使那些不朽的经典也在所难免，当然也是这本书文本意义上的一种命运。而且，可能因为年龄的缘故，自己的心态已发生重大变化。假如现在重写这部书，我也许会剔除所有华丽的辞藻和修饰，甚至尽可能抑制激情，平复心态，使其内敛，力求朴实简约。但是我不确定，那还是不是原来的这本书。所以，就文字本身只有一个地方，对一句话做了一点修改，其余未做任何改动。

如果说有一些变化，那就是书中的图片。图片的数量依旧，只是调换了其中的一些图片，并把原来的黑白印刷改成了彩印——这不仅是我一直的一个愿望，也是这本书再次出版的一个理由。这不能不说是一个变化，相信细心的读者会留意并感觉到这种变化的意义。再就是，我在附录部分这还特意收录了王文泸先生、李万华女士、郭茂全先生和王海燕先生对本书的评论。王文泸先生是我敬重的前辈和作家，李万华女士是一位睿智的作家，郭茂全先生是兰州大学文学院的博士和生态文学评论家，而王海燕先生是我的同道和朋友。我以为，这些文字对阅读是一种有益的丰富和延伸。

当然，只有这些还不足以说明再次出版这本书的目的，其实，我真正的意图在于——希望能有更多的人读到这本书。因为，书中所写到的一切是当下的人类应该认真思考和面对的问题。也许这本书本身并不一定经得起长远的推敲和检验，但是，我肯定，若能由此引发更宽泛深刻的思考则称得上一大善果。因为，只要有所思考，就会有所改变，一种深刻的思考一定会影响到人们的行为方式乃至生存方式。这是我的愿望，我从未奢望过这样的愿望会在短时间内得以实现，但可以寄希望于未来。为此，即使付出无比艰辛的努力和久远的跋涉，也是值得的。人类需要这样的耐心和坚持。

若如此，则善莫大焉。

2018 年 3 月 13 日于西宁

图书在版编目（CIP）数据

谁为人类忏悔 / 古岳著．-- 北京 ：民族出版社，
2019.8
ISBN 978-7-105-15829-4

Ⅰ．①谁… Ⅱ．①古… Ⅲ．①生态环境保护 Ⅳ．
① X171.4

中国版本图书馆 CIP 数据核字（2019）第 204777 号

谁为人类忏悔
古岳著

责任编辑：罗焰
书籍设计：吾要
出版发行：民族出版社
地　　址：北京市和平里北街 14 号
邮　　编：100013
电　　话：010-64271908（汉文编辑一室）
　　　　　010-64224782（发行部）
网　　址：http://www.mzpub.com
印　　刷：北京雅昌艺术印刷有限公司
经　　销：各地新华书店
版　　次：2020 年 1 月第 1 版　2020 年 1 月北京第 1 次印刷
开　　本：787 毫米 ×1092 毫米　1/16
字　　数：250 千字
印　　张：28.125
定　　价：180.00 元
书　　号：ISBN 978-7-105-15829-4/X · 21（汉 13）